竹篱茅屋真吾家

中国古人的居家文化

李　楠◎编著

中国文史出版社

图书在版编目（CIP）数据

竹篱茅屋真吾家：中国古人的居家文化 / 李楠编著
. -- 北京：中国文史出版社，2023.1

ISBN 978-7-5205-3713-1

Ⅰ. ①竹… Ⅱ. ①李… Ⅲ. ①住宅—文化—中国—古代 Ⅳ. ① TU-092.2

中国版本图书馆 CIP 数据核字（2022）第 175034 号

责任编辑：戴小璇

出版发行：中国文史出版社

社　　址：北京市海淀区西八里庄路 69 号院　邮编：100142

电　　话：010- 81136606　81136602　81136603（发行部）

传　　真：010-81136655

印　　装：廊坊市海涛印刷有限公司

经　　销：全国新华书店

开　　本：1/16

印　　张：21.5　　字数：361 千字

版　　次：2023 年 3 月北京第 1 版

印　　次：2023 年 3 月第 1 次印刷

定　　价：66.00 元

前言

宋代钱塘人吴自牧在《梦粱录·鲞铺》中写道："盖人家每日不可缺者，柴米油盐酱醋茶。"

元代武汉臣《玉壶春》第一折也有这么一句话："早晨起来七件事，柴米油盐酱醋茶。"

柴米油盐酱醋茶，即人们日常居家生活所必需的七样东西，俗称"开门七件事"，古今皆然。

这七样东西，最是普通不过，有的人却也会为此而犯难。

明代著名画家、书法家、诗人唐寅《除夕口占》诗云：

柴米油盐酱醋茶，般般都在别人家。
岁暮清闲无一事，竹堂寺里看梅花。

眼看着别人欢天喜地过大年，自己却因家境贫寒而躲到寺院中去欣赏梅花。虽然清高，毕竟很不是滋味。

无独有偶，清代诗人查为仁所著《莲坡诗话》中也记载了湖南湘潭人张灿的一首七绝：

书画琴棋诗酒花，当年件件不离他。
而今七事都更变，柴米油盐酱醋茶。

诗人感叹原先生活舒适自在，闲情逸致；今日却要为生活操劳奔波，含辛茹苦。

“书画琴棋诗酒花”本为大雅之事，当年乐在其中，何其风流潇洒；而今好景不再，为生活所迫，一切都已“更变”，变为“柴米油盐酱醋茶”的大俗之物了。

“书画琴棋诗酒花”与“柴米油盐酱醋茶”，正是古人日常居家生活的真实写照——一“雅”一“俗”，生动表现了现实生活中芸芸众生现实的生存状态。

如今，我们生活在一个高科技的时代，我们的生活方式已经变得无比丰富便捷。各种电子产品给我们带来了生活、学习和工作上的便利，电视、电影、网络给我们提供五花八门的娱乐，很多生活用品也从庞大笨拙变得轻巧、灵活、智能。

由此，甚至催生了一大批宅男宅女，长期宅在家中，却一点也不会觉得无聊。

但古时候的科技可不如现在这样发达，没有电，没有网络，那他们的日常生活是什么样子的呢？他们又是怎样打发居家的无聊时光呢？

古人的居家生活要根据不同的阶层人群来划分。有人住深宅大院，有人住陋巷穷居，自然他们的日常生活内容也不尽相同。

第一种是普通百姓。古代人们的分工是男耕女织，男子负责耕地、劳作等一些重体力劳动，妇女一般在家织布。男耕女织、自给自足是当时小农经济的主要经营方式。古代生产力低下，九成是农民，所以春、夏、秋三季就是日出而作、日落而息，忙着农活的节奏，基本没有什么闲暇。到了冬天就是忙活柴米油盐，做做别的活贴补家用，可能还要服各种劳役。太平繁盛时期，闲暇时间多些，大家也就是在村里闲串，聊些家长里短，最多就是喝点小酒、耍点小钱。

第二种是士子文人。不说穷苦农民，条件好些的人家大都会让子孙去读书。古代“士农工商”里，以“士”为贵，因此想要走“士”途的人也不少。古代科举是指定了课本比如“四书五经”之类，读书人基本就是上学读书，抄抄背背，再练练文章、练练字，期待以后能出人头地。文人好雅，少不了诗酒唱和琴棋书画。

第三种是富贵之家。这类人衣食无忧，满足了基本需求以后有大把时间与金钱参与各种娱乐活动，怎么高雅怎么来，怎么热闹怎么耍。

时代虽然不断发展，但人的基本需求亘古不变。娱乐方式纵然千变万化，仍逃不出老三样：好看的、好吃的、好玩的。好看的风景古代不是没有，就是交通不便；好吃的应该对普通人来说也不多，而且很多现代的食材调料等古代也没有；好玩的就更少了，就算有也只是少数人的专利而已。

生活在古代，出生在一个达官贵人家里还好，琴棋书画，诗酒花茶，各种娱乐消遣，十分惬意；要是生活在一个平民百姓的家里，不仅要忙着种田做工，还要承担繁重的课税和兵役，根本没有时间、资本与精力去悠游玩乐，也就只能苦中作乐了。

但不管怎样，古人的日子也要过下去。即使是普通的柴米油盐酱醋茶，也有人活得精彩，有人活得卑微。

下面，就让我们一起走进古人的家中去逛一逛吧。

目
录

第一章

旧时寻常百姓家：古代民居住宅

民居是人类基本的生存要件之一，也是人类文化的重要组成部分。

民居是出现最早也是最基本的一种建筑类型，数量最多，分布最广。古代居民住宅建造主要在于满足人们日常生活起居的实际需要，是“家”的所在。

中国是一个幅员辽阔、民族众多、具有悠久历史文化的国家。在民居建筑方面，汉族民居分布范围最广，数量最多。汉族之外，其他各民族的住宅形式也各有特色，呈现出繁复多样的面貌。

断竹飞土半穴居：原始民居

由于地域辽阔，自古以来，中国各地的地理、气候条件差异很大。在这些自然条件各不相同的地区内，人们因地制宜、因材施用，创造出适合当地的居住形式。

从距今约50万年前的旧石器时代到中国第一个王朝夏朝建立之前，原始人类的居住建筑大致有两种发展模式：

一种是由单树巢居向多树巢居，再到干栏建筑的“巢居发展模式”。

另一种是从原始横穴到深袋穴，到半穴居，再到地面建筑的“穴居发展模式”，这些建筑技术和工艺成为其后中国建筑体系发展的渊源。

根据考古资料显示，当时母系氏族社会的房屋有多种形式，有的是半地穴式，也就是从地面向下挖一个浅土坑，利用坑壁做墙，然后在坑口搭建屋顶；还有的则是全部在地面上建造。

1. 最早的“干栏”式建筑

干栏式建筑是长江流域及其以南地区的基本建筑形式，大约出现在新石器时代晚期。

干栏式建筑是一种以桩木为基础，构成高于地面的基座，再用桩柱绑扎方式立柱、架梁、盖顶的半楼式建筑，是巢居形式的继承和发展。

原始干栏式建筑复原模型

干栏式建筑一般有两层，上层住人，下层圈养牲畜。迄今发现最早的干栏式建筑是距今7000年前的浙江余姚河姆渡遗址。

2. 半坡半地穴式民居

在黄河中游一带，由于肥沃的黄土层既厚且松，能用简陋的工具从事耕作，因此，在新石器时代后期，人们便在这里定居下来，发展农业，成为中华文明的摇篮。

当时这一带的气候比现在温暖而湿润，生长着茂密的森林，人们选择靠近水源的平坦台地，搭建房屋作为栖身之所。

著名的半坡村文化遗址位于西安以东 6 千米处，距今 5600~6700 年，其村落遗址的总面积约 5 万平方米。

这些遗址中，房基凹入地下 50 厘米左右；房基中央有 1~2 个柱洞，用于立柱，以支撑木骨架和草、泥覆盖的房顶。因房屋墙壁借用了坑壁，故木骨泥墙不高。

此外，龙山文化遗址的建筑形式与此类建筑相差不大。龙山文化范围相对广泛，分布于黄河中下游的山东、河南、山西、陕西等地，距今 4000~4600 年。

3. 土木结构民居

土木结构民居以距今 5000 年左右的屈家岭文化为代表。

屈家岭文化遗址是一处新石器时代村落废墟的遗址，从中发现了土木结构的房子，从而揭开了古人以土木建房的秘密。

此时的房屋建筑多为方形或长方形地面起建式。一般的村落里会有几座大房子，四周则是许多座小房子。

大房子的边长约十几米，入口处还有一个长四五米、带有人字形屋顶的信道。大房子是男性、婚龄前的女性和老年女性集体居住的地方，是一个族群的中心，也是族群祭祀神明的地方。大房子的中心是火塘，也是族群的大食堂。

小房子则分配给婚龄妇女每人一座，供其择偶使用。小房子的门都朝向中央的大房子，以方便族群之间的联系。

原始住宅使用柱子是住宅技术的一大进步。

黄河流域的住宅从半穴居阶段的承重木柱开始，柱子的功能不断分工，逐渐演化出了檐柱、墙柱、中柱等；梁也逐渐演化出了横梁、斜梁等。

新石器时代仰韶文化后期的住宅，室内已经有两个类似山墙形状的梁架，成为后来三开间民居的雏形。

屋疏壁密茅送月：先秦民居

从夏朝至战国这段时期，由于奴隶制度的建立，社会生产力得到进一步发展，使得进行大规模工程建设成为可能。经商、周时期（公元前1600—公元前256年）的发展，建筑木构架不断改进，并逐渐成为中国建筑的主要结构方式。

这一时期，多种新技术的出现和人力集中的规模性促进了高技术、大规模建筑的产生。商代时形成了在夯土台上建造宫殿和城垣的高台建筑模式；以宫室为中心的不同规模的城市也开始出现。

这一时期的民居建筑也有了进一步的发展。

夏代民居建筑样式相对简单，主要有三种类型：平地起建式；半地穴式；窑洞式。

从商代各个民居遗址可见，商代的民居仍部分保留了半穴式住宅形式。

“民居”一词最早出现于周代，以区别于官式建筑。

“堂”的说法也出现于周代。周代民居素有“前堂后室”之分，渐渐地形成了以院落为中心的合院式房屋群落。

陕北窑洞作为人类最原始、最古老的民居之一，最早也是建造于周代。

到周代为止，宫殿、坛庙、陵墓、官署、监狱、作坊、民居等建筑类型均已出现。

殷墟主体建筑复原图

春秋战国的民居以木结构为主要结构形式，其重大变革是瓦的普遍使用和高台建筑的出现。此外，斗拱也是战国建筑艺术上的一项成就。

春秋时期士大夫的住宅一般由庭院组成，明间为门，左右次间为塾；门内为庭院，上方为堂，又是会见宾客、举行仪式的地方；堂左右为厢，堂后为寝。

可惜的是，先秦建筑几乎没有一处能完好地留存至今的，我们只能从古籍文献和考古中发现一些蛛丝马迹。

秦砖汉瓦两相宜：秦汉民居

秦汉时期的民居建筑是中国建筑文化高度发展阶段的产物，呈现出模式化、统一化的趋势。

秦汉建筑主要是砖、瓦、木结构，所谓的“秦砖汉瓦”就是对秦汉时期房屋建筑的一个总体概括。

作为居住文化的发展阶段，秦朝和汉朝彼此承接，风格相同。

汉朝是住宅形式比较繁多的一个朝代，住宅屋顶的形式更加多样，楼层也越来越高，木结构的形式也更加复杂。

当时的住宅已经有了回廊与阳台，附属建筑包括功能各不相同的车房、马厩、库房、牲口房及奴婢住房等，甚至还有为防御而设置的坞壁、为观赏而修建的园林等。

汉朝的民居建筑，根据墓葬出土的画像石、画像砖、明器陶屋和各种文献记载，大概有下列几种形式。

1. 小型民居

一般规模较小的民居，平面多为方形或长方形。屋门多开在房屋一面的当中，少数偏在一旁。房屋的构造除少数用承重墙结构外，大多数采用木构架结构；墙壁用夯土筑造；窗的形式有方形、横长方形、圆形多种；屋顶多采用悬山式顶或囤顶。

有的住宅规模稍大，但无论平房或楼房，均以墙垣构成一个院落。

比较有特色的是日字形平面的住宅，有前后两个院落。中央一排房屋较高大，正中有楼高起，其余次要房屋都较低矮，构成主次分明的外观。

2. 中型民居

四神瓦当

规模再大一些的民居，可见于四川出土的画像砖中，其布局分为左右两部分：右侧有门、堂，是住宅的主要部分；左侧则是附属建筑。

右侧外部有装置栅栏的大门，门内又分为前后两个庭院，绕以木构回廊。后院有三间单檐悬山式房屋，用插在柱内的斗拱承托前檐，梁架是抬梁式结构。

左侧部分也分为前后两院，各有回廊环绕。前院进深稍浅，院内有厨房、水井、晒衣的木架等。后院中有方形高楼一座，可能是瞭望或储藏贵重物品的地方。

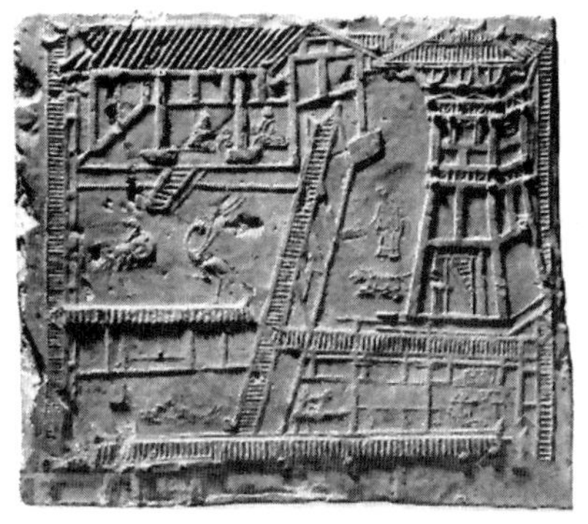

四川成都出土的住宅画像砖

3. 大型民居

规模更大的是贵族的大型宅第，外有正门，屋顶中央高、两侧低；其旁设小门，便于出入。大门内又有中门，都可通行车马。门旁还有附属房间可以居留宾客，称为门庑。

院内以前堂为其主要建筑。堂后以墙、门分隔内外，门内有居住的房屋。但也有在前堂之后再建专供宴饮娱乐的后堂的，这种布局应是从春秋时代的前堂后室扩展而成。

除了这些主要房屋以外，还有车房、马厩、厨房、库房以及奴婢仆从的住处等附属建筑。

西汉时期，有些贵族和富豪建有富于自然风景的园林。如茂陵富豪袁广汉，在茂陵北山下建了一座花园宅第，规模宏大。园中房屋重阁回廊，徘徊相连，并构石为山，引水为池，池中积沙为洲。园内养着奇兽珍禽，培植着各种花草树木。

坞堡壁画

此外，还有一种创建新制——坞堡，可以说是东汉地方豪强割据的情况在建筑上的反映。坞堡即平地建坞，围墙环绕，前后开门；坞内建望楼，四隅建角楼，略如城制。

茅檐长扫净无苔：魏晋南北朝民居

在魏、晋、南北朝300余年间（220—589年），中国建筑发生了较大的变化，特别在进入南北朝以后变化更为迅速。建筑结构逐渐由以土墙和土墩台为主要承重部分的土木混合结构向全木构发展；砖石结构有了长足的进步，可建高数十米的塔；建筑风格由前引的古拙强直、端庄严肃、以直线为主的汉风，向流丽豪放、遒劲活泼、多用曲线的唐风过渡。

北魏和东魏时期贵族住宅的正门，据雕刻所示，往往用庑殿式屋顶和鸱尾，围墙上有成排的直棂窗，说明墙内可能建有围绕着庭院的走廊。

当时有不少贵族官僚直接舍宅为寺，足以说明这些住宅是由若干大型厅堂和庭院回廊等所组成的。不过当时的鸱尾仅用于宫殿建筑，对普通住宅来说，不是特许是不能使用的。

敦煌壁画中所绘最初的塔

有些房屋在室内地面布席而坐；也有的是在台基上施短柱与枋，用此两者构成木架，再在其上铺设板与席的。墙上多数装设直棂窗，悬挂竹帘与帷幕。

中国自然风景式园林在这一时期也有新的发展。魏晋以来，士大夫标榜旷达风流，园林多崇尚自然野致。此时贵族舍宅为寺之风盛，佛寺中亦多名园。

北魏末期贵族们的住宅后部往往建有园林，园林中有土山、钓台、曲沼、飞梁、重阁等，叠石造山的技术亦已提高。这种新风尚对当时的园林和苑囿产生了一定的影响。

从南北朝的雕刻和壁画中，可以看到各种建筑装饰的处理手法和风格不断在发展。概括来说，房屋和装饰的风格，由最初的茁壮、粗犷中微带稚气，到北魏末年以后，呈现出雄浑而带巧丽、刚劲而带柔和的倾向。

清晖老巷穿旧阁：隋唐民居

隋、唐、五代时期的民居目前没有发现有实物遗留下来，当时的贵族宅第，只能从敦煌壁画和其他绘画中得到一些旁证。

当时，贵族宅第的大门有的采用乌头门形式，宅内有在两座主要房屋之间用具有直棂窗的回廊连接为四合院。

至于乡村住宅，可见于《展子虔游春图》中，不用回廊而以房屋围绕，构成平面狭长的四合院。

此外，还有木篱茅屋的简单三合院，布局比较紧凑，与上述廊院式住宅形成鲜明的对比。

仔细观察可以发现，这些图画所描绘的住宅多数具有明显的中轴线和左右对称的平面布局，无疑这是当时住宅建筑中比较普遍的布局方式。

这时期的贵族官僚宅院，不仅在住宅后部或宅旁掘池造山，建造山池院或较大的园林，有的还在风景优美的郊外营建别墅。

《展子虔游春图》（局部中的住宅）

这些私家园林的布局，虽仍以山池为主，但由于唐朝士大夫阶级中的文人、画家，往往将其思想情调寄托于“诗情画意”中，使得造园手法更加丰富。

如以官僚而兼诗人的白居易暮年在洛阳杨氏旧宅基础上营建宅园，宅广17亩，房屋约占面积1/3，水占面积1/5，竹占面积1/9，而园中以岛、树、桥、道相间；池中有三岛，中岛建亭，以桥相通；环池开路，置西溪、小滩、石泉及东楼、池西楼、书楼、台、琴亭、涧亭等，并引水至小院卧室阶下；又于西墙上构小楼，墙外街渠内叠石植荷。整个园的布局以水竹为主，并使用划分景区和借景的方法。

至于上层阶级欣赏奇石的风气，从南北朝到唐朝，逐渐普遍起来，尤以出产太湖石的苏州最受青睐。园林中往往用怪石夹廊或叠石为山，形成咫尺山岩的意境。

黛瓦粉墙彰古道：宋元民居

1. 宋代民居

宋代的民居有了很大的发展，在构造和艺术造型上已趋向于规范化。

宋朝农村住宅，可见于张择端的《清明上河图》中，相对比较简陋，有些是墙身很矮的茅屋；有些以茅屋和瓦屋相结合，构成一组房屋。

《清明上河图》中的民居

城市中的小型住宅多使用长方形平面，辅以梁架、栏杆、棂格、悬鱼、惹草等，形成朴素而灵活的形体。屋顶多用悬山或歇山顶，除草葺与瓦葺外，山面的两厦和正面的庇檐（或称引檐）则多用竹篷或在屋顶上加建天窗。而转角屋顶往往将两面正脊延长，构成十字相交的两个气窗。

稍大一些的住宅，外建门屋，内部采取四合院形式。

王希孟《千里江山图》中所绘住宅多所，都有大门、东西厢房，而主要部分是前厅、穿廊、后寝所构成的工字屋，除后寝用茅屋外，其余均覆以瓦顶。

另有少数较大住宅则在大门内建照壁，前堂左右附以挟屋。

这些都在一定程度上反映了当时大中地主住宅的情况。

至于贵族官僚的宅第，外部多建乌头门或门屋，门屋中央一间往往用“断砌造”，以便车马出入。

院落周围为了增加居住面积，多以廊屋代替回廊，因而四合院的功能与形象发生了变化。

这种住宅的布局仍然沿用汉代以来前堂后寝的传统原则，但在接待宾客和日常起居的厅堂与后部卧室之间，用穿廊连成丁字形、工字形或王字形平面，而堂、寝的两侧，并有耳房或偏院。

除宅第外，宋朝官署的居住部分也采取同样布局方式，房屋形式多是悬山式，饰以脊兽和走兽。

北宋时虽然规定除官僚宅邸和寺观宫殿以外，不得用斗拱、藻井、门屋及彩绘梁枋，以维护封建等级制度，但事实上有些地主富商并不完全遵守，私自采用。

据南宋绘画作品描写，当时江南一带有利用优美的自然环境建造住宅的。这种住宅的布局，有些采用规整对称的庭院，有些则房屋参错配列，或临水筑台，或水中建亭，或依山构廊，既是住宅，又兼有园林风趣。

2. 元代民居

中国各地保存完好的古代民居，绝大多数是明清时期的，明朝以前的古民居实物是少之又少。

元代民居遗址在北京曾有完整出土，即著名的元大都“后英房”民居，根据复原可知已形成了较为成熟的工字合院、挟屋、抱厦等形式。

目前发现的元代民居遗址或实物多在山西。高平市，属于山西晋城市的一个县级市，是晋城的北大门，中国历史上著名的长平之战就发生在这里。目前发现的几座元代民居均位于高平境内，其中发现年代最早、最为珍贵的是中庄村姬氏民居。

中庄村姬氏民居发现于 1986 年的山西省第二次文物普查，发现时仅正房为元代建筑。

该民居建于元至元三十一年（1294 年），建筑整体给人以简洁稳重之感。

中庄村姬氏民居

民居正房为三开间建筑，正中一间的房门位置往后推移，形成了一个门厅一样的室内外过渡空间。房门顶上本应该是露明的梁架结构，则用梁木搁板进行隔断，以确保室内的密闭性。

从中庄村西行几里左右，是西窑头村，这里也有一座元代姬氏民居，和中庄村姬氏民居十分相似。

西窑头村元代姬氏民居为2012年偶然发现。

阳城县润城镇上庄村中街有一处称为下圪坨院的老民居，为新近发现的三处元代建筑。

院内有三座建筑，分别为正房和东、西厢房，结构独特，形制古朴，建筑保存完整。

三座建筑从外观看基本接近，均为三间四架，斗拱均为耙头绞项，梁头做爵头造型。正房与西厢房采用的是驼峰抬梁，东厢房采用的是蜀柱合沓抬梁，略有区别。

三座建筑均为四架通檐用两柱，结构相比中庄村姬氏民居和西窑头姬氏民居较为简单，单个体积也较小。

三座建筑构成国内唯一的、近乎完整的元代民居院落，是非常珍贵的元代民居合院实物。

以上五处建筑，加上野川镇南杨村贾氏民居、北诗镇元代民居大门，山西元代民居类建筑数量达到了惊人的七座。

此外，位于浙江省丽水市缙云县新建镇河阳村内的古民居，始建于公元933年，也是一处元代民居建筑。

河阳村号称“烟灶八百、人口三千”，是个有着1100多年历史的古村庄。古色古香的民俗活动，构成了江南罕见的千年文化古村。

河阳古民居

河阳的水系、道路基本保持着元代村庄的设计特色，现有十大宗族庄园式古民居建筑群和15座古祠堂，有三教合一的宋代古刹“福昌寺”，有元代的“八士门”及“八士门”前明太祖朱元璋御赐的石“稀罕”，以及古代的人桥、农具、家具、壁画、诗句、匾额、雕刻等。

此外，还有10座古祠堂、5座古庙宇、百栋旧第共1500余间，为明清两代所建，数量之多，规模之大，堪称“江南一绝”。

村内弄堂、街道、水系，充满古意；风火山墙、马头墙，屹然耸立；砖雕、木雕，复杂多样；大天井、砖木结构、屋面双披，自成特色；主要院落、宗祠为前厅后堂，雕梁画栋，古迹密集。

河阳村山清水秀，民风古朴，至今依然是聚族而居、耕读传家，为江南罕见的古村落活化石。

歙徽百宅黄花圃：明清民居

中国古代建筑以木结构为主，容易着火且易腐朽，通常无法长久保存；加之使用者更替频繁，保护不完善，更难以留存至今。因此，今天我们看到的古代民居实物主要是明清时期（1368—1911年）的建筑。

明清统治者继承过去传统，制订了严格的住宅等级制度：“一品二品厅堂五间九架……三品五品厅堂五间七架……六品至九品厅堂三间七架……不许在宅前后左右多占地，构亭馆，开池塘”，“庶民庐舍不过三间五架，不许用斗拱，饰彩色。”

不过后来有不少达官贵人、富商和地主并未遵守这些规定。如文献所载，清朝京师（今北京）米商祝氏屋宇多至千余间，园亭瑰丽；江苏泰兴季姓官僚地主家周匝数里；现存明代住宅如浙江东阳官僚地主卢氏住宅经数代经营，成为规模宏阔、雕饰豪华的巨大组群；安徽歙县住宅的装修和彩画也以精丽见称。

这时期的住宅仍随着民族、地区和阶级的不同，产生了很大差别，但总的来说，无论在数量和质量上都有了不少发展。

明清民居的地域性和民族性特点十分突出，常见的汉族民居有四合院、晋陕窄院、西北窑洞、水乡民居、徽州民居、福建土楼等多种类型。

四合院是河北、山东、东北等北方民居共有的平面布局，以北京四合院最为典型。四合院的标准模式是一组三进院落，其中第二进为主院落，主院落中坐北朝南的为正房。四合院是中国传统住宅中最具代表性的正统形制。

晋陕窄院主要分布于山西晋中和陕西关中地区，以窄长形的内院为主要特征，其平面布局同样以“一正两厢”为基本形制。

山西省晋中市祁县乔家堡村“乔家大院”就是典型的晋陕窄院。

乔家大院为全封闭式的城堡式建筑群，建筑面积4175平方米，分6个大院、20个小院、313间房屋。

大院三面临街，不与周围民居相连。外围是封闭的砖墙，高10米有余。上层是女墙式的垛口，还有更楼、眺阁点缀其间，显得气势宏伟，威严高大。

大门坐西朝东，上有高大的顶楼，中间是城门洞式的门道，对面是砖雕百寿图照壁。

大门以里，是一条石铺的东西走向的甬道。甬道两侧靠墙有护墙围台。甬道尽头是祖先祠堂，与大门遥遥相对，为庙堂式结构。

乔家大院

北面三个大院，都是庑廊出檐大门，暗棂暗柱，三大开间，车轿出入绰绰有余。门外侧有拴马柱和上马石。从东往西数，依次为老院、西北院、书房院。所有院落都是正偏结构，正院主人居住，偏院则是客房用人住室及灶房。

在建筑上，偏院较为低矮，房顶结构也大不相同。正院都为瓦房出檐，偏院则为方砖铺顶的平房，既表现了伦理上的尊卑有序，又显示了建筑上的层次感。

乔家大院被专家学者誉为“北方民居建筑史上一颗璀璨的明珠”，素有“皇家有故宫，民宅看乔家”之说，名扬三晋，誉满海内外。

窑洞是北方黄土高原上一种独特的民居形式，它充分利用环境，是一种独特的穴居形式。

窑洞中最奇特的当数天井窑，其所有建筑均位于地面以下。

安徽东南部和江西东北部部分地区古称徽州，此处的明清古民居亦称“徽州民居”。

这里地少人多，通常以高大山墙围起狭窄的方形院落。下雨时，四面雨水沿向内倾斜的屋顶汇入天井，称“四水归堂”。

江南地区水网密布，民居通常位于水边。有的将邻水一面的下层打通，形成廊道；或直接面河开门，方便使用河水或水上出行。

土楼主要分布于今福建省南部，是当地的一种客家民居。

土楼是由古代坞堡演变而来，是北方汉人南迁后应对生存威胁的产物。

土楼多为圆形，多人聚集而居，内有水源，封闭性强，有很强的防御能力。

清风杨柳天井间：北方四合院

四合院是北方最基本的住宅形式，其中尤其以北京的四合院最为典型。

四合院的基本形式是由几幢单体建筑，分别处在东、南、西、北四面，建筑之间用廊子联系，组成一个方形院落，所以称为四合院。

四合院的主要建筑称正房，坐北朝南，大门就设在东南角上；两边东西向的房屋称厢房；南面是一排廊子，中间开一道门称二门；二门内部为四合院的内院，二门外是东西狭长的前院；院南面是一排称作倒座的房屋；在正房的北面还有一排后罩房。

这些房屋的用处是：正房为主人住房，东西厢房为儿女辈使用，前院倒座作待客的客房和男仆使用，后罩房作为库房、厨房和仆人用房。有时在正房两侧加建称为耳房的小屋，多作厨房、厕所等用。

这是北京四合院的标准形式。

有的小型四合院只有一道院落，正门进去直接到内院，既无前院，也没有后罩房；有的大型四合院则用几重院落前后重叠或左右并列在一起；有的还附有花园，以满足富有的几代同堂大家庭的需要。

四合院房屋的门窗都开在朝院里的一面，背面除临街的一面有时开有小窗外，其余都不开窗，形成一个四面封闭的内向的住宅空间。

这样的布置，一方面符合长幼有序、内外有别等一套传统的宗法观念，同时又能满足一个家庭生活上的需要。

从大门进去，迎面有一堵称为影壁的短墙，上面有装饰雕刻，可以起到遮挡作用，不使人一进门就直接见到内院的住房。

内院多种花木，品种随主人的喜好而定，经常种植的有海棠、柿子、紫荆、紫薇等树木和芍药、月季、玉簪、菊、莲荷等花卉。

院子中央有十字形砖石铺砌的路，四周房屋均用廊子相连。

四合院

整座四合院避开了城市的喧哗，营造了一个宁静、亲切的环境。

东北地区的四合院与北京的略有不同，虽然也是由四面房屋组成院落，但由于这个地区地广人稀，当地多用马车作交通工具，又加以气候寒冷，所以这里的四合院占地比较大，院子宽敞，便于车马回旋。尤其院子的东西方向长，以便使正房更多地受到日照。大门开在南面的中央，门较宽，没有高起的台阶，便于车马进出。

而山西一些城市的四合院和东北的又不一样。因为城市用地紧张，每一户又都要临着街道，所以只能占据一小块临街的地方；同时也为了避免夏季烈日对正房的曝晒，所以形成的四合院多呈南北长、东西窄的狭长条形状。

圆缺空浮尘世外：福建土楼

土楼民居是中国重要的传统民居种类之一，主要集中在福建省一带，所以我们通常在说到土楼时都称其为福建土楼。

福建土楼根据平面形式的不同，可分为五凤楼、方形土楼、圆形土楼三种。

土楼是一种防御性很强的民居形式，特别是方形土楼和圆形土楼，基本上为封闭状态。

1. 五凤楼

五凤楼式的土楼，主要集中在福建永定县境内。

五凤楼最标准的平面形式是“三堂两横”。

主体建筑是三堂，即下堂、中堂、主楼，这三部分沿着整个建筑的中轴线由前至后布置，其间有天井相隔。

五凤楼

三堂中的下堂是门厅；中堂是聚会大厅，是家族议事或举行各种聚会的地方。下堂与中堂都是单层建筑，而主楼则大多为三至五层。

主楼底层正中是祖堂，是供奉家族祖先牌位的地方。祖堂的左右房间和上面的各个房间都是家族成员的居室。

三堂之间为天井院，两侧均有厢厅，并有通道连接与中轴线平行的长形屋子，也就是横屋。

横屋也是家族成员的居室，并从前至后排列，高度呈逐渐递增之势，最后一幢横屋的高度几乎与主楼相同。这样的两幢横屋犹如展开的大鸟翅膀，与中心建筑主楼相结合，整体如一只展翅欲飞的凤凰，所以称之为五凤楼。

永定高陂镇大塘角村的大夫第，就是一座具有代表性的三堂两横式五凤楼。

当然，五凤楼也有一些变化形式。较小型的五凤楼，一般只建三堂，甚至只建两堂；而较大型的五凤楼，则在标准形式的基础上，再加建堂屋或横屋，形成六堂两横或三堂四横等形式。

不论哪种形式的五凤楼，都很讲究先后与高低顺序，长幼尊卑清楚明确。房屋要前低后高，比如，中堂是五凤楼的中心，所以比下堂高半阶，且进深也多出一倍，以示前后伦常有序；并且高低还与居住者的身份与辈分相应，各有合理的安排。

标准的五凤楼中堂必须是平房，人在堂内抬头即可看见屋顶的内面。

此外，在五凤楼建筑的最后方有块地，被矮墙围护着，形成一个前低后高的半圆形场院。这个地方非常神圣，不允许孩子来此玩耍，也是五凤楼讲究伦常规矩的一个重要表现。

五凤楼多建在前低后高的山脚地带，庞大的建筑与山体相互呼应、相互映衬，非常突出且有气势。

五凤楼建筑的屋顶多为歇山顶式，屋面的坡度舒缓而檐端平直，这明显地保留有汉唐时代的风格。

五凤楼外观看起来赏心悦目，居住在其中也很舒适。但由于五凤楼占地面积巨大，所用材料很多，加之它的防御性不是很完善，所以后来人们将其改建为方形土楼。

2. 方形土楼

早期的方形土楼，屋顶还保留了一些五凤楼的特点，如屋顶层层叠落、前低后高。后来，方形土楼的建筑就越来越简单，最终形成了下部墙体四四方方、上部屋顶四角相连的模式，所以又称四角楼。

方形土楼的造型繁多，有正方形平面，有长方形平面；屋顶有四面围合的，有两侧带歇山的；有前面一排横屋顶低于后面一排横屋顶、两侧屋顶前低后高、层层叠落的；有些方形土楼前面再建前院；有些楼里面又建楼，称为楼心；还有两侧建护楼的；更有一种四角抹圆的圆角方楼。

方形土楼里面的布局一般有内通廊式和单元式两种，但绝大部分是内通廊式。

内通廊式就是在每层楼靠院子一侧设有一圈走廊，沿走廊可绕院落一周，每间房有门与走廊相通。

单元式是指每一户都独自拥有从底层至顶层的独立单元，左右均不与相邻房屋相通。

3. 圆形土楼

圆形土楼是中国民居最神秘、最吸引人的一种建筑形式。

圆形土楼的最大特点就是，在圆楼内还建有圆楼，形成一环接一环的建筑形状。最外环最高，利于防御，一般为二至六层，多为三层；内环高度不可超过外环，这样，建筑不会显得拥挤而又利于采光与通风。

圆形土楼和方形土楼一样，有内廊式和单元式两种。

相比较而言，圆楼比方楼有更多的优点：

方楼的四角光线暗，通风差，又临楼梯干扰大，而圆楼则不存在这些缺点；圆楼内分配后的每个房间呈扇形，以土墙承重的外弧长，以木构架承重的内弧短，因此，同样面积的扇形房间比矩形房间更节省木料。

承启楼便是整个福建土楼的代表。

福建土楼

承启楼位于永定县古竹乡高北村。楼的整体布局为四环楼加一院的形式。最外圈是一座高四层的环形楼房，屋顶为两坡水的形式，造型非常简洁、明了，而且如此干脆利落的直线形恰好与整个楼的圆形成对比。

外环楼每层有 72 个房间，4 层共 288 间。一层为厨房、餐室，二层是仓库，三、四层都是卧室。这些房间与外墙组成楼体。

外墙由土垒砌而成，底层最厚，达 1.5 米；往上逐渐变窄，顶层的厚度只有 1 米了。如此的构筑，既满足了防御的需要，又减轻了墙体的重量。

土墙里面用竹片做成墙筋，以增加墙的韧性和强度。

环楼朝向里的一面，每一层都建有一圈内通式走廊，人可沿此廊环绕院落一周。

外环楼向内的第二圈楼高两层，每层 40 个房间，两层共 80 间。

第三圈是平房，有 32 个房间，全部是客厅。每个门前都有一个小天井。

再往里就是中心院落了。中心院落是由祖堂、回廊、半圆形的天井组成的单层的圆屋。其中最重要的建筑就是祖堂，是祭祖和举行家族大礼的地方，设在院落的正中央。

每个建筑内建门厅，墙上辟门，而位于外环楼墙上的门也就是承启楼的大门。

此外，外环楼墙上还另开有两个侧门。

圆形屋顶的外部出檐较多，这很好地保护了土墙，使之免受雨水浇淋。

承启楼建筑巨大，但其中的住房大小均等不存在所谓的尊卑等级，人与人之间和谐平等。

四水归堂融天地：天井民居

中国江南地区的住宅名称很多，平面布局同北方的“四合院”大体一致。只是院子较小，称为天井，仅作排水和采光之用。当地俗称“四水归堂”，意为各屋面内侧坡的雨水都流入天井。

这种住宅第一进院正房常为大厅，院子略开阔，厅多敞口，与天井内外连通。后面几进院的房子多为楼房，天井更深、更小些。屋顶铺小青瓦，室内多以石板铺地，以适合江南温湿的气候。

江南水乡住宅往往临水而建，前门通巷，后门临水，每家自有码头，供洗濯、汲水和上下船之用。

以苏州为代表的天井民居，房屋多依水而建，多以楼房、砖瓦结构为主。门、台阶、过道均设在水旁，民居自然被融于水、路、桥之中。

古老的苏州河两岸民居是典型的小桥、流水、人家意境所在。青砖蓝瓦、玲珑剔透的建筑风格，形成了江南地区纤巧、细腻、温情的水乡民居文化。

白墙黛瓦的苏州园林

中国南方炎热多雨而潮湿，人稠山多地窄，故重视防晒通风，民居布局密集而多楼房。

墙头高出屋顶，作阶梯状。砖墙抹灰，覆以青瓦墙檐，白墙黛瓦，明朗而素雅，是南方建筑一大造型特色。

天井民居以中国东南部皖南、赣北即徽州地区最为典型，其特点主要表现在村落选址、平面布局和空间处理等方面。

其中，村落选址符合天时、地利、人和皆备的条件，达到“天人合一”的境界。

村落多建在山的南面，依山傍水或引水入村，和山光水色融成一片。

住宅多面临街巷，整个村落给人幽静、典雅、古朴的感觉。

住宅的平面布局及空间处理可谓结构紧凑、自由，屋宇相连，平面沿轴向对称布置。

此类建筑突出的特征是：白墙、青瓦、马头山墙、砖雕门楼、门罩、木构架、木门窗。内部穿斗式木构架围以高墙，正面多用水平型高墙封闭起来。两侧山墙做成阶梯形的马头墙，高低起伏，错落有致，黑白辉映，增加了空间的层次和韵律美。

民居前后或侧旁设有庭园，置石桌石凳，掘水井鱼池，植果木花卉，甚至叠山造泉，将人和自然融为一体。

民居大门上几乎都建有门罩或门楼，砖雕精致，成为徽州民居的另一个重要特征。

三间四耳窨子屋：“一颗印”民居

云南滇中高原地区，四季如春，特别适宜生活。

这里最常见的住宅形式是毗连式三间四耳，即正房三间，耳房东西各两间；有些还在正房对面，即进门处建有倒座房。

住宅通常为楼房。为节省用地，改善房间的气候，促成阴凉，采用了小天井。外墙一般为无窗的厚重高墙，主要是为了挡风沙和安全。

住宅地盘方整，外观也方整，当地称“一颗印”，又叫窨子屋。

“一颗印”民居的大门开在正房对面的中轴线上，设倒座或门廊；一般进深为八尺；有楼，无侧门或后门。有的在大门入口处设木屏风一道，由四扇活动的格扇组合而成，平时关闭，人从两侧绕行。每逢喜庆节日便打开屏风，迎客入门，使倒座、天井、堂屋融为一个宽敞的大空间。

“一颗印”民居主房屋顶稍高，为双坡硬山式。厢房屋顶为不对称的硬山式，分长短坡。长坡向内院，在外墙外作一个小转折成短坡向墙外。

院内各层屋面均不互相交接，正房屋面高，厢房上层屋面正好插入正房的上下两层屋面间隙中。厢房下层屋面在正房下层屋面之下，无斜沟，减少了梅雨季节对房屋的损害。

外墙封闭，仅在二楼开有一两个小窗。前围墙较高，常达厢房上层檐口。

农村的“一颗印”民居，为了适应居民的生活习惯和方便农民在堂屋及院子中干杂活，堂屋一般不安装格子门，这样堂屋便和庭院浑然一体了。而城里的“一颗印”民居，堂屋一般都安装有格子门。

“一颗印”民居无论是在山区、平坝、城镇、村寨都宜修建，单幢、联幢皆可，是滇池地区最普遍、最温馨的平民住宅。

昆明旧城中的窨子屋

晚围火炉吃西瓜："阿以旺"民居

阿以旺式民居由阿以旺厅而得名。

"阿以旺"是维吾尔语，意为"明亮的处所"。它是新疆维吾尔族民居享有盛名的建筑形式，具有十分鲜明的民族特点和地方特色，已有2000多年历史。

新疆维吾尔自治区地处中国西北，地域辽阔，是多民族聚居的地区。

新疆属大陆性气候，气温变化剧烈，昼夜温差很大，素有"早穿皮袄午穿纱，晚围火炉吃西瓜"的说法。

维吾尔族的传统民居以土坯建筑为主，多为带有地下室的单层或双层拱式平顶，农家还用土坯块砌成晾制葡萄干的镂空花墙的晾房。

住宅一般分前后院，后院是饲养牲畜和积肥的场地，前院为生活起居的主要空间。

"阿以旺"民居

院中引进渠水，方便栽植葡萄和杏等果木。

院内有用土块砌成的拱式小梯通至屋顶，梯下可储物，空间很紧凑。

新疆特有的气候特征，是维吾尔族人民创造出“阿以旺”民居的最主要的源泉。

“阿以旺”完全是室内部分，是民居内共有的起居室，也是待客、聚会、歌舞活动的场所。

“阿以旺”比其他户外活动场所如外廊、天井等更加适应风沙、寒冷、酷暑等气候特点。这是一种根植于当地地理、文化环境中的本土建筑。

在建筑装饰方面，“阿以旺”多用虚实对比、重点点缀的手法，廊檐彩画、砖雕、木刻以及窗棂花饰，多为花草或几何图形；门窗口多为拱形；色彩则以白色和绿色为主调，表现出伊斯兰教的特有风格。

三色条幔插石檐：碉楼民居

西藏大部分地区平均海拔高，气候寒冷干燥，荒原上的石头便成为人们建筑房屋的主材。

藏族人用石块、石片垒砌出三四层高的房子，因形似碉堡而得名碉楼。

碉楼和民居本是两种不同的建筑类型，居住之处称为住宅，是先民息止之所，也是人类最原初的、最大量的建筑类型；碉楼则为兼具防御功能的军事建筑。

在早期社会中，人们以氏族为单位组织生活、生产，并共同抵御外敌入侵。这时候出现的是“依山据险，屯聚相保”的聚落联防形式，具有防御性的独立碉楼在村寨关系中占主导地位。

西藏碉楼

随着社会、经济和文化的发展，氏族社会转入以家庭为单位的家族社会形态。随之发展的碉楼在防御与居住空间上相结合，这就形成了在村落整体防御之外家庭的第二道防御屏障。

碉楼和住宅紧靠在一起，并以门、墙、廊、道、梁柱等结构与住宅连为一体，于是带来了碉楼和民居之间从平面关系到空间组合的相互衔接、渗透、融会的变化。

事实上，中国各地的碉楼绝大部分是与院落连在一起的，与院墙组合为一个防御体系，是整个院落或围屋的附属性建筑。这样就出现了另一类空间形态，即碉楼民居，也称“碉巢”。

从地理上看，碉楼民居在国内的分布集中在川西北的羌藏少数民族地区、四川盆地汉族地区、赣南和闽粤客家地区以及广东五邑地区。

藏族人由于宗教原因，会在檐上悬挂红、蓝、白三色条形布幔，转角插“幡”，形成与素墙面的强烈对比，形成独具民族特色的人文景观。

天似穹庐笼四野：蒙古包

蒙古包是蒙古族牧民居住的一种房子。

蒙古包

传统上蒙古族牧民逐水草而居，每年大的迁徙有四次，有“春洼、夏岗、秋平、冬阳”之说。

蒙古包是草原地区流动放牧的产物，具有制作简便、便于搬运、耐御风寒、适于放牧等特点。

蒙古包主要由架木、苫毡、绳带三大部分组成。制作不用水泥、土坯、砖瓦，原料非木即毛，可谓建筑史上的奇观。

蒙古包呈圆形，有利于抵御水平风力，是广阔草原最合理的选择。

蒙古包架设很简单，一般搭建在水草适宜的地方。根据蒙古包的大小先画一个圆圈，然后便可以开始按照圈的大小搭建。

蒙古包的包门开向南或东南，既可避开西伯利亚的强冷空气，也沿袭着以日出方向为吉祥的古老传统。包门的两侧可悬挂牧人的马鞭、弓箭、猎枪以及嚼辔之类的用具。

帐内的中央部位，可安放火炉。火炉上方的帐顶开有一个天窗，以补充光照及空气流通。

普通的蒙古包，高 10~15 尺。包的周围用柳条交叉编成 5 尺高、7 尺长的菱形网眼的内壁，蒙古语把它叫作“哈那”。

蒙古包的大小,主要根据主人的经济状况和地位而定。普通小包只有 4 扇“哈那”，适于游牧，通称四合包；大包可达 12 扇“哈那”。

包顶是用 7 尺左右的木棍，绑在包的顶部交叉架上，成为伞形支架。包顶和侧壁都覆以羊毛毡。

包内右侧为家中主要成员座位和宿处，左侧一般为次要成员座位和宿处。

蒙古包看起来外形虽小，但包内使用面积却很大；而且室内空气流通，采光条件好，冬暖夏凉，不怕风吹雨打，非常适合经常转场的放牧民族居住和使用。

蒙古包的最大优点就是拆装简便，一天之内就能搭盖起来；搬迁也很简便，一顶蒙古包只需要 40 峰骆驼或 10 辆双轮牛车就可以运走。

黄土高原洞窑居：窑洞民居

窑洞是黄土高原上特有的一种民居形式。深达一二百米、极难渗水、直立性很强的黄土，为窑洞式民居的建造提供了优越的天然条件。同时，当地气候干燥少雨、冬季寒冷、木材较少等自然状况，也为冬暖夏凉、经济便捷、不需木材的窑洞创造了发展和延续的契机。

窑洞建造易于施工，便于自建，同时还可节约占地。

窑洞承袭了中国古代形成的特有的建筑观念，并由此决定了它的建筑格局。

由于自然环境、地貌特征和地方风土的影响，窑洞民居形式多样。从建筑的布局结构形式上划分，可归纳为靠崖式、下沉式和独立式三种形式。

1. 靠崖式窑洞

靠崖式窑洞有靠山式和沿沟式两种，窑洞常呈现曲线或折线形排列，形成和谐美观的建筑艺术效果。在山坡高度允许的情况下，有的可建造几层台梯式窑洞，类似楼房。

靠崖式窑洞是将山坡一面垂直铲平，然后在平面上凿挖窑洞。窑洞一般修在朝南的山坡上，向阳，背靠山，面朝开阔地带，少有树木遮挡，十分适宜居住生活。

一院窑洞一般修 3 孔或 5 孔，中窑为正窑。有的分前后窑，有的 1 进 3 开，从外面看 4 孔要各开门户，只有进到里面才会发现它们是由隧道式小门互通的。窑洞顶部呈半圆形，这样窑洞空间就会增大。

2. 下沉式窑洞

下沉式窑洞就是地下窑洞，主要分布在黄土塬区，即没有山坡、沟壁可利用的地区。

这种窑洞的建造方法是：先挖下一个方形地坑，深 7 米余，然后再向四壁挖窑洞，形成一个天井式四合院。

从窑院一角的一孔窑洞内凿出一条斜坡甬道通向地面，方便住户进出。

下沉窑院内设置有渗水井，一般都种有高大树木。沿窑院顶部四周筑有带排水檐道的砖墙。

宅院内有作粮仓用的窑洞，顶部开有小孔，直通地面打谷场，收获之时可直接将谷场的粮食灌入窑内粮仓，平时孔口置避雨席棚。宅院内有单独窑洞，可作鸡舍牛棚。

天井窑院还有二进院、三进院等，即多个井院的组合。

进入这样的窑洞村内，只闻人言笑语，鸡鸣马啸，却不见村舍房屋，所谓“进村不见房，见树不见村”。所以，外地人又称下沉式窑洞是“地下的四合院”。

3. 独立式窑洞

独立式窑洞又称锢窑，是一种掩土的拱形房屋，有土坯拱窑洞，也有砖拱、石拱窑洞。

这种窑洞无须靠山依崖，能自身独立，又不失窑洞的优点。

独立式窑洞可为单层，也可建成为楼。若上层也是锢窑即称“窑上窑”，若上层是木结构房屋则称“窑上房”。

作为地下空间生土建筑类型的窑洞，独立式窑洞的建筑特征又与一般建筑大异其趣。

在陕西榆林的吴堡乡，有一种拱形大门窗石窑，纯粹用石头圈成，高 3.4 米

窑洞

左右，宽 3~3.5 米，深多为 6~10 米。

此种窑洞大门大窗，经久耐用，采光好。

窑洞建筑是一个系列组合。窑洞的载体是院落，院落的载体是村落，村落的载体是山川黄土。

第二章

藤床纸帐朝眠起：古代家具摆设

家具的出现与人类的居住方式密切相关,有了“房子”才有“家”,有了“家”才有家具。

随着历史的发展以及人们生活方式的改变，中国传统家具经历了自商、周至三国间由跪坐的矮型家具，到隋、唐经五代至宋而定型的垂足而坐的高型家具的演变过程，又经过几百年的不断发展和完善，到明末清初终于达到了前所未有的艺术与技术巅峰。

可以说，中国古代家具历史悠久，自成体系，具有强烈的民族风格。无论是笨拙而神秘的商周家具、浪漫而神奇的矮型家具（春秋战国秦汉时期）、婉雅而秀逸的渐高家具（魏晋南北朝时期）、华丽而润妍的高低家具（隋唐五代时期）、简洁而隽秀的高型家具（宋元时期），还是古雅而精美的明式家具、雍容华贵的清式家具，都有其独特的永恒魅力。

良贾工操术四三：古代家具演变

我国的家具工艺具有悠久的历史，它的发展取决于人们起居方式的变化。从商周到秦汉，是以席地跪坐的方式为中心的家具；从魏晋到隋唐，是席地坐与垂足坐并存交替的家具；北宋以后，是以垂足坐为中心的家具——总的趋势是从矮型家具向高型家具发展。

家具与人类生活息息相关，随着社会经济和文化的发展，不同的历史时期有着不同的习俗，因而产生了不同风格的家具。

1. 先秦家具

距今 3700 年前，商代灿烂的青铜文化反映出当时家具在人们生活中的一定地位。

原始质朴的古家具

从出土的青铜器中，我们可以看到商代人切肉用的“俎”及放酒用的“禁”，并由此推测出当时室内地上铺席、使用者席地坐或跪坐于席上而使用这些家具的生活场景。

西周之后，从春秋战国直至秦灭六国建立了历史上第一个中央集权的封建国家，是我国古代社会发生巨大变动的时期，也是奴隶社会走向封建社会的变革时期。

奴隶的解放促进了农业和手工业的发展，工艺技术得到了很大的提高。

春秋时期出现了著名的匠师鲁班，相传他发明了钻、刨、曲尺和墨斗等工具。

当时人们的室内生活虽然保持着跪坐的习惯，但家具的制造和种类已有很大的发展。

家具的使用以床榻为中心，还出现了漆绘的几、案等凭靠类家具。

在家具上有彩绘龙纹、风纹、云纹、涡纹等装饰雕刻纹样，这反映出当时家具的制作技术和髹漆技术水平已相当高超。

2. 秦汉家具

西汉建立了比秦朝疆域更大的帝国，并开辟了与西域的贸易通道，加大了与西域诸国文化交流，这些都大大促进了汉代商业经济不断发展，并推动了汉代城镇的规模化建设。

经济的繁荣对人们的生活方式也产生了巨大的影响，家具制造也随之发生了很大的变化。如几、案的使用功能逐渐统一，且面板逐渐加宽；榻的用途不断延伸，并出现了带有围屏的榻；装饰纹样也出现了绳纹、齿纹、植物纹样以及三角形、菱形、波形等几何纹样。

3. 魏晋南北朝家具

魏晋、南北朝是我国历史上充满民族斗争的时期。由于少数民族进入中原，导致长期以来跪坐礼仪观念的转变以及生活习俗的变化。

此时的家具已由低矮型向高型发展，品种不断增加，造型和结构也更趋于丰富完善。东汉末年传入的“胡床”已普及民间。高坐具，如椅子、筌蹄（用藤竹或草编的细腰坐具）、凳等家具的传入，使得垂足而坐的家具得到了进一步发展。人们可坐于榻上，也可以垂足于榻沿。

床也有所增高，上部加床顶。床上出现了依靠用的长几、隐囊（一种袋形大软垫，供人坐于榻上时依靠）和半圆形的凭几。有的床上还使用两折或四折的围屏。

随着佛教的传入，装饰纹样也出现了火焰纹、莲花纹、卷草纹、璎珞、飞天、狮子、金翅鸟等丰富多彩的图案。

雅致古屏风

4. 隋唐家具

隋、唐时期是中国封建社会发展的一个高峰。

隋统一中国后开凿了南北大运河，促进了南北地区的物产与文化交流；农业、手工业生产得到极大的发展，也带动了商业与文化艺术的繁荣。

唐代的商业日益发达，国际文化交流也日渐频繁，对外贸易已远达日本、南洋、印度、中亚、波斯、欧洲等地。

由于各种不同区域文化的融合，唐代的思想文化领域也十分活跃，达到了空前的繁荣。

这一切都大大促进了家具制造业的不断发展与壮大，家具的种类也逐渐地丰富了起来。

坐具中出现了凳、坐墩、扶手椅和圈椅。床榻有大有小，有的是壶门台形结构，有的是案形结构。桌凳家具中出现了多人列坐的长桌长凳。除此之外，还有柜、箱、座屏、可折叠的围屏等新型家具。

由于国际贸易发达，唐代家具所用的材料已非常广泛，有紫檀、黄杨木、沉香木、花梨木、樟木、桑木、桐木、柿木以及竹藤等材料。

唐代家具造型也已达到简明、朴素、大方的境地，工艺技术有了极大的发展和提高。装饰方法更是多种多样，如螺钿（在木器上和漆器上用螺壳镶嵌的花纹）、金银绘、木画（唐代创造的一种精巧华美的工艺，用染色的象牙、鹿角、黄杨木等制成装饰花纹，镶嵌在木器上）等装饰工艺。这无疑为后代各种家具类型的形成和家具装饰的发展奠定了基础。

华美精巧的唐代家具

5. 宋代家具

宋代由于北方辽和金的不断侵入，引发连年战争，形成两宋与辽金的对峙局面。但在经济文化方面，宋代依然居先进地位，北宋初期农业、手工业、商业、国际贸易仍很活跃。

由于中国木结构建筑的特点使宋代手工业分工更加细密，手工艺技术和生产工具也随之更加先进。

这时的起居方式已完全进入垂足坐式的时代，同时也出现了很多家具的新品种，如圆形或方形高几、琴桌、小炕桌等。

家具整体上的结构也有了突出变化，已由梁柱式的框架结构代替了唐代沿用的箱形壶门结构，提高了家具的整体强度。

桌面板下面采用了束腰结构，桌椅四足断面除了方形和圆形以外，还出现了马蹄形。

在装饰上，宋代家具大量使用线脚装饰，极大地丰富了家具的造型美感。

这些结构和造型上的发展变化，无疑为以后的明、清家具风格的形成打下了基础。

6. 元代家具

元代家具多承袭宋代传统，也有新形式。

元代家具形式以豪放简洁为特征，造型挺秀，装饰简洁。各种卯榫结构丰富，梁柱式代替了箱体壶门结构。

元代的家具风格具有豪放不羁、雄宏庄重、丰满起伏的北方家具特点，又带有佛教风味，颇具圆曲优美、伸缩有致的气势。

装饰上，动物曲线形腿脚开始运用，俗称老虎脚，并合理配置牙板。动物的尾巴纹，又称云纹，在腿上部结构装饰中的运用。

元代家具出现了新的形式，主要表现在桌面的缩入和抽屉桌的出现，出现了直腿、曲腿稳固的造型。

在家具结构上，有霸王枨、罗锅枨等新的架构出现：

一是桌面的面下拉枨，即霸王枨，以直线混面或是马鞍形曲线进行拉接的形式得到完善。

二是桌面下的束腰开始出现并且定型。束腰连接直榫和 45° 俊角结构也开始完善。

7. 明代家具

公元 1368 年明朝建立后，统治者兴修水利，鼓励垦荒，使遭到游牧民族破坏的农业生产迅速得到恢复和发展。

随之，手工业、商业也快速发展了起来，国际贸易又远通朝鲜、日本、南洋、中亚、东亚、欧洲等地。

在明朝中期，由于生产力的提高，商品经济的发展，手工业者和自由商人不断增加，一度出现了资本主义萌芽。

由于经济繁荣，建筑、冶金、纺织、造船、陶瓷等手工业均已达到相当水平，极大地促进了明朝园林艺术大发展。明代的家具艺术也正是在园林建筑的大量兴建中得到巨大发展的。

当时的家具配置与建筑有了紧密的联系，在厅堂、书斋、卧室等不同居住环境中出现了“成套家具”的概念，即在建造房屋时要把建筑的进深、开间和使用要求与家具的种类和式样、尺度等成套地配置。

明式家具的种类更加齐全，大体上可分为椅凳类、几案类、柜橱类、床榻类、台架类和屏座类六大类。

明式家具使用的材料极为考究。明朝郑和下西洋，不仅促进了我国文化与东南亚各国文化的交融，还把这些地区的优质木材带回了本土，极大地丰富了明代家具的用材。

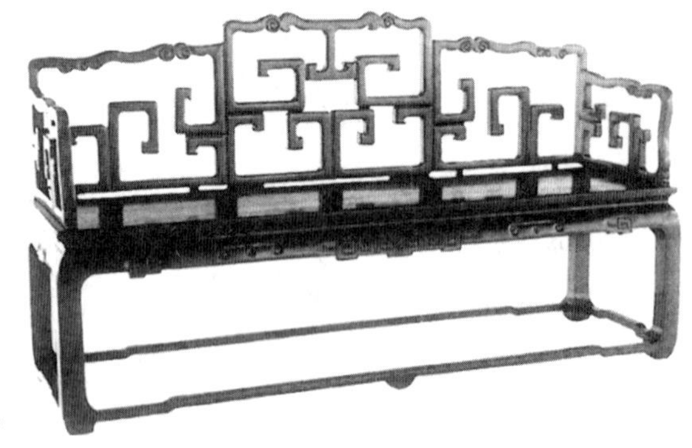

清中期铁力木长扶手椅

明代家具的表面制作充分显示了木材优美的自然纹理和天然色泽，不加任何油漆涂饰，采用打蜡或涂透明大漆，这也是明代家具的特色之一。

明代家具造型上优美多样，结构上科学严谨，采用框架式结构，与我国独具风格的木结构建筑一脉相承，并创造或发展了明榫、闷榫、格角榫、半榫、长短榫、燕尾榫、夹头榫以及“攒边”技法、霸王枨、罗锅枨等多种结构形式，既丰富了家具造型，又使家具更加坚固耐用。

8. 清代家具

清朝建立后，清政府对手工业和商业采取了各种压抑政策，限制商品流通，禁止对外贸易，致使明代发展起来的资本主义萌芽受到重大摧残。但是，家具制造在明末清初仍大放异彩，制作技术达到了我国古代家具发展的高峰。

这一时期，苏州、扬州、广州、宁波等地已发展成了全国的家具制作中心，并形成不同的地域特色，家具风格也依其生产地不同而分为苏作、广作和京作。

清代乾隆朝以后的家具风格大变，由简洁、俊美转向了烦琐、华贵。特别是宫廷家具，吸收工艺美术的雕漆、雕填、描金等装饰手法使得清代宫廷家具更加富丽堂皇。

到了清晚期，由于更加刻意追求装饰，从而忽视和破坏了家具的整体形象，中国古代家具开始走向衰败。但此后的民间家具仍在追求着实用、经济为主，继续向前发展。

古代家具选材一般按“一黄”（指黄花梨）、“二黑”（指紫檀）、“三红”（指老红木、鸡翅木、铁力木、花梨木）、“四白”（指楠木、榉木、樟木、松木）顺序排列。也可将老家具的材质分为硬木和软木两种，硬木类包括花梨木、紫檀木、老红木等，软木类泛指白木类。

一椅一凳皆学问：古代家具类型

古代家具的类型，按其实际使用情况一般分为床榻类、椅凳类、置物类、柜橱类、支架类、屏风类、箱格类等几大类：

1. 床榻类家具

罗汉床

我国古代床榻类家具主要是指床和榻。

最早的床榻类家具其实是席。在席地而坐的时代，床榻虽然都可坐可卧，但是床一般较为宽大，多作为卧具使用；而榻一般窄长，多作为坐具使用。

罗汉床在明代最为常见，而且大多是陈设在上层贵族阶级的厅堂之中。

罗汉床的设计十分独特，围绕在床的左右或者后面均装有围栏。

2. 椅凳类家具

椅凳类家具的品种十分丰富，最为常见的有：

椅子类家具：如太师椅、圈椅、靠背椅、扶手椅、玫瑰椅、交椅等。

凳子类家具：如方凳、圆凳、条凳、脚凳、滚凳、春凳、杌凳、梅花凳、海棠凳等。

此外，还有各种形式的绣墩。

3. 置物类家具

条几

我国古代的置物类家具出现时间较早，一般包含桌子类、案类、几类等家具。

桌子类家具主要有圆桌、方桌、炕桌、半桌、长方桌、长条桌、月牙桌等。

案类家具主要有书案、架几案、平头案等。

几类家具主要有条几、漆几、蝶几、炕几、套几等。

4. 柜橱类家具

柜橱类家具包括竖柜、铺柜、橱柜等。

柜橱类家具多作为储藏物品使用，其中柜的形体较大，而且有两扇对开门；橱的形体较小，而且多有抽屉。

明清时期，最为常见的柜子是四件柜，又名为“顶竖柜”。

宋画《蚕织图》中的橱柜与桌案

5. 支架类家具

古代的支架类家具多放置在室内，主要包括衣架、巾架、盆架、灯架、梳妆台等。

其中衣架早在先秦时期就已出现。明代衣架的做工有目共睹，如用黄花梨木制作的衣架是历代衣架中最为精美的器物。

盆架和巾架多配套使用，即使是现代，部分农村地区仍在这样组合使用。

6. 屏风类家具

屏风是我国古代家具中起源很早的家具之一。根据考证，早在西周初期屏风就已经开始出现。汉代时期，屏风几乎已经家喻户晓。明清两代，屏风更是不可或缺的室内装饰器物。

古代的屏风类家具主要有座屏风、曲屏风、挂屏风等。

其中座屏风的位置大多比较固定，而且有多扇和独扇之分。

曲屏风

曲屏风是一种可以折叠的屏风。最早的曲屏风出现在汉代。

挂屏风是明末清初时才出现的，挂屏上多镶嵌或者雕刻有精美的书画作品，一般是作为装饰品和陈设品供人观赏之用。这种陈设形式在宫廷之中非常常见，也非常受一些显贵之家的欢迎。

7. 箱格类家具

箱格类家具，包括箱子、木合、百宝格等。

据考证，我国箱柜的使用大约始于夏、商、周三代。那时候的“柜”如同今天的箱子，而“箱”则指车内存放东西的地方。

《六书故》曰：“今通以藏器之大者为柜，次为匣，小为椟。”古代的“匣”，形式与柜无大区别，只是比柜小些；而椟又比匣更小些。

汉代有了“箱子”这个名称，与战国前的柜子相同，多用于存贮衣被，称巾箱或衣箱，形体较大，是一种具备多种用途的家具。

百宝格，又名为“多宝格”和“博古格”等，是比较公认的清代最具创意的家具之一。

百宝格中可以放置各种大小不一的新奇陈列品，而且打破了传统的规律格调，颇具新意，风格独特。

百宝格

匠心独具成千秋：古代家具流派

古代家具是我国传统造物中的集大成者，不论在中国还是世界艺术史上都占有非常重要的地位。

古人在制作家具的过程中，形成了独具特色的家具流派，有苏式（苏州制作）、广式（广州制作）、京式（北京制作）三大流派，以及其他流派，诸如晋式、宁式、鲁式、闽式等。

其实这些都是对明清时期的家具的分类，因为明清时古典家具艺术达到顶峰，可以说是百花齐放，异彩纷呈。

各个流派的家具各有其不同的特点，或古朴典雅，或端庄厚重，或追求技艺，或贵在自然，形成了博大精深的家具文化。

1. 苏式家具

苏式家具主要指苏州及周围地区制作的家具。

苏州地区人杰地灵，文人墨客辈出，家具制作过程中很多文人学士都曾亲自参与设计，使苏式家具具有很深的文人气。举世闻名的明式家具，即以苏式家具为主。

苏式家具形成较早，制作传统家具的技术力量较强。其造型和纹饰较朴素、大方，更以造型优美、线条流畅、结构和用料合理为世人所称道。

苏州地区制作家具时材料不易得到，于是就采用包镶技艺制作家具，这比实料制作需要更高的技术。其制作时常表面用好材料，面板常用薄板粘贴。然后采用漆饰与包镶，漆工技艺要求相当高，包镶技艺也达到炉火纯青的地步，制成后很难看出破绽。

苏式家具常以紫檀、黄花梨、花梨木、榉木等为主要用材。

2. 广式家具

广式家具是指南方广东地区以广州为中心制作的一种较有特色的家具。

广州地处南海之滨的珠江三角洲，商业和手工业都很发达；它又是中国南方的贸易大港，海运交通便利，外国客商云集，当地华人散居世界各地，这对于广式家具事业的发展及家具用材的进口，都提供了得天独厚的供销渠道。

广式家具的制作一方面继承了中国优秀的传统家具制作技艺，另一方面大量吸收了外来文化艺术和家具造型手法。

广式家具最早突破了我国千百年来的传统家具的原有格式，大胆引用西欧豪华、高雅的家具形式，其艺术形式从原来纯真、讲究精细简练线脚、实用性较强的风格，而转变为追求富丽、豪华和精致的雕饰；同时使用各种装饰材料，融合了多种艺术的表现手法，创造了具有鲜明风格和时代特征的家具样式。

广式家具用料以酸枝木为主，亦有紫檀及花梨等，用材上讲究木质的一致性。

广式家具在制作中，为了显示硬木木质的色质美和天然花纹，不髹漆里，只上面漆，也不上灰粉，打磨后直接揩漆，即我们所称的广漆。

广式家具花纹变化无穷，线条流畅，根据不同器形而随意生发延伸；刀法浑圆齐整，刮磨精工细致，卯榫衔接精确紧密，留下了很多足以传世的家具佳品。

3. 京式家具

京式家具主要指北京地区生产的以宫廷用器为代表的家具。

京式家具大体介于广式和苏式之间，用料较广式要小，较苏式要实。

从外表看，京式与苏式在用料上相仿；从纹饰上看，它与其他地区相比又有其独具的风格。工匠们从皇宫收藏的三代古铜器和汉代石刻艺术中吸取素材，巧妙地装饰在家具上，再根据不同造型的家具而施以各种不同形态的纹饰，显得古拙雅致。

清代的京式家具，因皇室、贵族生活起居的特殊要求，造型上给人一种沉重、宽大、豪华而又庄重威严的感觉。

清宫造办处制造

宫廷用器因追求体态，致使家具在用料上的要求很高，常以紫檀为主要用材，亦有黄花梨、乌木、酸枝木、花梨木、楠木和榉木等。

京式家具制作时为了显示木料本身的质地美，硬木家具一般不用漆髹饰，而是采取传统的磨光和烫蜡工艺。

4. 扬州家具

扬州家具品种齐全，造型上基本保持了南方地区的高雅协调和明快的风格。

扬州家具主要为漆木家具，扬州漆器很早就享有盛誉。

扬州漆器家具最为著名的是多宝镶漆器家具，它是我国家具工艺中别具一格的品种。

多宝镶又名“周制”，因由嘉靖年间著名匠师周翥创制而得名。清代扬州多宝镶家具曾风行一时，但传世品甚少。

扬州的螺钿漆器家具和雕漆家具亦久负盛名。雕漆，最典型的就是“剔红”工艺，采用传统的朱漆一层层地覆盖在漆坯表面，当工艺结束后就获得了一种深沉而绚丽的色调。

“剔红”技法要求雕漆时在漆坯半干时雕刻，色彩的效果取决于敷漆层次的变化。

扬州漆雕名匠很多，但由于技艺要求高，工艺比较复杂，制作周期长，客观

扬州家具陈设

上限制了漆雕家具大量制作，也使传世“周制”及“剔红”作品不多见。

5. 宁式家具

宁式家具为宁波地区制作的家具。

宁波地区在清代和海外交往频繁，是当时重要的港口城市。自清代以来，宁波地区在坚持传统技艺基础上，创立了独具特色的骨镶和彩漆家具。

宁式家具最为著名的是骨镶家具，在造型上保持多孔、多枝、多节、块小且带有棱角，宜于胶合和防止脱落。骨镶又称骨嵌，可分为高嵌、平嵌、高平混合嵌几种技法，宁式家具多为平嵌形式。骨嵌的材料只用牛肋骨，一般先用红木做好家具，然后在木坯家具上进行镶嵌。

彩漆家具即用各种颜色漆在光素的漆地上描画花纹而制成的家具。宁式彩漆家具主要是平面彩漆，成器后给人一种光润、鲜丽的感觉。

宁式家具品类齐全，花纹题材贴近生活，创作技艺亦相当成熟，成器给人以古拙、纯朴的感觉。

6. 云南家具

云南家具中最为著名的是镶嵌大理石家具。所用石料产于云南大理县苍山，石质之美，名闻各地。其中以白如玉和黑如墨者为贵；微白带青者次之；微黑带灰者为下品。白质青章为山水者名春山；绿章者名夏山；黄纹者名秋山。而以石纹美妙又富于变化的春山、夏山为最佳，秋山次之。

另外，还有如朝霞红润的红瑙石、碎花藕粉色的云石、花纹如玛瑙的土玛瑙石、显现山水日月人物形象的永石等。

云南镶嵌大理石家具制作时，往往把石材锯开成板，镶嵌于桌案面心，以及插屏、屏风或罗汉床的屏心及柜门的门心。

嵌石家具由于石材纹理的变化，显现出不同的景象，妙趣横生。

7. 鲁作家具

鲁作家具是指山东地区制作的家具，制作上较为简朴。

清代山东潍县出现了一种嵌金银丝家具，给中国家具增加了一种新颖的品种。

嵌金银丝家具这一技法是由商周青铜器发展演变而来的。商周青铜器的鼎、匜、尊、壶等器皿上常嵌着金或银，这种工艺移植到家具上，形成了新的装饰特点。

嵌金银丝家具的图饰有人物、风景、山水花鸟、飞禽走兽、亭台楼阁等，制作的成品家具有床、椅、桌子、屏风等。

8. 徽州家具

徽州所制木器，雕镂镶嵌，极为华丽。

明清时期，徽州地区商业很发达，当地商人主要经营茶叶和盐。徽州匠人不仅建造了有深厚文化内涵的徽州民居，还制作出了民族气息浓厚的徽州家具。

徽州古典家具

据《云间据目抄》记载："徽之小木匠，争列市于郡治中，即嫁妆杂器，俱属之矣。"可见徽州家具在当时的流行程度。

9. 其他家具

其他较为知名的家具流派还有以下几种：

（1）晋作家具，主要指山西乡镇制作的家具。其做工在技艺上已可与苏作相当；在造型上基本上保持了明清家具样式，装饰纹式都较简练，在北方家具中可谓独树一帜。

（2）湖南竹制家具。湖南益阳在明初就有竹制家具，且制作技艺精良，造型上类似木家具且品种多样，有椅、床、桌、几、屏风等。材料使用很严格，需用生长两年以上的老竹，也像木制家具的材料需阴干三至四年才能使用。竹种主要采用毛竹、麻竹，利用竹材光洁、凉爽的特点，并根据竹青、内黄的不同性质，经郁制、拼嵌、装修和火制等工序制作完成，卯榫拼接严密，纹饰丰富，富有鲜明的民族风格。

（3）湖北树根藤瘿家具，产地主要在鄂西北武当山、神农架地区。那里山多林密，藤根、怪树根资源丰富，形态丰富而奇特。匠人们精心选择藤根，去掉虚根、朽枝，经过处理，再反复髹漆，最后巧妙地制成各式家具。这种家具具有质地坚硬、经久耐用、情趣自然、古朴典雅等特点。特别是那些天然藤根的疤、节、瘤、洞甚至残烂部位，只要构思得体，排列适当，都可获得特殊的艺术效果。

闲倚胡床挥如意：另类家具盘点

古代科技虽然没有我们现在发达，但是古人的智慧有时候会让几千年后的我们看到都叹为观止。当时制作家具可以使用的工具很少，这些老家具每一个都凝聚了古人大量的心血，是智慧与汗水的结晶。接下来给大家介绍几种可能没见过甚至没听过的家具，让我们一起欣赏古人独特的智慧。

1. 凭几

凭几，是古代席地而坐时常用的家具。

先秦时期的凭几为礼器，战国时期木凭几流行。从战国长沙楚墓中出土的凭几来看，当时仅是两足。

到魏晋南北朝时期，凭几最为盛行，此时已变三足，成曲形，所以也称“三

清康熙金髹三足凭几

足曲木抱腰凭几”。

故宫博物院藏有清康熙金髹三足凭几，且传世家具仅此一件。中国国家博物馆藏的《康熙皇帝读书像》中所绘之凭几，与此件实物颇为相似。

从人体工学角度看，凭几十分适合人盘腿坐于炕上阅读时使用。凭几置于身前，环抱腰部，几面高度适中，可承托双臂、肘部；或双手自然垂下扶握，以支撑全身，获得更为放松的姿势。

几面可放置图书，或立或倒，使双手解放，不必久持图书；同时书与人眼之间保持较为合适的阅读距离，又与颈部构成一定的角度，减缓了将书摊在炕上长时间低头阅读而产生的眼睛与颈椎疲劳。

随着时间的推移，垂足坐姿促使自带倚靠功能的高型家具出现，历经多个朝代兴衰的凭几因倚靠功能单一遭到了历史淘汰，渐渐消失于人们的视线。

2. 灯挂椅

从出土文物、壁画、绘画看，宋代椅子的使用非常普及，且品种很多，特别是宋代椅子的实物资料很多。

其中有一种靠背椅非常有趣。这种靠背椅的最上端横柱即搭脑两端向外挑出，有的形成优美而又富有情趣的弓形。这种式样酷似江南农村竹制油盏灯的提梁，所以人们称其为“灯挂椅”。

灯挂椅是一种历史很悠久的中国椅式家具，五代时期已经出现。

明代灯挂椅的基本特点是：圆腿居多，搭脑向两侧挑出，整体简洁，只做局部装饰。有的在背板上嵌

灯挂椅

一小块玉，或者嵌石、嵌木，或者雕一简练的图案。座面下大都用牙条或券口予以装饰。四边的枨子有单枨、双枨，有的采用“步步高”式（即前枨低，两侧枨次之，后枨最高），落地枨下一般都用牙条。两后腿有侧脚和收分。

明代灯挂椅的造型整体感觉是挺拔向上、简洁清秀，这是明代家居造型的特点，可以说是明代家具的代表作之一。

3. 拔步床

拔步床为明代晚期出现的一种大型床。

拔步床自身体积庞大，结构复杂，从外形看好似一栋小房子。

拔步床由两部分组成：一是架子床；二是架子床前的围廊，与架子床相连为一整体。围廊如同古代房屋前设置的回廊，人可直接进入其中。回廊中间置一脚踏，两侧可以放置小桌凳、便桶、灯盏等。

拔步床地下铺板，床置身于地板之上，故又有“踏板床”之称。

拔步床的兴起实与明代士大夫阶层豪华奢侈的生活习尚有关，有其深刻的社会根源。

明代晚期，官吏腐败，他们平时以侈靡争雄，高筑宅第，室内布置出现了房中套房现象，与拔步床房中有床的结构形式是相一致的。

榉木攒花海棠花围拔步床

拔步床有两种形式：廊柱式拔步床，为拔步床的一种早期形态；围廊式拔步床，为一种典型的拔步床。

目前全国范围内出土的拔步床不多。保存较好的一件为苏州博物馆收藏的明代首辅王锡爵墓出土的拔步床明器。

这张拔步床仿厅廊结构，自身为束腰带门围子柱架子床结构。组成围廊的四根立柱下还保留了四块鼓形石础，说明拔步床的造型还保留了房屋结构的遗迹。

另一件即上海潘允徵墓出土的以原物缩小制作而成的拔步床模型，是一件难得的标准器。

潘允徵是明代嘉靖至万历年间的人，生前为从八品光禄寺掌醢监事。潘氏墓出土的拔步床，其主体结构是有束腰带门围子的六柱式架子床。在架子床前沿铺有地板并栽立柱四根，柱间有围栏，如同古代房屋前设轩的廊子。

4. 七巧桌

七巧桌，又名蝶几、乞巧桌、奇巧桌，是依据七巧板的形状创意而成的。

七巧桌大多制作于清代中晚期，目前存世量很少。苏州留园内的“七巧桌”则是其中保存完好的传世精品。

七巧桌一般由一件正方形桌面、一件平行四边形桌面和五件三角形桌面的几子组合而成。通过不同的组合方法，可以形成一件大方桌、两件小方桌以及不规则形状的方桌等。

七巧桌绝对不是哪个木匠闲着没事造的闲物。七巧桌可分可合，给家庭的使用带来了选择与方便。特别是可以利用分隔形状的特点，放置在室内合适的区域，这样既可灵活地改变人们的使用方式，还可以节约空间，提高室内家具的使用率。

七巧桌的功能价值、造型创意、审美情趣和科学合理的加工工艺，是古人的生活观与造物创造理念的生动体现。

七巧桌

5. 闷户橱

明代衣橱

明代橱类家具也很发达，常见的有衣橱、碗橱等。

比较有特点的是闷户橱，南方不多见，北方使用较普遍。

闷户橱是一种具备承置物品和储藏物品双重功能的家具。其外形如条案，与一般桌案同高。上面做桌案使用，所以它仍具有桌案的功能。桌面下专置有抽屉，抽屉下还有可供储藏的空间箱体，叫作“闷仓”。存放、取出东西时都需取出抽屉，故谓“闷户橱”。

闷户橱设有两个抽屉的称连二橱，设有三个抽屉的称连三橱，设有四个抽屉的称连四橱。

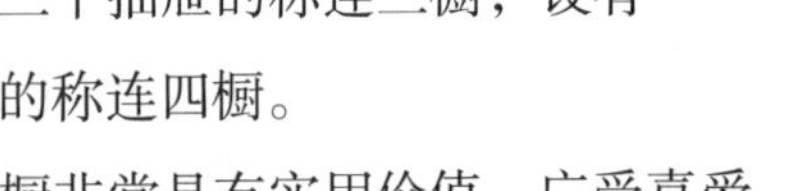

闷户橱非常具有实用价值，广受喜爱。

6. 醉翁椅

醉翁椅属于一种直靠背躺椅式交椅。

交椅有圆靠背、直靠背两种。直靠背的有些有扶手，有些则没有。有扶手的则一般作躺椅式。

醉翁椅在明代时最常见，这种集舒适与美观于一体的家具实在经典，因而也被后人所沿袭。

明代绘画中可以看到这种扶手椅式的躺椅。明代画家仇英《梧竹草堂图》中，宽敞的书桌置于窗前，上置文具书籍，一人半坐半卧于躺椅上，神态安详。交椅

［明］仇英《梧竹草堂图》中的醉翁椅

靠背与坐面为藤编，靠背倾角较大，上端有荷叶形托首承托颈部，为躺椅式样，可以半仰而坐。

王世襄先生在著述《明式家具研究》时，费心搜求实例，才在南京博物院库房中看到一件黑漆躺椅。这件躺椅为20世纪50年代南京博物院在苏州东山所征集，软木髹黑漆，制作年代约为清中期，与明人所绘的形式基本相同。

随着时代的更迭交替，醉翁椅的外形虽然发生了变化，比如后来的交椅、摇摇椅等，但万变不离其宗，舒适、随性仍是其存在的主旨。

7. 一统碑椅

清式靠背椅在明式靠背椅的基础上又有很大的发展，制作精细，最有特色的是一统碑式靠背椅。

此椅比灯挂椅的后背宽而直，但搭脑两端不出头，像一座碑碣，故而得名“一统碑”椅，南方民间亦称“单靠”。

清式一统碑椅基本保持了明式式样，但在装饰方面逐渐烦琐。清式一统碑椅的背板一般用浅雕纹饰，出现了繁缛雕刻和镶嵌装饰。

这种椅变化最大的是广式做法，一般用红木制作。还有一种苏式做法，即所谓“ 统碑木梳靠背椅”，用红木或榉木制作。宫廷中的一统碑椅也有黑漆描金彩画等装饰。

8. 升降式灯架

灯架是古代室内照明用具之一，功能与现代的落地台灯相似。

灯架既可不依桌案，又可随意移动，还具有陈设作用。

清式升降式灯架设计十分精美。

升降式灯架南方俗称“满堂红”，因民间喜庆吉日都用其在厅堂上照明而得名。

升降式烛灯架

当时室内照明用的蜡烛或油灯放置台，往往做成架子形式，底座采用座屏形式，灯杆下端有横木，构成丁字形。横木两端出榫，纳入底座主柱内侧的直槽中，横木和灯杆可以顺直槽上下滑动。灯杆从立柱顶部横杆中央的圆孔穿出，孔旁设木楔。当灯杆提到需用的高度时，按下木楔固定灯杆。杆头托平台，可承灯罩。

9. 杌凳

杌凳是一种不带靠背的坐具。杌和凳是同一器物，一般来说，杌比凳略小。

明代杌凳大体可分方、长方、圆形几种，又分有束腰和无束腰两种形式。

有束腰的都用方材，一般不用圆材；而无束腰杌凳用材上方材、圆材都有，如罗锅枨加矮佬方凳、裹腿劈料方凳等。

有束腰者可用曲腿，如鼓腿膨牙方凳；无束腰者都用直腿。

有束腰者足端都做出内翻或外翻马蹄状；而无束腰者腿足不论是方是圆，足端都不做任何装饰。

凳面所镶板心，做法也不相同，有落堂与不落堂两种。落堂的面板四周略低于边框，不落堂的则与边框齐平。

面心的质地也多种多样，有瘿木心的，有各色硬木的，有木框漆心的，还有藤心、席心、大理石心等。

杌凳的用材和制作都很讲究，制凳一般宜用窄边镶板为雅。如用川柏做心，外镶乌木框，最显古朴；也可用杂木、黑漆心等，制作不俗。

10. 绣墩

对古代女子来说，动静有法是最基本的行为标准。若说这闺房里的坐具，大家都会第一时间想到这么一种物件：绣墩。

绣墩，也是一种无靠背坐具。它的特点是凳面下不用腿足，而采用攒鼓的做法，形成两端小、中间大的腰鼓形。因在两端各雕一道弦纹和象征固定鼓皮的帽钉，因此又名“花鼓墩”。

绣墩的历史非常悠久。据沈从文先生在《中国古代服饰研究》中介绍：“腰鼓形坐墩，是战国以来妇女为熏香取暖专用的坐具。”

绣墩

绣墩除木制外，还有蒲草编织、竹藤编织的，也有瓷质、雕漆、彩漆描金的。

木制多用较高级的木材做成，且以深色为多，通常所见为紫檀、红木所造。在造型上具有古雅之趣，除圆形外，还有从圆形派生出来的瓜棱式、海棠式、梅花式等。明末清初，又出现四、五、六、八角形的，也很雅观。

蒲草所编为蒲墩，高一尺二寸，四面编束细密坚实，内用木条做板，以柱托顶，外用锦饰，备下冬天使用。

藤墩的做法是将藤条扎束成大小不同的圆环，再将四至六个圆环彼此相连，以藤皮扎牢，上下再各用一较大的藤圈与立圈扎紧，上圈平面装板衬以竹席，即成藤墩。它多于夏天使用，取其通风凉爽。

墩的使用通常还要根据不同季节辅以不同的软垫和绣有精美花纹的座套，二者合在一起，才是名副其实的绣墩。

绣墩不仅用于室内，更常用于庭园、室外陈设。

绣墩轮廓圆润，并非棱角分明之坐具，故姑娘们的裙裾罗衫才不会因为落座时被坐具的边角挂住。

绣墩的美，在于其形制的独树一帜。国人向来崇尚平衡、方正的肃穆美，古典坐具秉承这一理念，通常表现为四平八稳，以“方”为其形。而绣墩却“背道而驰”，以一种独特的圆润形象出现，外形秀气，体形小巧，体现出了闺中少女的特质。

雅心双飞好木红：古雅精丽的明式家具

中国传统家具有着悠久的历史，蕴含着人类几千年的灿烂文明。它经历了原始社会的萌芽，夏商、春秋、秦汉低矮家具的发展，两晋、隋唐向高型家具的过渡，到宋朝垂足而坐的家具基本定型；又经过了几百年的完善，到明代达到了历史的顶峰，创造了高超的家具制作工艺和精美绝伦的艺术造型。

1. 明代家具的艺术特色

明代家具总体艺术特色是造型洗练，形象浑厚，做工精巧，风格典雅。对此，王世襄先生曾对明式家具艺术风格进行了高度的概括，提出了明式家具的“十六品”，即简练、淳朴、厚拙、凝重、雄伟、浑圆、沉穆、秾华、文绮、妍秀、劲挺、柔婉、空灵、玲珑、典雅、清新。高度概括后，表现为“古、雅、精、丽”四大特点。

古，是指明式家具崇尚先人的质朴之风，追求大自然本身的朴素无华，不加装饰。明式家具注重材料美，充分运用木材的本色和纹理来显示家具木材本身的自然质朴特色。

简洁大气的明代家具

雅，是指明式家具的材料、工艺、造型、装饰所形成的总体风格具有典雅质朴、大方端庄的审美趣味。明式家具注重线型变化，边框券口接触柔和适用，形成直线和曲线的对比、方和圆的对比、横和直的对比，具有很强的形式美。明式家具将装饰寓于造型之中，以清秀雅致见长，以简练大方取胜。所附的金属附件，实用而兼装饰，令之增辉。总之，明式家具风格典雅清新，不落俗套，耐人寻味，具有极高的艺术品位。

精，是指明式家具做工精益求精，严谨准确，一丝不苟。明式家具非常注意结构美，尽可能不用胶和钉，因为不用胶可以防潮，不用钉可以防锈；而主要运用卯榫结构。榫有多种形状，可适应多方面结构的需要，美观耐用。

丽，是说明式家具体态秀丽，造型洗练，形象淳朴。明式家具注重面的处理，比例掌握合度，线脚运用适当；并运用中国传统建筑框架结构，使家具造型方圆立脚如柱、横档枨子似梁，变化适宜，从而形成了以框架为主的、以造型美取胜的明式家具特色，体现出造型简洁利落、淳朴劲挺、柔婉秀丽的工艺美。

2. 明式家具的结构部件与装饰

明式家具的部件大多在实用的基础上再赋予必要的艺术造型，很少有毫无意义的造作之举。每一个部件，在家具的整体中都使用得很合理，都有其存在的必要，既能使家具本身坚固持久，又能收到装饰和美化家具的艺术效果，还可以满足人们日常起居生活的各种需要，这便是部件装饰的基本特点。

（1）牙子。

明式家具结构部件的使用大多仿效建筑的形式。如替木牙子，犹如建筑上承托大梁的替木。

替木牙子又称托角牙子或倒挂牙子，家具上多用在横材与竖材相交的拐角处；也有的在两根立柱中间横木下安一通长牙条的，犹如建筑上的“枋”。它和替木牙子都是辅助横梁承担重力的。

托角牙有牙头和牙条之分，一般在椅背搭脑和立柱的结合部位，或者扶手与前角柱结合的部位，多使用牙头；而在一些形体较大的器物中，如方桌、长桌、衣架等，则多使用托角牙条。

除牙头和牙条外，明式家具中还有各种造型的牙子，如云拱牙子、云头牙子、弓背牙子、棂格牙子、悬鱼牙子、流苏牙子、龙纹牙子、凤纹牙子以及各种花卉牙子等。

这些富有装饰性的各式各样的牙子，既美化装饰了家具，同时在结构上也起着承托重量和加固的作用。

（2）圈口。

圈口是装在四框里的牙板，由四面或三面牙板互相衔接，中间留出亮洞，故称圈口。圈口常在案腿内框或亮格柜的两侧使用，有的正面也用这种装饰，结构上起着辅助立柱支撑横梁的作用。常见的圈口形式有长方圈口、鱼肚圈口、椭圆圈口、海棠圈口等。

（3）挡板。

挡板的作用与圈口大体相同，起着加固四框的作用。其做法是用一整块木板镂雕出各种花纹，也有用小块木料做榫攒成棂格，镶在四框中间，发挥着装饰与结构相统一的作用。

（4）绦环板。

绦环板，是在柜面、门扇、床围等地方镶就的一块西边起线、中间透空的镶板。板面无论是方还是长方，绦环板每边浮雕阳线都与边框保持相等的距离。在抽屉脸、柜门板心、柜子的两山镶板、架子床的上眉部分和高束腰家具的束腰部分，也常使用绦环板这个部件。

绦环板内一般施加适当的浮雕，或中间镂一条孔，也有的采用光素手法，环内无雕饰，既保持素雅的艺术效果，又有活泼新奇之感。

（5）罗锅枨加矮佬。

罗锅枨和矮佬通常相互配合使用，其作用也是固定四腿和支撑桌面。这种部件，都用在低束腰或无束腰的桌子和椅凳上。

所谓罗锅枨，即横枨的中间部位比两头略高，呈拱形或桥梁形。在罗锅枨的中间，大多用较矮的立柱与上端的桌面连接。

矮柱俗称矮佬，一般成组使用，多以两只为一组，长边两组，短边一组。

罗锅枨的目的是加大枨下空间，增加使用功能，同时又可打破那种平直呆板的格式，使家具增添艺术上的活力。

（6）霸王枨。

霸王枨是装饰在低束腰的长桌、方桌或方几上的一种特殊的结构部件。霸王枨的形式与托角牙条相似，不同的是它不是连接在牙板上，而是从腿的内角向上延伸与桌面下的两条穿带相连，直接支撑着桌面，同时也加固了四足，这样在桌牙下不用再附加别的构件。为了避免出现死角，在桌牙与腿的转角处，多做出软圆角。

霸王枨以其简练、朴实无华的造型，显示出典雅、文静的自然美。

（7）搭脑。

搭脑，是装在椅背之上用于连接立柱和背板的结构部件，正中稍高，并略向后卷，以便人们休息时将头搭靠在上面，故称搭脑。其两端微向下垂，至尽头又向上挑起，有如古代官员的帽翅，这种造型属四出头式官帽椅。南官帽椅的搭脑

明代家具的搭脑

向后卷的幅度略小，还有的没有后卷，只是正中稍高，两端略低，尽端也没有挑头，而是做出软圆角与立柱相连。

（8）扶手。

扶手，是装在椅子两侧供人支撑手臂的构件。凡带这种构件的椅子均称为扶手椅。

扶手的后端与后角柱相连，前端与前角柱相连，中间装联帮棍。如果椅子的前腿不穿过坐面的话，则须另装“鹅脖儿”，使椅子前腿在椅盘以上延伸并与扶手相接。

扶手的形式多样，有曲式、直式、平式，也有后高前低的坡式。

（9）托泥。

托泥，是装在家具腿足下的一种构件，形式一般随面板形状而定，有方、长方、圆及四、六、八角，以及梅花、海棠诸式，雕刻花纹的不多。

托泥的使用有个规律，一般曲腿家具使用较多，如三弯腿圆凳、香几、鼓腿彭牙方凳等。托泥既对腿足起保护作用，也有上下呼应、协调一致、增加稳重感的效果。

（10）屏风帽子。

屏风帽子，是装在屏风顶端的一种构件，其结构对屏风的牢固性有重要作用，装饰性亦很强。屏帽正中一般稍高，两侧稍低，至两端又稍翘起，形如僧人所戴的帽子，故又称“毗卢帽”。

大型座屏风陈设时位置相对固定，挪动的机会一般不多，屏风插在底座上之后，尽管屏框间有走马销连接，仍不够牢固，而屏帽能把每扇屏风进一步合拢在一起，达到了上下协调和坚实牢固的目的。

屏帽由于表面宽阔，也是得以施展和发挥装饰艺术的部位，人们多在屏帽上浮雕云龙、花卉和各种卷草图案。

3. 明式家具的雕刻装饰

明式家具雕刻装饰的手法可分毛雕、平雕、浮雕、圆雕、透雕、综合雕六种。

毛雕，也叫凹雕，是在平板上或图案表面直接用粗细、深浅不同的曲线或直线来表现各种图案的一种雕刻手法。

平雕，即所雕花纹都与雕刻品表面保持一定的高度和深度。平雕有阴刻、阳刻两种。挖去图案部分，使所表现的图案低于衬地表面，这种做法称为阴刻；挖去衬地部分，使图案部分高出衬地表面，这种做法称为阳刻。如柜门板心的绦环线、插屏座上的裙板及披水牙等多使用平雕手法，且多用阳纹。阴刻手法在家具上使用的不多。

浮雕，也称凸雕，分为低浮雕、中浮雕和高浮雕几种。无论是哪一种浮雕，它们的图案纹路都有明显的高低、深浅变化，这也是它与平雕的不同之处。

圆雕，圆雕是立体的实体雕刻，也称全雕。如有的桌腿雕成竹节形，四面一体，即为圆雕。一般情况下，在家具上使用圆雕手法的较为少见。

明式家具浮雕

透雕，在明式家具中，透雕是一种较为常见的装饰手法。如衣架中间的中牌子、架子床上的眉板、椅背雕花板等。透雕是留出图案纹路，将地子部分镂空挖透，图案本身另外施加毛雕手法，使图案呈现出半立体感。透雕有一面做和两面做之别。一面做是在图案的一面施毛雕，将图案形象化，这种做法的器物适合靠墙陈设，并且位置相对固定。两面做是将图案的两面施加毛雕，如衣架当中的中牌子。比较常见的，是多在绦环板内透雕的夔龙、螭虎龙等图案。

综合雕，是将几种雕刻做法集于一物的综合手法，多见于屏风等大件器物。

各种雕刻手法的运用，可以使装饰效果更强，起到画龙点睛的作用。

4. 明式家具的漆饰工艺手法

传统家具除以优质木材为原料外，以漆髹饰家具也是一个不可忽视的品种。

漆是保护和装饰家具的主要材料。早在商周时期，人们已经掌握了用漆装饰家具的技术。明清时期，漆工艺术发展到 14 个门类，共 87 个不同品种。这一时期，能工巧匠辈出，且有大量实物传世，为我们了解当时的生活风貌提供了宝贵资料。

明清时期常见的漆色有黑、朱、黄、绿、紫褐等。黑漆又名乌漆、玄漆，以黑漆饰家具，又名黑髹。凡以单色素漆饰器物，均可称朱髹、黄髹、绿髹等。漆有揩光和退光两种，揩光漆表面莹华光亮，退光漆只是乌黑，并不发亮。

朱髹，即红漆，又名朱红漆和丹漆，特点是鲜红明亮。

黄髹，又名金漆，即黄色漆，漆面以越光滑越好，金黄中稍微泛红，其色如蒸栗。

绿髹，即绿色漆，又名绿沉漆，颜色比较深沉。

紫髹，又名紫漆，即赤黑漆，漆饰中有明暗、深浅的区别，分为“雀头、栗壳、铜紫、骍毛、殷红”等不同名目。

褐髹，即褐色漆，髹饰中又有紫褐、黑褐、茶褐、荔枝色等名色。

桐油，是以桐油调色油饰器物的一种手法。有些用油漆无法调出的色彩，可以用这种方法解决。

金髹，又名贴金漆，有浑金漆和泥金漆两种。金髹的做法是先在器物上打上金胶，然后再把金箔粘贴上去。

漆家具一般分素漆及彩漆两大类。凡一件家具用一色漆者，即为素漆家具；如果在素漆家具上再以别色漆描绘各式图案的，即为彩漆家具。以各色素漆油饰家具主要是为了保护木质，而在素漆之上施加彩绘的各种手法则纯属装饰。

漆饰工艺归纳起来主要有如下几种：

洒金，亦名撒金，即将金箔碾成碎末，洒在漆地上，外面再罩一道透明漆的做法，在山水风景中常用以装饰云霞、远山等。

描金，又名泥金画漆，是在漆地上以泥金描画花纹的装饰方法。其做法是在漆器表面用半透明漆调成彩漆，薄描花纹在漆器表面上，然后放入温室，待到似干非干时，用丝绵球蘸细金粉或银粉刷在花纹上，成为金色或银色的花纹装饰。

描漆，即设色画漆，其做法是在光素的漆地上用各种色漆描画花纹。

描油，即用油调色在漆器上描画各种花纹。因为用油可以调出多种颜色，而有的颜色是用漆无论如何炼制也调配不出来的，如天蓝、雪白、桃红等色。

填漆，是在漆器表面上阴刻花纹，再依纹饰色彩用漆填平，或用稠漆在漆面上做出高低不平的地子，然后根据纹饰要求填入各色漆，漆干后磨平，从而显出花纹。

戗划，是在漆面上先用针或刀尖镂划出纤细的花纹，然后在阴纹中打上金胶，将金箔或银箔粘上去，成为金色或银色的花纹。

6. 设计巧妙的明式家具

（1）圆角柜。

圆角柜的四框和腿足用一根木料做成，顶转角呈圆弧形，柜柱脚也相应地做成外圆内方形，四足“侧脚”，柜体上小下大作“收分”。对开两门，一般用整块板镶成，一般柜门转动采用门枢结构而不用合页。因立闩与门边较窄，板心又是用落堂镶成，所以配置条形面叶，北京工匠又称其为“面条柜”，是一种很有特征的明式家具。

（2）明式支架。

明式支架类家具非常普遍，制作装饰也很精美，有衣架、盆架、镜架、灯架等。

其中明式盆架一般与巾架结合起来使用。盆架是为了承托盆类器皿的架子，分四、五、六、八角等几种形式，也有上下为米字纹形的架子。架柱一般为六柱，分上下两层，可放盆具。上部为巾架式，上横梁两端雕出龙戏珠或灵芝等纹饰，中间二横枨间镶一镂雕花板或浮雕绦环板，制作非常精美。

明式衣架一般下有雕花木墩为座，两墩之间有立柱，在墩与立柱的部位有站牙，两柱之上有搭脑两端出挑，并作圆雕装饰；中部一般有透雕的绦环板构成的中牌子。凡是横材与立柱相交之处，均有雕花挂牙和角牙支托。

明式灯架中除固定式灯架外，还出现了一种升降式灯架，设计巧妙，可根据需要随时随地调节灯台的高度。

（3）明式屏风。

明式屏风分座屏、曲屏两大类，装饰方法有雕刻、镶嵌、绘画与书法。

座屏中的屏座装饰比以前制作更加精巧，技术也更加娴熟。特别是到了明代中期以后逐渐出现了有名的“披水牙子”。所谓“披水牙子”，也称“勒水花牙”，是牙条的一种，指屏风等设于两脚与屏座横挡之间带斜坡的长条花牙，也就是指余波状的牙子，形似墙头上斜面砌砖的披水。

曲屏属于无固定陈设式家具，每扇屏风之间装有销钩，可张可合，非常轻巧。一般用较轻质的木材做成屏框，屏风用绢纸装裱，其上或绘山水花鸟，或绘名人书法，具有很高的文人品位。

明式屏风样式有六屏、八屏、十二屏不等。到明代晚期还出现了一种悬挂于墙上的挂屏，成组成双，或二挂屏，或四挂屏。

（4）官皮箱。

明式箱既保留着传统的样式，但不论在造型或装饰上都有所创新，种类也在不断增加，大到衣箱、药箱，小到官皮箱、百宝箱，为家居中必不可少的贮藏类家具。

明式箱装饰手法也很丰富，有剔红、嵌螺钿、描金，且多数有纪年。

为了便于外出携带和挪动，明式箱一般形体不大，且装有提环，上锁，拉环在两侧。

明代有特色的为带屉箱，正面有插门，插门后安抽屉，体积较大。明代宫廷大都采用此种高而方的箱具，与房内大床、高橱、衣架、高脸盆架等彼此协调，融为一体。

明式小体积箱类家具中设计尤为巧妙的要属官皮箱。它形体不大，但结构复杂，是一种体量较小、制作较精美的小型皮具。

官皮箱是从宋代镜箱演进而来的，属古时的梳妆用具。

明式官皮箱上有开盖，盖下约有10厘米深的空间，可以放镜子。箱内有支架，再下有抽屉，往往是三层，最下是底座。

抽屉前有小门两扇，箱盖放下时可以和门上的子口扣合，使门不能打开。

箱的正面有锁具，两侧有提环，多为铜质。假若要开箱的话，就必须先打开金属锁具，后掀起子母口的顶盖，再打开两门才能取出抽屉。

有的明式官皮箱还适合于存放一些精巧的物品，如文书、契约、玺印之类的物品，称为“文具箱”。

这种箱子除为家居用品之外，由于携带方便，所以也常用于官员巡视出游之用，“官皮箱”之名正源于此。

明式官皮箱

光华照物堪博古：雍容尔雅的清式家具

我国家具在清初这一时期基本延续了明代家具的风格。

到了康熙中期以后，在康熙、雍正、乾隆三代盛世时期，社会财富的积累达到顶峰，皇家的园林建筑大量兴建。清朝皇帝为显示正统的地位，对皇室家具的形制、用料、尺寸、装饰内容、摆放位置等都要过问。工匠们为了顺从皇帝的旨意，在家具造型和雕饰上竭力显示皇家的正统与威严，讲究用料厚重，尺度宏大，雕饰繁复，一改明式家具简洁雅致的韵味。

皇帝既然如此，权贵更是纷纷效法。当时清朝显贵的私家园林争奇斗艳，贵族之间斗奇夸富已成风气。追求物质生活的享受和极端夸靡的意识形态，也反映在家具的制作上——家具也成了炫耀富贵的一种方式。

1. 清式卧具

清式床榻结构基本上承明式，但用料粗壮，形体宏伟，雕饰繁缛，工艺复杂，技艺更为精湛。

王公贵族喜用沉穆雍容的紫檀木料，不惜工时，在床体上四处雕龙画凤。特别是在架子床顶上加装有雕饰的飘檐，多繁雕成“松鹤百年”“葫芦万代”“蝙蝠流云”“子孙满堂”等寓意吉祥的图案。有的其下设有抽屉，就是腿足的纹饰变化也很多。

清代红木床榻

此时的罗汉床

出现大面积雕饰，有三围屏、五围屏、七围屏不等，有的还镶嵌玉石、大理石、螺钿或金漆彩画。围屏上都是经过精心雕饰，其做法千姿百态。

总之，清式床榻的特点是力求繁缛多致，追求庞大豪华，纹饰常以寓意吉祥图案为主，与明式床榻的简明风格形成鲜明的对比。

2. 清代凳与墩

清代的凳、墩总体造型大致延续明代风格形式，但有地域性区别。清代苏式凳子基本承接明代形式；广式外部装饰和形体变化较大；京式则矜持稳重，繁缛雕琢，并出现加铜饰件等装饰方法。

凳、墩形体大体可分方、圆两种，方形里有长方形和正方形，圆形里又分梅花形、海棠形等；还有开光和不开光、带托泥和不带托泥之分。

清代凳、墩加强了装饰力度，形式上变化多端，如罗锅枨加矮老、直枨加矮老做法、裹腿做法、劈料做法、十字枨做法等。腿部有直腿、曲腿、三弯腿；足部有内翻或外翻马蹄、虎头足、羊蹄足、回纹足等；面心有各式硬木、镶嵌彩石、影木、嵌大理石心等。

南北方对凳的称呼有异，北方称凳为杌凳，南方则称为圆凳、方凳。

马杌凳是一种专供上下马踩踏用的，也称“下马杌子”。

清代的折叠凳形式很多，也称“马闸子”。

方形交杌出现了支架与杌腿相交处用铜环相连接制作，十分精美。

还有一种有套脚的凳子。套脚为家具铜饰件，是套在家具足端的一种铜饰件。铜足可保护凳足，既可防止腿足受潮腐朽，避免开裂，又具有特殊装饰作用，为清式凳足部的一种装饰方法。

凳子除了普通木材所制以外，还有用紫檀、花梨、红木、楠木等高级木材制作的。座面有木制、大理石心等，边框有镶玉、镶珐琅、包镶文竹等装饰，用材和制作讲究而不拘一格，丰富多彩。

一般带托泥束腰方凳，有高束腰，下接透雕牙条，三弯腿外翻足，足下有托泥，四角有小龟足，制作之精细是前代家具所无法比拟的。

还有一种凳称为骨牌凳，是江南民间凳子中常见的一种款式，因其凳面长宽比例与“骨牌”类似而得名。此凳整体结构简练，质朴无华。

3. 春凳

春凳是一种可供两人坐用、凳面较宽、无靠背的凳子。

江南地区往往把二人凳称作春凳，常在婚嫁时上置被褥，贴上喜花，作为抬进夫家的嫁妆家具。

春凳还可供婴儿睡觉及放置衣物，故制作时常与床同高。

清代春凳

春凳的形制在清代宫中制作时有一定规矩，有黑光漆嵌螺钿春凳等精品；民间却无一定尺寸，多为粗木制作，一般用本色或刷色罩油。

4. 清式座椅

清式椅子现存传世的实物非常丰富，从中可以看到，清式椅子在继承明式椅子的基础上有很大发展，区别较为明显，用材上较明代宽厚粗壮；装饰上由明式椅子的背板圆形浮雕或根本不装饰，而变为繁缛雕琢；椅面清式喜用硬板。

清式官帽椅较明式官帽椅更注重用材，多用紫檀、红木制成，而苏式座椅则用榉木为多。

清初制作的梳背椅仍保存了明代的样式，至清代太师椅式样并无定式。人们一般将体形较大，做工精致，设在厅堂上用的扶手椅、屏背椅等，都称作太师椅。

清式交椅

清代的扶手椅常与几成套使用，呈对称式陈列。

清式交椅演化出一种交足而靠背后仰的躺椅，亦称“折椅”，可随意平放、竖立或折叠，可坐可卧。

总之，清式座椅制作比以前更加精美，繁雕更加豪华，成为清式家具的典型代表。

清式圈椅的足部纹饰最喜欢用回纹装饰。清式圈椅雕饰程度大大增加，回纹细腻有序，常用来雕饰在清式圈椅的足部。椅背常用回纹浅雕，也有镂雕纹饰或蝙蝠倒挂形纹饰。

清代园林和大户人家厅堂上使用的扶手椅，江南俗称“独座”，是吸取显贵大椅和皇帝宝座的特征，由太师椅演变而来的，一般靠背还嵌有云石，是江南地区别具一格的座椅。

清式座椅中还有许多是由花来命名的，有所谓梅花形凳、海棠形凳等，基本上是由形而得名。

玫瑰椅得名是否与形有关不得而知，但这种座椅非常精致美丽是有目共睹的。

玫瑰椅的后背与扶手高低相差不多，比一般椅子的后背低。椅型较小，造型别致，用材较轻巧，易搬动。在居室中陈设较灵活，靠窗台陈设使用时不致高出窗沿而阻挡视线。

黄花梨透雕靠背玫瑰椅

玫瑰椅在江南一带常称“文椅”，是明式家具中“苏作”的一种椅子款式，一般常供文人书房、画轩、小馆陈设和使用。其式样考究，制作精工，造型单纯优美，有一种所谓“书卷之气”，故称为“文椅”。清式玫瑰椅用材都较贵重，多用红木、铁力木，也有的用紫檀。

5. 清代桌子

清代桌子名称繁多，有膳桌、供桌、油桌、千拼桌、账桌、八仙桌、炕桌等。

清代桌子不但品种多，装饰美观，随着制作经验的丰富和工艺水平的提高，结构也更成熟，有无束腰攒牙子方桌、束腰攒牙子方桌、一腿三牙式罗锅枨方桌、垛边柿蒂纹麻将桌、绳纹连环套八仙桌、束腰回纹条桌、红漆四屉书桌等，做工十分考究。

特别是清式方形桌中的八仙桌，不仅品种多，装饰手法也是千姿百态。其中最常见的一种，桌面镶嵌大理石，一般都束腰，且四面有透雕牙板。

清犀皮漆面心紫檀独足圆桌

最有特点的为圆柱式独腿圆桌。此类桌一般桌面下正中制成独腿圆柱式。

清式还有一种圆面分为两半的桌子，称半圆桌，使用时可分可合。两个半圆桌合在一起时腿靠严实，是清式家具中常见的品种之一。

第三章

低头却入茅檐下：古代人的居家生活

许多人习惯看王朝中国史，却很少关注普通人的日常与人生。但历史的每一次变迁，最终都会落到具体的个人身上，个体的命运应该是另一部不可或缺的中国史。

审视尘封在历史里的日常与人生，对古人和今天的我们都同样有意义。

岭上白云舒复卷，天边皓月去还来。

低头却入茅檐下，不觉呵呵笑几回。

正是这些在历史长河中生生不息的日常生活，正是生活在奔腾不息的时间洪流中的寻常百姓，构成了历史上极为生动也极富生命力的画卷。

透过历史的烟尘，下面就让我们一起来观察和体会古人居家生活的日常吧。

轻烟散入五侯家：中国饮食文化的历史传承

任何事物都有发生、演变的过程，饮食文化亦不例外。由于不同阶段食品原料和人们思想认识的不同，中国饮食文化也表现出不同的阶段性特点。

总体来说，中国饮食文化的发展沿着由萌芽到成熟、由简单到繁多、由粗放到精致、由物质到精神、由口腹欲到养生观的方向发展。

沿着历史的足迹，中国饮食文化的发展可分为以下几个阶段：

1. 原始社会的萌芽时期

在人类发展的历史长河中，原始社会的历程最为漫长。人们在艰难的环境中，缓慢地进步，从被动采集、渔猎到主动种植、养殖；餐饮方式从最初的茹毛饮血到用火烤食；从无炊具的火烹到借助石板的石烹，再到使用陶器的陶烹；从原始的烹饪到调味品的使用；从单纯的满足口腹，到祭祀、食礼的出现。

原始陶罐

原始社会时期的人们在饮食活动中开始萌生对精神层面的追求，食品已经初步具有文化的意味，所以我们把这一阶段称为饮食文化的萌芽阶段。

2. 夏商周的成形时期

夏商周时期的饮食文化在很大程度上沿袭了原始社会饮食文化的特点，又在发展过程中形成了自己的时代特点。

在这近两千年间，食品源得到进一步的扩大。陶制的炊器、饮食器依然占据重要位置，但在上流社会，青铜器已成为主流。烹调技术更加多样化。烹饪理论已形成体系，奠定了后世烹饪理论发展的初步基础。许多政治家、思想家、哲学家以极大的热情关注和探究饮食文化，并各自从不同的角度阐明自己的饮食观点。

簋

在这一阶段，饮食距离单纯的果腹充饥的目的越来越远，其文化色彩越来越浓。人们普遍重视起饮食给人际关系带来的亲和性，宴会、聚餐成为人们酬酢、交往的必要形式，食品的社会功能表现得越来越明显。

中国饮食文化的特征在这一阶段都基本具备。

3. 秦汉的初步发展时期

公元前 221 年，秦王嬴政经过多年的兼并战争，建立了秦王朝，成为与地中海的罗马、南亚次大陆的孔雀王朝并立而三的世界性大国。

秦统一后，采取了“书同文”“车同轨”“度同制”“行同伦”“地同域”等措施，极大地促进了不同地区的贸易和文化交流，其中当然也包括饮食文化。

在秦统治的 15 年中，中国的饮食文化随着生产力的提高，进入初步发展阶段。

西汉建立后，采取了恢复生产的措施，休养生息，重视农业，兴修水利，普及铁制农具，推广农业生产技术，轻赋税、薄徭役，从而促进了农业的发展，为饮食文化的发展提供了重要的食品原料。

张骞出使西域，更是促进了中外饮食文化的交流，丰富了中国的食物种类。

与先秦的饮食文化相比，秦汉时期食品原料的开发引进、烹饪技艺及烹饪产品的探索与创新等方面都表现出前所未有的兴旺景象。

4. 魏晋隋唐的全面发展时期

魏晋隋唐是我国封建社会的繁荣时期。人口迁徙、宗教传播、和亲、对外开放等使中外、国内不同区域、不同民族之间的饮食文化交流空前频繁，从而导致了食品原料结构、进餐方式的改变。

佛教的传入和道教的发展促进了素食的发展。植物油的使用极大地促进了炒制这种烹饪方式的发展，发酵技术开始进入主食制作。

这一阶段，出现了一系列关于饮食文化的专著。肴馔也一改过去只依据制作方法来命名的方式，开始体现出丰富的历史文化内涵。

这一阶段的饮食文化体现出全面发展的特征。

5. 宋元明清的成熟时期

从北宋建立到清朝灭亡，这一时期是中国传统饮食文化的成熟阶段。在这一时期，中国传统饮食文化在各个方面都日趋完善，呈现出前所未有的繁荣和鼎盛。

这一时期是古代社会中外饮食文化交流最频繁、影响最大的时期，许多对后世影响巨大的粮蔬作物均在这一时期传入中国。

食品原料的生产和加工也取得了巨大成就，食品加工和制作技术日趋成熟。

商品经济的发展和繁荣、城市经济的发展促进了饮食业的空前繁荣。宋代城市集镇的大兴，尤其是明清商业的发展，促使酒楼、茶肆、食店遍地开花，饮食业迅速发展。

这一时期，最具盛名的苏菜、粤菜、川菜和鲁菜等四大风味菜系逐步形成，并产生了全国性的影响。菜点和食点的成品艺术化现象不断得到发展，使色、香、味、形、声、器六美备具，而且名称也雅致得体，富有诗情画意。

食品加工业的兴旺也已经成为中国饮食文化日趋成熟的重要因素。在全国大中小城市中，普遍有磨坊、油坊、酒坊、酱坊及其他相关食品作料的大小手工业作坊。

茶文化和酒文化在这一时期也发展到一个新高峰。

制曲方法和酿酒工艺都有显著提高，尤其是红曲酶的发明和使用，在世界酿酒史上都是重要的一笔。元代还从海外引进蒸馏技术，从此蒸馏酒成为重要酒种。

茶文化发展到宋代，盛行的“斗茶”“点茶”等活动，使饮茶成为一种高雅的文化活动。明清流行的“炒青”制茶法和沸水冲泡的瀹饮法，使茶道中的加工方法与品饮方法都焕然一新，从而“开千古饮茶之宗”。

同时，由于众多文化人的参与，使得这一时期的饮食思想的总结和理论研究也达到了新的高度，饮食著作大量涌现，饮食理论日趋成熟。

辛亥革命的炮声，敲响了封建王朝的丧钟，中国饮食文化也在炮声中迈进了它的繁富时期。从烹饪原料到烹饪工具，从饮食制作方式到饮食理念，中国饮食文化的内容正在进行着划时代的变革。

只作寻常菜把供：不同阶层人群的饮食生活

俗话说“民以食为天”，这句话就证明了饮食在我们日常生活里是占有极重要地位的。

中华饮食之所以让人惊叹，就在于最平常的原料也能在中国人手中变成可口的美味，再普通的一粥一饭也能在华夏人的调和中散发出异香。

1. 古人的日常食俗

我国是一个多民族的国家，各民族在漫长的历史发展过程中，形成了独特的本民族饮食，品类繁多，内涵丰富。

另外，地理环境是人类生存活动的客观基础，人类为了生存，不得不努力利用客观条件改变自己所处的环境，以便最大效能地获取必需的生活资料。不同地域的人们因为获取生活资料的方式、难易程度及气候因素等的不同，自然会产生不同的饮食习俗，最终形成多彩多姿的饮食文化。

这就是所谓的“一方水土养一方人”。

（1）主食习俗。

我国自古人口众多，分布区域广，因此，不同区域的人们有着互不相同的日常饮食习惯。

由于各区域出产的粮食作物不同，主食也不一样。米食和面食是主食的两大类型，南方和北方种植稻类的地区以米食为主，种植小麦的地区则以面食为主。

此外，各地的其他粮食作物，如玉米、高粱、薯类作物也是不同地区主食的组成部分。

主食的制作方法丰富多样，光米面制品就有数百种之多。

（2）菜肴习俗。

传统的菜肴因分布地域的不同，也各不相同。

首先，原料具有地方特色。例如，东南沿海的各种海味食品，北方山林的各种山珍野味；广东一带民间的蛇菜蛇宴，西北地区多种多样的牛羊肉菜肴，以及各地一年四季不同的蔬菜果品等，都反映出菜肴方面的地方特色。

其次，受到生活环境和口味的影响。例如，喜食辛辣食品的地区，多与种植水田和气候潮湿有关。

再次，各地的烹制方法都深受当地食俗的影响，在民间口味的基础上逐步发展为各有特色的地区性菜肴类型，产生以汉族为主的、丰富多彩的烹调风格，最后发展为具有代表性的菜系。川菜、闽菜、鲁菜、淮扬菜、湘菜、浙菜、粤菜、徽菜等各具特色，汇聚成汉族丰富多彩的饮食文化。

《红楼梦》用餐剧照

2. 宫廷皇家饮食

作为统治阶级，封建帝王不仅将自己的意识形态强加于其统治下的臣民，以示自己的至高无上，而且同时还要将自己的日常生活行为方式标新立异，以示皇家的绝对权威。

作为饮食行为，也就无不渗透着统治者的思想和意识，表现出其修养和爱好。

这样，就形成了独具特色的宫廷饮食。

宫廷饮食的特点首先是选料与用料严格。

早在周代，宫廷就已有职责分工明确的专人负责君王的饮食。《周礼注疏·天官冢宰》中有“膳夫、庖人、外饔、亨人、甸师、兽人、渔人、腊人、食医、疾医、疡医、酒正、酒人、凌人、笾人、醢人、盐人”等条目，目下分述职掌范围。

这么多的专职人员，可以想见当时饮食用料选材备料的严格。

宫廷饮食不仅选料严格，而且用料精细。早在周代，统治者就食用“八珍”，而越到后来，统治者的饮食越精细、珍贵。

如信修明在《宫廷琐记》中记录的慈禧太后的一个食单，其中仅燕窝的菜肴就有六味：燕窝鸡皮鱼丸子、燕窝万字全银鸭子、燕窝寿字五柳鸡丝、燕窝无字白鸭丝、燕窝疆字口蘑鸭汤、燕窝炒炉鸡丝。

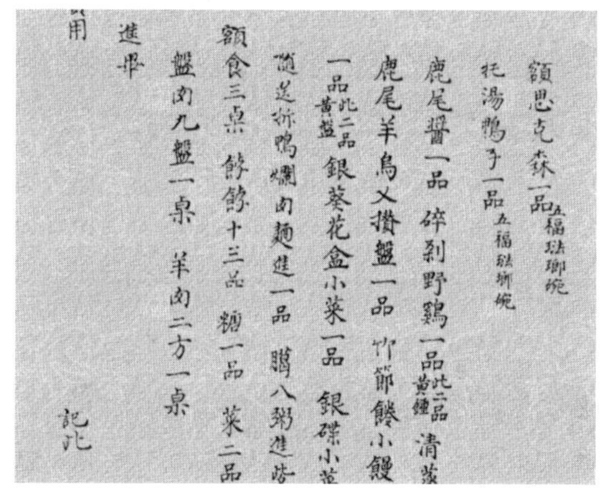
額思克森一品 五福琺瑯碗
托湯鴨子一品 五福琺瑯碗
鹿尾醬一品 碎剁野鷄一品 此二品黄鍾 清蒸
鹿尾羊烏叉攢盤一品 竹節
一品 此二品黄盤 銀葵花盒小菜一品 銀碟小菜
隨送炘鴨爛肉麵進一品 臘八粥進
額食三桌 餑餑十三品 麵一品 菜二品
盤肉九盤一桌 羊肉二方一桌
進畢
記此

慈禧太后食单

其次，烹饪精细。

一统天下的政治势力，为统治者提供了享用各种珍美饮食的可能性，也要求宫廷饮食在烹饪上要尽量精细；而单调无聊的宫廷生活，又使历代帝王多数都比较体弱，这就又要求其在饮食的加工制作上更加精细。

如清宫中的“清汤虎丹”这道菜，原料要求选用小兴安岭雄虎的睾丸，其状有小碗口大小。制作时先在微开不沸的鸡汤中煮三个小时，然后小心地剥皮去膜，将其放入调有佐料的汁水中腌渍透彻。再用特制的钢刀、银刀将其平片成纸一样的薄片，在盘中摆成牡丹花的形状，最后佐以蒜泥、香菜末而食。

再次，花色品种繁杂多样。

慈禧的“女官”德龄所著的《御香缥缈录》中说，慈禧仅在从北京至奉天的火车上，临时的“御膳房”就占四节车厢，上有“炉灶五十座”“厨子下手五十人”，每餐“共备正菜一百种”，同时还要供“糕点、水果、粮食、干果等亦一百种”，因为“太后或皇后每一次正餐必须齐齐整整地端上一百碗不同的菜来”。除了正餐，“还有两次小吃”“每次小吃，至少也有二十碗菜，平常总在四五十碗左右”。而所有这些菜肴，都是不能重复的，由此可以想象宫廷饮食花色品种的繁多。

宫廷饮食规模的庞大、种类的繁杂、选料的珍贵及厨役的众多，必然带来人力、物力和财力上极大的铺张浪费。

3. 贵族大家饮食

贵族的饮食生活远不止于饮馔，他们常通过饮食获得多方面的享受，并在长期的发展中形成了各自独特的风格和极具个性化的制作方法。

官府贵族饮食，虽没有宫廷饮食的铺张、刻板和奢侈，但也是竞相斗富，多有讲究“芳饪标奇”“庖膳穷水陆之珍”的特点。

贵族家庭的肴馔也有其独特性。曹丕《典论》中云：“一世长者知居处，三世长者知服食。”后来这句话演化为：“三辈子做官，方懂得穿衣吃饭。”也就是说，饮食肴馔的精美传承要经过几代的积累。

中国第一部关于饮馔的著作《食经》，出自北魏人崔浩之手。崔浩在书中总结的烹调经验主要是来自其母卢氏。卢家原是当时北方大族，卢氏后来嫁到崔家。崔家也为北方大族，于是卢氏在卢、崔两家历年烹饪经验基础上加以改进提升，后其子崔浩将其集录成书。此书代表了当时烹饪的最高水平。

后代许多食单、食谱都出于贵族之家。《红楼梦》作者曹雪芹的祖父曹寅就刊刻过《居常饮馔录》，这套丛书包括宋、元、明三代许多重要的饮食著作。

贵族饮食中，以孔府菜和谭家菜最为著名。

孔府历代都设有专门的内厨和外厨。在长期的发展过程中，形成了饮食精美、注重营养、风味独特的菜肴体系。这无疑是受孔老夫子“食不厌精，脍不厌细”祖训的影响。

孔府宴的另一个特点是，无论菜名还是食器，都具有浓郁的文化气息。在食器上，除了特意制作了一些富于艺术造型的食具外，还镌刻了与器形相应的古诗句。如在琵琶形碗上镌有“碧纱待月春调珍，红袖添香夜读书”，相得益彰。所有这些，都传达了天下第一食府饮食的文化品位。

精美的孔府菜

“孔府菜”是孔府饮馔中历代相传的独有名菜，有一二百种。且不说用料名贵的红扒熊掌、神仙鸭子、御笔猴头、扒白玉脊翅、菊花鱼翅之类，自然烹调精致，用料考究，显示出孔府既富且贵的地位；就是许多用料极为平常的菜肴，但由于烹饪手法独特，粗菜细做，也令人大开眼界。

孔府肴馔多与孔家历史及独特地位密切相关。清朝孔家后裔被封为当朝一品官，号称文臣之首，故孔家肴馔中有不少主菜以“一品”命名，如“当朝一品锅”“燕菜一品锅”“素菜一品锅”“一品豆腐”“一品海参”“一品丸子”“一品山药”等。

孔府菜肴从原料到烹饪风味、所用调料都与山东菜系相近，但比山东菜更富丽典雅、精巧细致，可以说是鲁菜中的“阳春白雪”。

另一久负盛名、保存完整的贵族饮食菜系，当属谭家菜。

谭家祖籍广东，又久居北京，故其肴馔集南北烹饪之大成，既属广东系列，又有浓郁的北京风味，在清末民初的北京享有很高声誉。

谭家菜的主要特点是选材用料范围广泛，制作技艺奇异巧妙，而尤以烹饪各种海味为著。

谭家菜的主要制作要领是调味讲究原料的原汁原味，以甜提鲜，以咸引香；讲究下料狠，火候足，故菜肴烹时易于软烂，入口口感好，易于消化；选料加工比较精细，烹饪方法上常用烧、㸆、烩、焖、蒸、扒、煎、烤诸法。

4. 文人士大夫饮食

南北朝以前，“士大夫”指中下层贵族；隋唐以后，随着庶族出身的知识分子走上政治舞台，这个词便逐渐成为一般知识分子的代称。

知识分子的经济地位、生活水平与贵族无法比拟，但大多也衣食不愁，有充裕的精力和时间享受并研究生活艺术。

他们有较高的文化教养，敏锐的审美感受，并对丰富的精神生活有所追求，这也反映在他们的饮食生活中。

他们注重饮馔的精致卫生，喜欢素食，讲究滋味，注重鲜味和进餐时的环境氛围，但不主张奢侈靡费。

可以说，士大夫的饮食文化是中国饮食文化精华之所在。

唐代士大夫的饮食生活尚存古风，比较注重大鱼大肉，狂呼滥饮，饮食生活是粗糙的，但也是豪放的。

如李白的“烹牛宰羊且为乐，会须一饮三百杯”(《将进酒》)，杜甫的“饔子左右挥双刀，脍飞金盘白雪高”(《观打渔歌》)。

中唐以后，随着士大夫对闲适生活的渴求，与此相适应的是对高雅饮食生活的向往。

反映到诗文中，如韦应物的“涧底束荆薪，归来煮白石。欲持一杯酒，远慰风雨夕”(《寄全椒山中道士》)，白居易的“绿蚁新醅酒，红泥小火炉。晚来天欲雪，能饮一杯无”(《问刘十九》)。

宋代是士大夫数量猛增、意识转变的时代。宋及以后的士大夫再也没有唐代士大夫那样飞扬踔厉的外向精神，即使以功业自诩并深受神宗信任、得以秉政多年的王安石，也时时徘徊于禅、儒之间。

他们更关注的是自己内心世界的协调，饮食生活从以前的不屑一顾变为“热门话题”，乃至被大谈特谈了。

例如“饕餮”这个物种，历来贬义居多，但大名鼎鼎的大文豪苏轼却公然以“饕餮”自居，并在《老饕赋》中公开宣称“盖聚物之夭美，以养吾之老饕”。从此“老饕”这个词遂变成褒义，用以称呼那些追逐饮食而又不故作风雅的文士。

注重素食也是宋代士大夫饮食生活中的一个重要特点。宋代士大夫几乎没有不赞美素食的，苏轼、黄庭坚、陈师道、洪适、朱熹、楼钥、陆游、杨万里、范成大等，均有相关诗词相颂。

宋代士大夫常把一切活动都提升到修身和从政的高度。黄庭坚为蔬菜画写的题词云："可使士人大知此味，不使吾民有此色。"朱熹则进一步发挥说："吃菜根百事可做。"

自宋代士大夫关注饮食生活之风以后，元、明、清三代士人承袭宋人成果，并在此基础上形成了有别于贵族和市井的独特的士大夫饮食文化。

元、明两代，关于饮食的著作增多。明代士大夫热心于设计更为艺术化的生活，在饮酒和饮茶上都有足够的著作说明这一点。

清代，江南一些士大夫承晚明之风把饮食生活搞得十分艺术化，超过了以往的任何时代。

在清初众多有关饮食的著作中，能够全面体现士大夫饮食文化意识的是张英的《饭有十二合说》。

张英（1637—1708），字敦复，号乐圃，安徽桐城人，累代簪缨，属于世代显贵之列。但他在这篇小品中所表达的饮食意识则纯粹是士大夫阶层的，这可能与他出身科举、耕读观念特别执着有关。

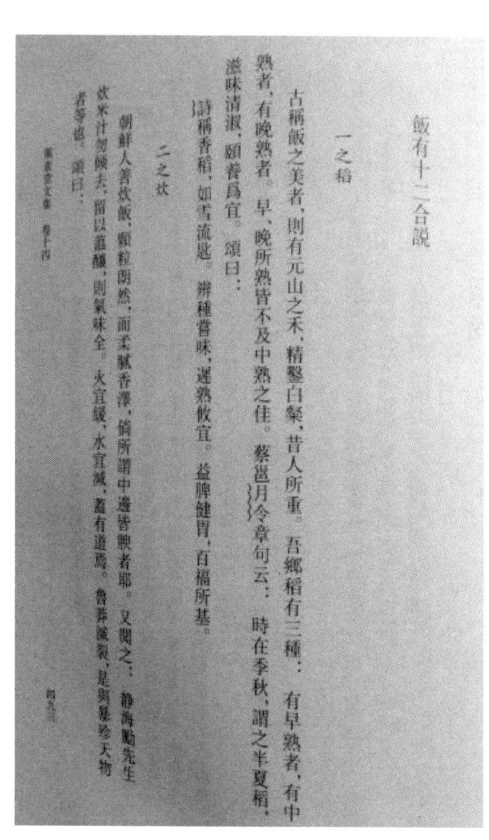
飯有十二合説

一之稻

古稱飯之美者，則有元山之禾，精鑿白粲，昔人所重。吾鄉稻有三種：有早熟者，有中熟者，有晚熟者。早、晚所熟皆不及中熟之佳。蔡邕月令章句云：時在季秋，謂之半夏稻，滋味清淑，頤養爲宜。頌曰：

詩稱香稻，如雪流匙。辨種嘗味，遲熟攸宜。益脾健胃，百福所基。

二之炊

朝鮮人善炊飯，顆粒朗然，而柔膩香澤，倘所謂中邊皆腴者耶。又聞之：靜海勵先生炊米汁勿傾去，留以蓋釀，則氣味全。火宜緩，水宜減，蓋有道焉。魯莽滅裂，是與暴殄天物者等也。頌曰：

《饭有十二合说》书影

"饭有十二合"，就是说进餐的美满需要有十二个条件配合才合适。全文12节，可分7部分。

第一部分为主食，包括一节之"稻"和二节之"炊"，讲主食米饭原料的选择与烹饪。

第二部分为副食，包括"肴""蔬""脩""菹""羹"五条。所言皆为佐餐下饭的副食，包括用鱼肉烹制而成的荤菜（肴）、蔬菜（蔬）、肉干（脩）、咸菜（菹）、汤菜（羹），比较全面地反映了中国的副食状况。

第三部分为"茗"。饮茶是进餐过程中不可缺少的环节，南方士大夫更是如此。吃饭时肴核杂陈，荤腥并进，唯赖最后一杯清茶涤齿漱口，利胃通肠，以维持“清虚”之感。作者认为，唯有好水好茶，自己亲自烹煮，才是莫大的清福。

第四部分为“时”，指进餐要在适当的时间。另外，“时”还有一个含义，即“定时”。作者主张“思食而食”，还包含有追求放浪生活之意，他把自己对待生活的态度也渗入饮食生活中了。

第五部分为“器”，指餐具。美食与美器的和谐统一是中国传统饮食文化理论的一个重要方面。张氏认为食器以精洁瓷器为主，这种主张简便易行，既不奢侈，又考虑到器物与肴馔的统一，能突出食物之美。

第六部分为“地”，指进餐的地点与环境。

第七部分为“侣”，指一起进餐的伴侣。张氏此条所表达的也是指在进餐的同时感受到情感的温馨。

张英的这篇小品，将前代士大夫的饮食生活艺术加以总结、归纳，成为研究士大夫饮食文化的重要材料。

清代著名的学者、诗人、文学家、饮食文化理论家、烹饪艺术家袁枚，利用自己广博的见识、深远的见解所著的《随园食单》一书，可谓品位高雅、依据真实，给当时的饮食文化带来了巨大影响。

在《随园食单》中，袁枚系统论述了清代烹饪技术，涵盖了南北菜品的菜谱。

全书分为须知单、戒单、海鲜单、江鲜单、特牲单、杂牲单、羽族单、水族有鳞单、水族无鳞单、杂素单、小菜单、点心单、饭粥单和菜酒单14个方面。

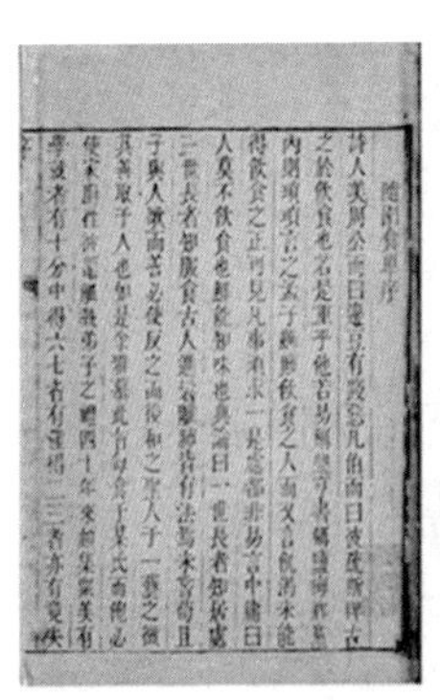

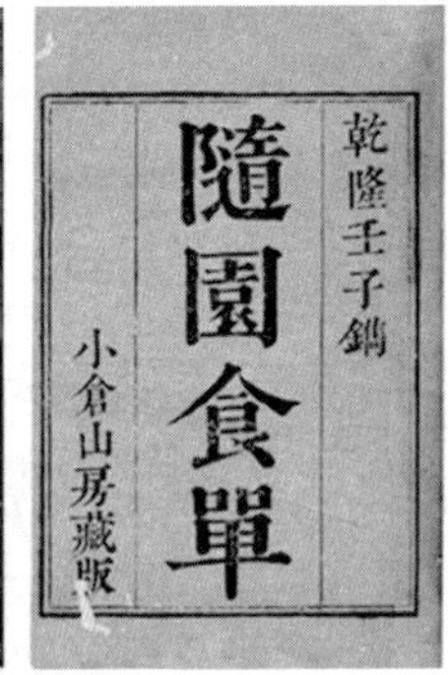
乾隆壬子鐫
隨園食單
小倉山房藏版

袁枚《随园食单》

书中用大量的篇幅系统介绍了从14世纪到18世纪中叶流行于南北的342道菜点、茶酒的用料和制作，有江南地方风味菜肴，也有山东、安徽、广东等地方风味食品。

作者在书中还表达了对饮食卫生、饮食方式和菜品搭配等方面的观点。这些观点在今天看来依然实用，读来让人获益匪浅。

5. 市民百姓饮食

市民百姓饮食是随着城市贸易的发展而发展的，所以其首先是在大、中、小城市，州府、商埠以及各水陆交通要道发展起来的。

这些地方发达的经济、便利的交通、云集的商贾、众多的市民，以及南来北往的食物原料、四通八达的信息交流，都为市民百姓饮食的发展提供了充分的条件。

如唐代的洛阳和长安、两宋的汴京和临安、清代的北京，都汇集了当时的饮食精品。

市民百姓饮食具有技法各样、品种繁多的特点，如《梦粱录》中记有南宋临安当时的各种熟食 839 种；而烹饪方法上，仅《梦粱录》所录就有蒸、煮、熬、酿、煎、炸、焙、炒等十多类，而每一类下又细分为若干种。

中国老百姓日常家居所烹饪的肴馔即民间菜是中国饮食文化的渊源。多少豪宴盛馔，如追本溯源，当初皆源于民间菜肴。

民间饮食首先是取材方便随意。或入山林采鲜菇嫩叶、捕飞禽走兽，或就河湖网鱼鳖蟹虾、捞莲子菱藕，或居家烹宰牛羊猪狗鸡鹅鸭，或下地择禾黍麦粱野菜地瓜，随见随取，随食随用。

选材的方便随意，必然带来制作方法的简单易行。一般是因材施烹，煎炒蒸煮、烧烩拌泡、脯腊渍炖，皆因时因地。

如北方常见的玉米，可以磨成面粉，烙成饼、蒸成馍、压成面、熬成粥、糁成饭，可以爆、炒，也可以连棒煮食、烤食。

民间菜以适口实惠、朴实无华为特点，任何菜肴，只要首先能够满足人生理的需要，就成了“美味佳肴”。

清代郑板桥曾在其家书中描绘了自己对日常饮食的感悟：

天寒地冻时，穷亲戚朋友到门，先泡一大碗炒米送手中，佐以酱姜一小碟，最是暖老温贫之具。暇日咽碎米饼，煮糊涂粥，双手捧碗，缩颈而啜之，霜晨雪早，得此周身俱暖。嗟乎！嗟乎！吾其长为农夫以没世乎！

如此寒酸清苦的饮食，竟如此美妙，就是因为它能够满足人的基本需求。

[清]郑燮《难得糊涂》

市井总是与商人贾贩相联系的，商人来去匆匆，行迹不定，小吃点心最合乎他们的需要。因为小吃多为成品，随来随吃，携带也很方便。

脍飞金盘白雪高：中国八大菜系

中国饮食文化中所说的菜系，是指在一定区域内，由于气候、地形、历史、物产及饮食风俗的不同，经过漫长历史演变而形成的一整套自成体系的烹饪技艺和风味，并被全国各地所承认的地方菜肴。

早在商周时期中国的膳食文化已有雏形，其中以太公望为代表，再到春秋战国的齐桓公时期，饮食文化中南北菜肴风味就表现出差异。到唐宋时，南食、北食各自形成体系。到了南宋时期，南甜北咸的格局形成。

在清朝初年，川菜、鲁菜、淮扬菜、粤菜，成为当时最有影响的地方菜，被称作四大菜系；到了清朝末年，浙江菜、闽菜、湘菜、徽菜四大新地方菜系分化形成，共同构成汉民族饮食的“八大菜系”。

1. 历史悠久的鲁菜

鲁菜也称山东菜，可分为济宁、济南、胶东三个分支，素以“浓少清多、醇厚不腻”见长。

鲁菜注重鲜、香、脆、嫩，技法偏重爆、炒、烧、扒、蒸，尤其擅长调制清汤、奶汤。清汤，清澈见底而香；奶汤，色如乳而醇厚。胶东半岛的福山、烟台、青岛等沿海地区，对烹制各种海味更见功夫，如“炸蛎黄”“油爆海螺”等，均为胶东名菜。

鲁菜的代表菜品有糖醋鲤鱼、烤大虾、九转大肠、葱爆海参、清蒸加吉鱼、锅塌豆腐、奶汤鲫鱼、清蒸海胆等。

鲁菜是汇集了山东各地烹调技艺之长，并经过长期的历史演化而形成的，凝聚了劳动人民的勤劳与智慧。

鲁菜发端于春秋战国时的齐国和鲁国，是中国覆盖面最广的地方风味菜系。

当时的齐国和鲁国自然条件得天独厚，尤其傍山靠海的齐国，凭借鱼盐铁之利，不仅促成了齐桓公的霸业，也为饮食的发展提供了良好的条件。

春秋时期的鲁菜已经相当讲究科学、注意卫生，还追求刀工和调料的艺术性，已达日臻精美的地步。鲁菜中的清汤色清而鲜，奶汤色白而醇，独具风味，就是继承古代善于做羹的传统；鲁菜以海鲜见长，则是承袭海滨先民食鱼的习俗。“食不厌精，脍不厌细”的孔子还有一系列“不食”的主张。

到了秦汉时期，山东的经济空前繁荣，地主、富豪出则车马交错，居则琼台楼阁，过着“钟鸣鼎食，征歌选舞”的奢靡生活。

从“诸城前凉台庖厨画像”中可以看到，上面挂满猪头、猪腿、鸡、兔、鱼等各种畜类、禽类、野味，下面有汲水、烧灶、劈柴、宰羊、杀猪、杀鸡、屠狗、切鱼、切肉、洗涤、搅拌、烤饼、烤肉串等，以及各种忙碌烹调操作的人们。

这幅画所描绘的场面之复杂、分工之精细，不啻烹饪操作的全过程，真可以和现代烹饪加工相媲美。

山东诸城凉台汉墓庖厨画像石（摹本，局部）

北魏时期，贾思勰对黄河流域（主要是

山东地区）的烹调技术做了较为全面的总结，详细阐述了煎、烧、炒、煮、烤、蒸、腌、腊、炖、糟等烹调方法，还记载了“烤鸭”“烤乳猪”等名菜的制作方法，对鲁菜系的形成、发展产生了深远的影响。

之后历经隋、唐、宋、金各代的提高和锤炼，鲁菜逐渐成为北方菜的代表，以至宋代山东的“北食店”久兴不衰。

到元、明、清时期，鲁菜又有了新的发展。此时鲁菜大量进入宫廷，成为御膳的珍品，并在北方各地广泛流传。同时还产生了以济南、福山为主的两大地方风味，曲阜孔府宅院内也出现了自成体系的官府菜。

此外，在明清年间山东的民间饮食烹饪水平也相当发达，尤其是一些面点小吃形成了独特的风味。

山东的面制品很多，尤以饼为最，做工精细，用料广泛，品种丰富。这些经济实惠的小吃广为流传，成为与人民生活密切相关的食品，也成为鲁菜大系不可缺少的组成部分。

到了近代之后，鲁菜在其自身的发展过程中不断地向外延伸，这也是鲁菜影响面较大的主要原因。鲁菜的影响范围遍及黄河中下游以北的广大地区，并成为中国的各大菜系之首。

如今，鲁菜包括以福山帮为代表的胶东派，以德州、泰安为代表的济南派，以及有“阳春白雪”之称的孔府菜，还有星罗棋布的各种地方菜和风味小吃。

胶东菜擅长爆、炸、扒、熘、蒸，口味以鲜夺人，偏于清淡，选料则多为明虾、海螺、鲍鱼、蛎黄、海带等海鲜。其中名菜有“扒原壳鲍鱼”，主料为长山列岛海珍鲍鱼，以鲁菜传统技法烹调，鲜美滑嫩，催人食欲。其他名菜还有蟹黄鱼翅、芙蓉干贝、烧海参、烤大虾、炸蛎黄和清蒸加吉鱼等。

济南派则以汤著称，辅以爆、炒、烧、炸，菜肴以清、鲜、脆、嫩见长。其名肴有清汤什锦、奶汤蒲菜等，清鲜淡雅，别具一格。

孔府派的制作讲究精美，重于调味，工于火候，在选料上也极为广泛，粗细均可入馔。其中“八仙过海闹罗汉”是孔府宴的一道招牌菜。

2. 百菜百味的川菜

川菜作为八大菜系之一，在中国饮食文化史上占有重要的地位，它以别具一格的烹调方法和浓郁的麻辣风味而闻名古今。

川菜取材广泛，调味多变，菜式多样，口味醇厚，不仅为四川人所喜爱，而且深受全国各地民众的青睐。

川菜发源地是古代的巴国和蜀国，从地域上看就是现在的四川一带。

川菜的历史久远，大致形成于秦到三国之间。当时无论烹饪原料的取材，还是调味品的使用，以及刀工、火候的要求和专业烹饪水平，均已初具规模，已有菜系的雏形。秦惠王和秦始皇先后两次大量移民蜀中，带来中原地区先进的烹饪技术，对川菜的发展有着巨大的推动和促进作用。

汉代时，四川一带更为富庶。张骞出使西域时，为四川引进了胡瓜、胡豆、胡桃、大豆、大蒜等品种，增加了川菜的烹饪原料和调料。当时国家统一，商业繁荣，以长安为中心的五大商业城市出现，其中就有成都。三国时刘备更是以四川为“蜀都”，为饮食业的发展创造了良好的条件。

川菜代表菜品

川菜正是在这样的背景之下逐渐诞生的。此后，唐代、宋代也经久不衰。元、明、清建都北京后，随着入川官吏的增多，大批北京厨师前往成都落户，经营饮食业，使川菜又得到进一步发展，逐渐成为中国的主要地方菜系。

川菜以成都风味为主，还包括重庆、乐山、江津、自贡、合川等地方风味，讲究色、香、味、形、器，兼有南北之长，以味多、广、厚著称。

当今常用的川菜味别有鱼香、姜汁、咸鲜、咸甜、家常、红油、怪味、蒜泥、葱油、椒麻、椒盐、陈皮等20余种，调配多变，适应性极其广泛。

川菜由高级宴席、一级宴席、大众便餐、家常风味四个部分组成。宴席菜肴以清鲜为主，大众便餐和家常风味以辣、辛、香见长。特别是在辣味的运用上讲究多样，尤其精细，调味灵活多变，注重使用辣椒、胡椒、花椒。

川菜厨师根据不同的原料，因材施艺，将众多的原料与调料巧妙配合，烹调出千变万化的复合美味，从而使川菜形成“清鲜醇浓、麻辣辛香、一菜一格、百菜百味”的独特风格。

川菜代表菜品有宫保鸡丁、麻婆豆腐、鱼香肉丝、灯影牛肉、干煸牛肉、虫草鸭子、家常海参、干烧岩鱼、水煮牛肉等。

3. 精细致美的苏菜

江苏东临大海，河流纵流全境，而且气候温暖，土壤肥沃，素有“鱼米之乡”之称，一年四季水产禽蔬不断，这些富饶的物产为江苏菜系的形成提供了优越的物质条件。

由于苏菜与浙菜相近，因此，和浙菜统称江浙菜系，为南菜之代表，在国内外享有盛誉。

彭祖塑像

苏菜有着悠久的历史，我国第一位典籍留名的职业厨师和第一座以厨师姓氏命名的城市均在江苏：相传尧帝时期有位饮食专家叫彭祖，有一天他精心烹制了一道野鸡汤献给尧帝。彭祖后被封地于大彭，即今天的徐州市，故徐州也称“彭城”。

据史料记载，早在商汤时期，江苏太湖一带的韭菜花就已经登上大雅之堂。

春秋时齐国的易牙曾在徐州传艺，由他创制的“鱼腹藏羊肉”千古流传，是为“鲜”字之本。

汉代淮南王刘安在八公山上发明了豆

腐，首先在苏、皖地区流传。汉武帝又发现渔民所嗜“鱼肠”滋味甚美——其实“鱼肠”就是乌贼鱼的卵巢精白。

晋代葛洪的“五芝”之说，对江苏的饮食产生了较大的影响。直到南北朝时期，江苏菜系才开始形成。

唐宋时期，随着江苏伊斯兰教徒的增多，苏菜系又受清真菜的影响，烹饪更为丰富多彩。

而后宋室南渡杭州城，建立了南宋王朝，同时大批中原士大夫南下，因此，江苏菜系也深受中原风味的影响。

明清以来，苏菜系又受到许多地方风味的影响。

江苏的烹饪文献也很多，如元代大画家倪瓒的《云林堂饮食制度集》、明代韩奕的《易牙遗意》、清代袁枚的《随园食单》等。

苏菜具有用料广泛、刀工精细、烹调方式多样、菜品风格清鲜等特点，主要由淮扬（扬州、淮河一带）菜、江宁（镇江、南京）菜、苏锡（苏州、无锡）菜、徐海（徐州、连云港）菜四大部分组成。

其共同特点是：选料严谨，制作精细，因材施艺，四季有别，既精于焖、煎、蒸、烧、炒，又讲究吊汤和保持原汁原味，咸甜醇正适中，酥烂脱骨而不失其形，滑嫩爽脆而益显其味。

其不同特点是：淮扬菜以清淡见长，味和南北；江宁菜以滋味平和、醇正味美为特色；苏锡菜清新爽适，浓淡相宜，船菜、船点制作精美；徐海菜以鲜咸为主，五味兼蓄，风格淳朴，以注重实惠著称。

苏菜代表菜品有松鼠桂鱼、清炖狮子头、三套鸭、叫花鸡、盐水鸭、翡翠蹄筋等。

在整个苏菜系中，淮扬菜一直占主导地位。

淮扬菜是长江中下游地区的著名菜系，覆盖地域很广，包括现今江苏、浙江、安徽、上海以及江西、河南部分地区，有“东南第一佳味”之誉。

淮扬菜中最负盛名的就是扬州刀工，堪称全国之冠。两淮地区的鳝鱼菜品也丰富多彩，其中的镇江三鱼（鲥鱼、刀鱼、鮰鱼）更是驰名天下。

淮扬菜的特点是用料严谨，讲究刀工和火工，追求本味，突出主料，色调淡雅，造型新颖，咸甜适中，口味清鲜，适应不同口味的食客。在烹调技艺上，多用炖、焖、煨、焙之法。如南京一带的淮扬菜就是以烹制鸭菜著称，细点也是以发酵面点、烫面点和油酥面点为主。

苏菜菜式的组合亦颇有特色。除日常饮食和各类筵席讲究菜式搭配外，苏菜还有“三筵”具有独到之处：

其一为船宴，见于太湖、瘦西湖、秦淮河等。

其二为斋席，见于镇江金山及焦山斋堂、苏州灵岩斋堂、扬州大明寺斋堂等。

其三为全席，如全鱼席、全鸭席、鳝鱼席、全蟹席等。

因苏北和苏南在地理环境、气候生态上差异很大，在饮食习惯上，两者也存在很大的不同。苏北地形多山，气候偏冷干，口味偏重，主食以面食为主；苏南多富庶平原地区，气候湿热，口味偏甜，主食以米饭为主。除此之外，江苏各地饮食又有不同的特点风格，不同菜系也有自己的独特风韵，可谓百花齐放、异彩纷呈。

4. 博采众长的粤菜

粤菜是起步较晚的菜系，深受其他菜系的影响。

粤菜的总体特点是选料广泛、新奇且尚新鲜，菜肴口味尚清淡，味别丰富；时令性强，夏秋讲清淡，冬春讲浓郁，有不少菜点具有独特风味。

粤菜形成于广东一带。广东地处亚热带，气候温和，物产富饶，可用作食物的动植物品种很多，为广州饮食文化的发展提供了得天独厚的自然条件。

广东地处珠江三角洲一带，水路交通发达，很早这里就是岭南的政治、经济、文化中心，饮食文化比较发达。

广州也是中国最早的对外通商口岸之一，在长期与西方的经济往来和文化交流中也吸收了一些西菜的烹调方法，再加上广州外地餐馆的大批出现，促进了粤菜的形成。

广东的饮食文化业与北方菜系文化一脉相通，一个很重要的原因就是，北方历代王朝派来的治粤官吏等都会带来北方的饮食文化，其间还有许多官厨高手或将他们的技艺传给当地的同行，或在市肆上自己设店营生，将各地的饮食文化直接介绍给岭南人民，使之变为粤菜的重要组成部分。

粤菜以广州菜、潮州菜、东江菜为主体构成，其中以广州菜为代表。

广州菜取料广泛，善用狸、猫、蛇、狗入馔，尤其蛇做得最好；菜肴讲究鲜、嫩、滑、爽，夏秋清淡，冬春浓郁；技法精于炒、烧、烩、烤、煎、灼、焗、扒、扣、炸、焖等，特别是小炒，火候、油温的掌握恰到好处；调味善用蚝油、虾酱、沙茶酱、海鲜酱、红醋、鱼露、奶汁等。

潮州菜在东南亚一带颇有名声，一向以烹制海鲜见长，煲仔汤菜尤其突出；刀工精巧，口味清醇，讲究保持主料的鲜味。

潮州护国菜

东江菜油重，味偏咸，主料突出，朴实大方，尚带中原之风，乡土风味浓重，传统的盐焗法极具特色。

粤菜配合四季更替，有“五滋”“六味”之说。五滋即清、香、脆、酥、浓；六味即酸、甜、苦、辣、咸、鲜。

粤菜代表菜品有：烤乳猪、蚝油牛肉、龙虎斗、冬瓜盅、文昌鸡、烩蛇羹、开煲狗肉、梅菜扣肉、东江盐焗鸡、大良炒鲜奶等。

其中“烤乳猪”是粤菜最著名的特色菜。早在西周时代，烤乳猪即是“八珍”之一。到了清代，随着烹调制作工艺的改进，烤乳猪达到了“色如琥珀，又类真金”的效果，皮脆肉软，表里浓香，非常适合南方人的口味。

5. 南料北烹的浙菜

浙菜源于江浙一带，兼收江南山水之灵秀，受到中原文化之灌溉，得力于历代名厨的开拓创新，逐渐形成了鲜嫩、细腻、典雅的菜品格局，是中华民族饮食文化宝库中的瑰宝。

浙江菜由杭州菜、宁波菜、绍兴菜和温州菜四个地方流派组成，各有自己的特色风格。

杭州菜历史悠久，重视原料的鲜、活、嫩，以鱼、虾、时令蔬菜为主，讲究刀工，口味清鲜，突出本味。经营名菜有百味羹、五味焙鸡、米脯风鳗、酒蒸鳅鱼等近百种。

杭州菜系中有一道极负盛名的菜品“龙井虾仁”，由取自杭州的上好龙井茶叶烹制而成，具有清新、和醇、荤香、不腻的特点，是杭州最著名的特色名菜。

宁波菜也是以烹制海鲜见长，讲究海鲜的鲜嫩软滑，主要代表菜品有雪菜大汤黄鱼、奉化摇蚶、宁式鳝丝、苔菜拖黄鱼等。

绍兴菜则擅长烹制河鲜家禽，入口香酥绵糯，极富乡村风味，代表菜品有绍虾球、干菜焖肉、清汤越鸡、白鲞扣鸡等。

温州菜则以海鲜入馔为主，烹调讲究“二轻一重”，即轻油、轻芡、重刀工，代表菜品有三丝敲鱼、桔络鱼脑、蒜子鱼皮、爆墨鱼花等。

浙菜具有悠久的历史。素有“江南鱼米之乡”之称的浙江，盛产山珍野味，水产资源丰富，为浙江菜系的形成与发展提供了得天独厚的自然条件。

黄帝《内经·素问·异法方宜论》上说:“东方之城,天地所始生也,渔盐之地,海滨傍水，其民食盐嗜咸，皆安其处，美其食。”《史记·货殖列传》中就有“楚越之地……饭稻羹鱼”的记载。由此可见，浙江烹饪已有几千年的历史。

秦汉直至唐、宋，浙菜以味为本，讲究精巧烹调，注重菜品的典雅精致。汉时会稽（今浙江绍兴）人王充在《论衡》中尚甘的论述，反映了此时浙菜又广泛运用糖醋提鲜。隋时，据《大业拾遗记》载：会稽人杜济善于调味，创制的“石首含肚”菜肴已被纳入御膳贡品。唐代的白居易、宋代的苏东坡和陆游等关于浙菜的名诗绝唱，更把历史文化名家同浙江烹饪文化联系到一起，增添了浙菜典雅动人的文采。

随着南宋移都杭州，用北方的烹调方法将南方的原料做得美味可口，“南料北烹”于是成为浙菜系一大特色。

南宋建都杭州，中原厨手随宋室南渡，黄河流域与长江流域的烹饪文化交流配合，浙菜引进中原烹调技艺之精华，发扬本地名物特产丰盛的优势，南料北烹，创制出一系列有自己风味特色的名馔佳肴，成为“南食”风味的典型代表。

明清时期，浙菜进入鼎盛时期。特别是杭州人袁枚、李渔两位清代著名的文学家，分别撰著出的《随园食单》和《闲情偶寄·饮馔部》，把浙菜的风味特色结合理论做了阐述，从而扩大了浙菜的影响。

龙井虾仁

浙菜在选料上刻意追求原料的细、特、鲜、嫩。

“细”，即严格选用物料的精华部分，以使菜品达到高雅上乘。

“特”，即选用特产原料，以突出菜品的地方特色。

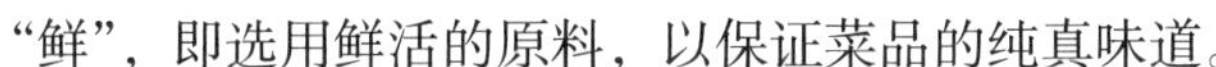

“鲜”，即选用鲜活的原料，以保证菜品的纯真味道。

“嫩”，即使菜品清鲜爽脆。

浙菜注重菜品的清鲜脆嫩，主张保持主料的本色和真味。

浙菜的辅料多以当季鲜笋、冬菇和绿叶的菜为主，同时还十分讲究以绍酒、葱、姜、醋、糖调味，以达到去腥、解腻、吊鲜、起香的作用。

浙菜烹调海鲜、河鲜很有特色，与北方烹法有显著不同。浙江烹鱼，大都过水，约有三分之二是用水做传热体，这样可以突出鱼的鲜嫩，保持本味。

浙菜的形态讲究精巧细致，清秀雅丽。许多菜肴，还以风景名胜命名，造型优美。这种风格可以追溯到南宋时期。

浙江菜系非常讲究刀工，制作精细，变化较多，因时而异，简朴实惠，富有乡土气息。浙江菜的主要代表菜品有西湖醋鱼、龙井虾仁、干炸响铃、油焖春笋、生爆鳝片、莼菜黄鱼羹、清汤越鸡等。

6. 海派风格的闽菜

闽菜是中国著名菜系之一，历经中原汉族文化和闽越族文化的混合而形成。

闽菜是由福州、厦门、泉州等地方菜发展而成的，其中以福州菜为主要代表。

闽菜起源于福建闽侯县，这里地理条件优越，物产也十分富饶，常年盛产稻米、蔬菜、瓜果等，其中就有闻名全国的茶叶、香菇、竹笋、莲子以及鹿、雉、鹌鸪、河鳗、石鳞等美味。此外，沿海地区还盛产鱼、虾、螺、蚌等海产，据明代万历年间的统计资料，当时水产品共计270多种，为闽菜系的发展提供了得天独厚的烹饪资源。

两晋南北朝时期，大批中原士族开始进入福建，并带来了中原先进的科技文化，与闽地的古越文化进行混合和交流，促进了当地饮食文化的发展。

晚唐五代，河南光州固始的王审知兄弟带兵入闽建立“闽国”，对福建饮食文化的繁荣产生了积极的促进作用，也对闽菜的发展产生了深远的影响。

此外，福建也是中国的著名侨乡，很多旅外华侨从海外引进的食物品种和一些新奇的调味品，对丰富福建饮食文化、充实闽菜体系也起到了很大的促进作用。

福建人民经过与海外特别是南洋群岛人民的长期交往，海外的饮食习俗也逐渐渗透到闽人的饮食生活之中，从而使闽菜成为带有开放特色的一种独特菜系。

闽菜在继承中华传统技艺的基础上，借鉴各路菜肴之精华，对粗糙、滑腻的习俗加以调整，使其逐渐朝着精细、清淡、典雅的品格演变，以至发展成为格调甚高的闽菜体系。

闽菜的特点是：制作精巧、讲究刀工、色调美观、调味清鲜。口味方面，福州菜偏甜酸，闽南菜多香辣，闽西菜喜浓香醇厚。

闽菜主要代表菜品有佛跳墙、太极明虾、清汤鱼丸、鸡丝燕窝、沙茶焖鸡块等。其中尤以佛跳墙最为典型。

相传佛跳墙始于清道光年间，百余年来，一直驰名中外，成为闽菜中最著名的古典名菜，也是中国最著名的特色菜之一。佛跳墙选料精细，加工严谨，讲究火工与时效，注意调汤，注重器皿的选择。

佛跳墙

汤是闽菜之精髓，素有“一汤十变”之说。据昙石山文化遗址考证，闽人在5000多年前就有了吃海鲜和制作汤食的传统。福建一年四季如春，这样的气候也十分适合做汤。

7. 酸辣味重的湘菜

湘菜形成于湖南一带，这里气候温暖，雨量充沛，盛产笋、蕈和山珍野味，农牧副渔也较为发达，素有“鱼米之乡”之称。司马迁的《史记》之中曾记载了楚地“地势饶食，无饥馑之患”。可见，湖南优越的自然条件和丰富的物产为湘菜系的形成和发展提供了得天独厚的条件。

早在战国时期，伟大的爱国主义诗人屈原在他的著名诗篇《招魂》中就记载了当地的许多菜肴。

到了汉朝，湖南的烹调技艺已有相当高的水平。通过对长沙马王堆西汉古墓的考古发掘，发现了许多同烹饪技术相关的资料。其中有迄今最早的一批竹简菜单，记录了103种名贵菜品和炖、焖、煨、烧、炒、溜、煎、熏、腊九类烹调方法。

马王堆竹简菜单（局部）

唐宋时期，湘菜体系已经初见端倪，一些菜肴和烹艺开始在官府衙门盛行，并逐渐步入民间。五代十国时期，湖南的饮食文化又得到了进一步的发展。由于长沙又是文人荟萃之地，湘菜系发展很快，成为中国著名的地方风味之一。

明清时期，湘菜开始进入了发展的黄金时期，湘菜的风格基本定型。尤其是清朝末期，湖南美食之风盛行，一大批显赫的官僚竞相雇佣名师以饱其口福，很多豪商巨贾也争相效仿，为湘菜的发展起到了促进的作用。

到了民国时期，湖南的烹饪技艺进一步提高，出现了多种流派，从而奠定了湘菜的历史地位。

湘菜油重色浓、主味突出，以酸、辣、香、鲜、腊见长，辣味菜和烟熏腊肉是湘菜的特点。

湘菜由湘江流域、洞庭湖地区和湘西山区的三种地方风味组成。

湘江流域的菜以长沙、衡阳、湘潭为中心，用料广泛，制作精细，品种繁多，口味上注重香鲜、酸辣、软嫩，在制作上主要以煨、炖、腊、蒸、炒见称。

洞庭湖地区的菜以烹制河鲜和家禽家畜见长，多用炖、烧、腊的制作方法，芡大油厚、咸辣香软。

湘西菜擅长制作山珍野味，烟熏腊肉和各种腌肉，口味侧重于咸、香、酸、辣。

湖南地处亚热带，气候多变，夏季炎热，冬季寒冷，因此湘菜特别讲究调味，如夏天炎热，其味重清淡、香鲜；冬天湿冷，其味重热辣、浓鲜。

湘菜的主要代表菜品有麻辣仔鸡、东安仔鸡、腊味合蒸、红煨鱼翅、金钱鱼、酸辣红烧羊肉、清炖羊肉、洞庭肥鱼肚、吉首酸肉等。

“组庵鱼翅”是湖南的地方名菜，是官府湘菜的代表。

相传清代光绪年间，进士谭组庵十分喜欢吃鱼翅，其家厨便将鸡肉、五花猪肉和鱼翅同煨，使鱼翅更加软糯爽滑，汤汁更加醇香鲜美。谭进士食后赞不绝口。因此菜为谭家家厨所创，故称为“组庵鱼翅”。

湘菜之中还有一道五元全鸡的历史名菜，清代的《调鼎集》中记载了它的制法。因为它以黄芪炖鸡，可以强身健体，延年益寿，所以又叫“神仙鸡”。相传为曲园酒楼所制，李宗仁曾在该店大宴宾客。

8. 油重色浓的徽菜

徽菜以徽州地区特产为主要原料，在采用民间传统烹调技法的基础上，吸收其他菜系技艺之长而烹制的以咸鲜味为主的地方菜肴。

徽菜起源于南宋时期的古徽州，地处中国中部山区，山珍野味非常丰富，如山鸡、斑鸠、野鸭、野兔、果子狸、鞭笋、石鸡、青鱼、甲鱼等。这些都为徽菜的烹调提供了丰富的原材料，徽菜就是以烹制山珍野味而著称。

经过历代名厨的交流切磋、继承发展，逐渐集安徽各地的名馔佳肴于一身，成为一个雅俗共享、南北皆宜、独具一格、自成一体的著名菜系。

徽菜的形成、发展与徽商有着密切的关系。徽商起于东晋，到唐宋时期日渐发达，明清则是徽商的黄金时代。

徽商富甲天下，其生活奢靡而又偏爱家乡风味，饮馔之丰盛，筵席之豪华令人咋舌。徽商在饮食方面的高消费对徽菜的发展起了推波助澜的作用，使徽菜品种更加丰富，烹调技艺更加精湛。

徽商们长期远离家乡在外谋生，为了能够常年品尝到家乡的风味餐食，便从家乡带来厨师主理膳食。后来他们逐渐开设徽菜馆进行商业经营，以满足社会之需。

1790 年，第一家徽商徽馆在北京创立。随后，苏、浙、赣、闽、沪、鄂、湘、川等地纷纷设立徽菜馆。各地徽馆业的兴起，推动了徽菜的进一步传播与发展。

徽商行贾四方，比较容易接收新事物。他们在餐馆经营中，不仅继承了徽菜传统烹饪技艺，将本帮的美味佳肴带到了外埠；而且注意吸收各派烹饪技艺的优点，并根据各地顾客的饮食嗜好，研制出适合当地口味的徽菜新品种。如上海人喜好吃鱼头鱼尾，徽厨们便研制了红烧头尾；武汉人喜欢吃鱼中段，徽厨们便研制出红烧瓦块鱼。这使得徽菜在与其他菜系的融合中，兼收并蓄，吐故纳新，不断推动着自身的发展。

徽菜是由皖南、沿江、沿淮三种地方风味构成。

皖南徽菜是安徽菜的主要代表，起源于黄山麓下的徽州一带，后来转移到了名茶、徽墨等土特产品的集散中心屯溪，得到了进一步的发展。

沿江菜以芜湖、安庆地区为代表，以后传到合肥地区，以烹制河鲜、家畜见长。

沿淮菜以蚌埠、宿县、阜阳等地为代表，菜肴讲究咸中带辣，习惯用香菜配色和调味。

徽菜在烹调方法上很为独特，讲究火功，善于烹调野味，且量大油重、朴素实惠；还注意保持原汁原味，不少菜肴都是取用木炭用小火炖煨而成，汤清味醇，端菜上席便香气四溢。

徽菜选料精良，擅长于烧、炖、蒸、炒等，并具有三重的特点，即重油、重酱色、重火工。

重油，这是由于徽州人常年饮用含有较多矿物质的山溪泉水，再加上当地盛产茶叶，人们常年饮茶，因此需要多吃油脂，以滋润肠胃。

重酱色、重火工则是为了突出菜肴的色、香、味，利用木炭小炉，小火单炖单烤，使火功到家，以保持原汁原味。

徽菜的著名菜肴有金银蹄鸡、淡菜炖酥腰、腌鲜鳜鱼、红烧野鸡肉、问政笋、红烧果子狸、火腿炖甲鱼、红烧划水、符离集烧鸡、黄山炖鸽、奶汁肥王鱼等。

徽式烧鱼方法也很独特，如红烧青鱼、红烧划水等。鲜活之鱼，不用油煎，仅以油滑锅，再加调味品，旺火急烧 5 分钟即成。由于水分损失少，鱼肉味鲜质嫩。

有美食家调侃道：徽菜的特点就是“轻度腐败、严（盐）重好色”。

徽菜中最具名声的菜品——“臭鳜鱼”，便是“腐败”类型的代表。

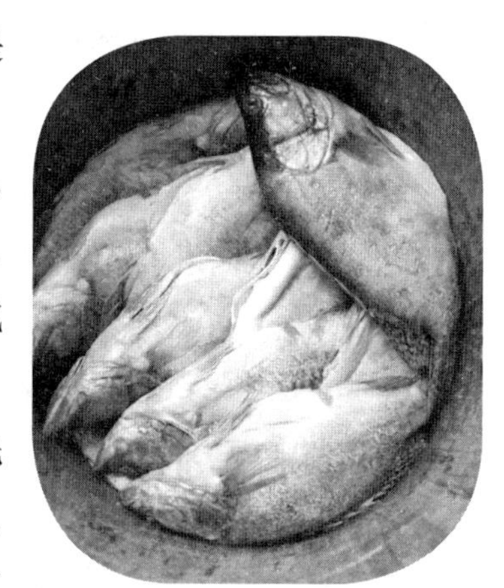

腌鳜鱼

“臭鳜鱼”在徽州本地被称为“腌鲜鳜鱼”。传至外地，名字却换了“臭”字。不过这一“臭”，反吸引了不少猎奇“逐臭”的食客，臭味倒也成了异香。

腌鳜鱼最早是出于商运活鱼的保鲜需求，先把鱼装进木桶里，再一层一层泼洒盐水在鱼身上，运送途中不时翻动。到了目的地，鱼的腮还是红彤彤的，完整如生。

传统制作的臭鳜鱼，鱼肉鲜美、肉质近似上等黄鱼，汁水十足。取出一条，先煎后烧，重手下酱油，辅以笋片、火腿、葱、姜、蒜与红干辣椒，末了加芫荽提香增色，上桌就是一盘风景，咸辣鲜甜，添酒吃饭，快意至极。

徽菜还有用火腿调味的传统。制作火腿在徽州也是普及型的家庭技术，美食家们十分赞赏徽州火腿，正可谓“金华火腿在东阳，东阳火腿在徽州”。如金银蹄鸡，因为小火久炖，汤浓似奶，其火腿红如胭脂，蹄膀玉白，鸡色奶黄，味鲜醇芳香。

9. 海纳百川的京菜

在传统的八大菜系之外，兼融各地风味的京菜，也不能不提。

京菜即北京菜，是以北方菜为基础、兼收各地烹饪技术而形成的，菜品复杂多元，风味兼容八方，烹调手法更是丰富至极。

中国菜肴有“四大风味”和“八大菜系”之说，但其中并无北京菜。究其原因，主要在于北京菜品种复杂多元，兼容并蓄八方风味，名菜众多，难于归类。

自元代之后，全国各地的风味菜开始在北京汇集、融合、发展，形成独特的京菜。同时由于皇室贵族、商贾巨富、政府官员、文人雅士在社会交往、节令礼仪及日常餐饮的不同需要，形形色色的餐馆也开始应运而生。

在明清两代，在北京经营饭店的主要是山东人，所以山东菜在市面上居于主导地位。经过多年的熏染，许多鲁菜也融合了北京人的口味，成为北京菜的一部分。

清代皇宫、官府和一些大户人家都雇有厨师，这些厨师来自四面八方，把中国各地的饮食文化和烹饪技艺带到北京，由此形成了具有京味特点的宫廷菜。

同时北京宫廷菜也吸收了明朝宫廷菜的许多优点，尤其是康熙、乾隆两个皇帝多次下江南，对南方膳食非常欣赏，因此清宫菜点中已经吸收全国各地许多风味菜和蒙古、回、满等族的风味膳食。

宫廷菜中有许多都属药膳，还具有食疗作用，因此北京成为药膳的重要发展基地。

在北京菜中，最具有特色的要算是烤鸭。北京烤鸭是宫廷菜的一种，风味独特，名扬四海。

烤鸭原属民间的食品，早在1500多年前，在《食珍录》一书中就有“炙鸭”之名；600多年前的一个御膳官写的《饮膳正要》中也有烧鸭子的描述，在南方苏皖一带，小饭馆也会在砖灶上用铁叉烤鸭，名叫叉烧鸭或烧鸭。明成祖迁都北京时，将金陵（今南京）烧鸭传入北京。

北京烤鸭

北京的涮羊肉也很有名，这原是游牧民族最喜爱的菜肴，还有人称之为“蒙古火锅”。辽代墓壁画中就有众人围火锅吃涮羊肉的画面。

北京涮羊肉也属宫廷御膳的一种，但民间的火锅也比较广泛，只不过宫廷之中的涮羊肉更加考究一些。

涮羊肉所用的配料丰富多样，味道鲜美，其制法几乎家喻户晓。

北京的回民较多，城中开设不少清真饭馆、小吃店。

清真菜以牛羊肉为主，菜式很多，是北京菜的重要组成部分。如烤肉就是清真菜的一种，它原是游牧民族的“帐篷食品”，用铁炙子烧果枝烤，先放葱丝，上面放上肉片（牛羊肉），用长竹筷不断翻烤，待肉变色烤熟即可蘸调料吃，也有先用调料将肉片拌腌后再烤。

北京还有很多官府菜。过去北京的官府多，府中多讲求美食，并各有千秋，至今流传的潘鱼、宫保肉丁、李鸿章杂烩、左公鸡、北京白肉等都出自官府。颇有代表性的谭家菜就是出自清末翰林谭宗浚家，后由其家厨传入餐馆，称为谭家菜。

北京的许多特色小吃也是京菜的组成部分，这些小吃也是在借鉴其他地方小吃的基础之上，并结合自身的饮食文化创制而成的，很多都具有独特的风味。据统计，旧时北京的小吃多达200余种，且价格便宜，故与一般平民最接近。即使深居宫中的帝后，也不时以品尝各种小吃为快。

铜壶漏断梦初觉：古人的时间计算法

在远古时代，人们怎样计算日子的呢？一个人出远门，不知要多少天才能到，聪明的古人最后想出了一个办法。当他出门时，带一根长绳，走一天打一个结，到目的地就知道是多少天；回家时，走一天就解一个结，解完了家也就到了。此乃古人“结绳记日”法。

再如两人约好五天后见面，他们就在一片小木片或竹片上刻五划，然后各拿一半。每过一天，两人都削去一格。当木片刻格削完了，也到了约会的时间。此为“刻木相会”。

这种方法，短时间内还能将就用，但时间一长就很麻烦了。

那么，古人是怎样来确定年月日与一天内的不同时刻的呢？

1. 古代纪年法

年份的计算，在古代称为纪年。古代中国是纪年方法最丰富的国家，有许多的纪年方法。

（1）王位纪年法。

即以王公在位年数来纪年。如《左传·崤之战》："三十三年春，秦师过周北门。"指鲁僖公三十三年。又如《廉颇蔺相如列传》："赵惠文王十六年，廉颇为赵将。"

中国历史上最早有明确记载的纪年年份是"共和元年"，这就是一个王位纪年法。

共和元年是公元前 841 年。那一年周厉王因统治无道被赶下了台，共伯和摄政，代行天子事，于是那一年就纪年为"共和元年"。

王位纪年法第一次被记载，居然是一个君主被赶下台的年份，这实在颇具讽刺意味。从共和元年起，中国历史的记载就没有中断过了。

（2）年号纪年法。

它与王位纪年法的区别在于：每个皇帝都有一个专门用于纪年的年号，以年号启用那年为开始，累计纪年。

这种纪年方法始于汉武帝建元元年，即公元前 140 年。

开始的时候，一个皇帝在位期间并非只有一个年号，用几年可能就换一个年号，这叫"改元"。老皇帝死了，新皇帝即位，又会启用新的年号，但这不叫"改元"，而叫"建元"。如《岳阳楼记》"庆历四年春"、《琵琶行》"元和十年"、《游褒禅山记》"至和元年七月某日"、《石钟山记》"元丰七年"、《梅花岭记》"顺治二年"、《〈指南录〉后序》"德祐二年"等。

（3）干支纪年法。

今天我们中国仍在使用一种古代纪年法——干支纪年法。

干支纪年法是利用"十天干"和"十二地支"的排列组合来排序纪年，又名"天干地支纪年"。

天干地支纪年使用的时候，先用第一个天干与第一个地支组合，然后再用第二个天干分别与第二个地支组合，以此类推排序纪年。

天干有10个，地支有12个，10与12的最小公倍数是60，所以每60年天干地支就会轮回一遍。

因为每个轮回中的第一个年份都是甲子年,所以古代又将60年称为“一甲子”。

如《五人墓碑记》中：“予犹记周公之被逮，在丁卯三月之望。”“丁卯”指公元1627年。又如《〈黄花岗七十二烈士事略〉序》中：“死事之惨，以辛亥三月二十九日围攻两广督署之役为最。”“辛亥”指公元1911年。

近世还常用干支纪年来表示重大历史事件，如“甲午战争”“戊戌变法”“庚子赔款”“辛丑条约”“辛亥革命”等，都是指代那一年所发生的事件。

（4）年号干支兼用法。

年号干支兼用纪年法，皇帝年号置前，干支列后。如:《扬州慢》“淳熙丙申”，“淳熙”为南宋孝宗赵昚年号,“丙申”是干支纪年;《核舟记》“天启壬戌秋日”,“天启”是明熹宗朱由校年号,“壬戌”是干支纪年;《梅花岭记》“顺治二年乙酉四月”，“顺治”是清世祖爱新觉罗·福临年号，“乙酉”是干支纪年。

干支纪年对照表

1	2	3	4	5	6	7	8	9	10
甲子	乙丑	丙寅	丁卯	戊辰	己巳	庚午	辛未	壬申	癸酉
11	12	13	14	15	16	17	18	19	20
甲戌	乙亥	丙子	丁丑	戊寅	己卯	庚辰	辛巳	壬午	癸未
21	22	23	24	25	26	27	28	29	30
甲申	乙酉	丙戌	丁亥	戊子	己丑	庚寅	辛卯	壬辰	癸巳
31	32	33	34	35	36	37	38	39	40
甲午	乙未	丙申	丁酉	戊戌	己亥	庚子	辛丑	壬寅	癸卯
41	42	43	44	45	46	47	48	49	50
甲辰	乙巳	丙午	丁未	戊申	己酉	庚戌	辛亥	壬子	癸丑
51	52	53	54	55	56	57	58	59	60
甲寅	乙卯	丙辰	丁巳	戊午	己未	庚申	辛酉	壬戌	癸亥

（5）生肖纪年。

它是我国民间推行的一种与干支密切相关的纪年方法，用十二肖兽名称作为年名和地支对应：

子——鼠，丑——牛，寅——虎，卯——兔，辰——龙，巳——蛇，午——马，未——羊，申——猴，酉——鸡，戌——狗，亥——猪。

如果知道干支，就可以推算出生肖。如：想知道2005年出生的孩子属什么？从今年的干支就可以推算出2005年的干支是乙酉，那这小孩是属鸡。

生肖纪年始于东汉，敦煌经卷有记载。

生肖纪年源起于少数民族，至今西藏还是用这种纪年方法。藏历是用阴阳五行和十二生肖搭配，五行用两次和肖兽搭配。

2. 古代的历法

中国古代使用农历，今天一般称之为阴历。

这种称法其实并不严谨，确切地说，农历不是阴历，而是“阴阳历”。

阴历是以月亮绕地球的运行周期为基础制定的历法。月亮一个阴晴圆缺周期是一个月，又叫朔望月。一个朔望月的精确时间为29日12小时44分2.8秒。阴历将12个朔望月定为一年，所以阴历一年是354天多一点。

阳历则是以地球绕太阳的运行周期为基础制定的历法，所以又叫太阳历。地球公转一周即一个春夏秋冬轮回是一年，又叫一个回归年。一个回归年的精确时间为365天6时9分10秒。阳历将一年划分成12个月，大月31天，小月30天，2月28天。

简单来说，阴历以月亮为参照，先有月，后有年；阳历以太阳为参照，先有年，后有月。用阴历可以看月亮的阴晴圆缺，用阳历可以看季节的春夏秋冬。

但阴历有一个问题：12个朔望月是354天，比一个回归年的365天少了11天。这样的话，每过一个阴历年，时间就会提前11天，月份就会越来越提前，和季节对应不上。

不过这难不倒聪明的中国古人，他们将阴历与阳历相结合——用朔望月来确定月，也用回归年确定年，二者差的天数通过设置闰月的方式补齐。

比如说我们用农历时会出现“闰四月”的情况，就是过完了四月又再过一个闰四月。这个临时加入的闰四月，就是为了凑齐阴历与阳历差的天数。

3 四季划分法

早期，古人是利用圭表来划分季节和节气的。

圭表，是度量日影长度的一种天文仪器，由“圭”和“表”两个部件组成。

所谓圭表测影法，通俗地说，就是垂直于地面立一根杆，通过观察记录它正午时影子的长短变化来确定季节的变化。垂直于地面的直杆叫“表”，水平放置于地面上刻有刻度以测量影长的标尺叫“圭”。

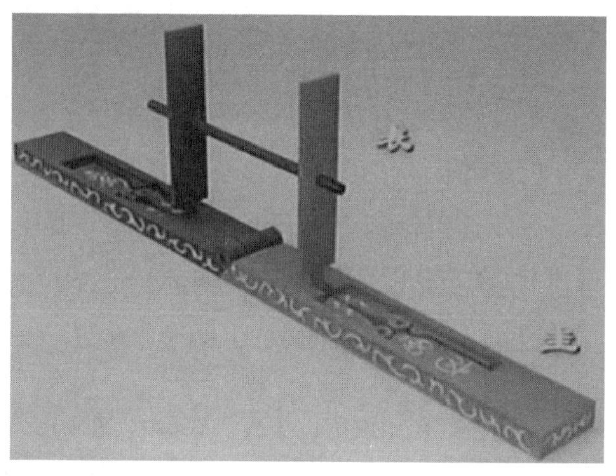

汝阴侯圭表

早在公元前20世纪的陶寺遗址时期，我国中原地区已使用圭表测影法。到了汉代，学者还采用圭表日影长度确定“二十四节气”，定出黄河流域的日短至（白昼最短）这天作为冬至日，并以冬至日为“二十四节气”的起点，将冬至到下一个冬至之间的时间段分割为24段（每段15日），每两个节气之间的天数平均。

古人把这种方法叫“平气法”（又称“平均时间法”）。先测出冬至日因为冬至时影子最长，其相邻几天的影长变化最为明显，更利于观测记录。

这样，圭表不仅可以用来制定节令，而且还可以用来在历书中排出未来的阳历年以及二十四个节令的日期，作为指导汉族劳动人民农事活动的重要依据。

古人通过长期观测天象、考察地理环境并加以归纳，将发现的变化和规律进行总结形成天干地支，演变出二十四节气，这样就有了一年四季、春夏秋冬。

十天干主要涉及的是天文天象，描述的是日、月、星辰、白昼、黑夜的规律，这里就不展开了。

十二地支产生之后，人们逐渐将一天分为十二个时辰，将一年分为十二个月份。

十二个时辰或者十二个月只是对时间的区分，并不能满足人们的需求。于是古人将一年分为四等份，每一份就为一个季节，这就是所说的一年四季。每个季节的第一个节气是一个季节的开始，所以一年四季有“四立”，即立春、立夏、立秋、立冬。

后来为了更加准确地区分时间，又将节气划为“分”“至”“启”“闭”四个组。“分”是指春分和秋分，“至”是指夏至和冬至，“启”是指立春和立夏，“闭”是指立秋和立冬。

随着时间的推移，一年四季用四组来区分还是不能满足人们的需求，于是在十二地支的基础上，结合一年四季，又总结出反映季节变化、温度变化、物候变化和气候变化的四种规律，确立了二十四节气。

二十四节气就是二十四个时间节点，根据天体运转的规律，节点落在哪一天，哪一天就是一个对应的节气。

4. 古代纪月法

我们现在纪月，阳历就是 1—12 月，农历一般情况下也是 12 个月，闰月每年加一个月，比较简单。

古代则不同，有多种纪月的方法。

（1）数字纪月。

这个比较直接，就是正月、二月、三月、四月、五月、六月、七月、八月、九月、十月、十一月、十二月。

（2）干支纪月。

一是将天干和地支搭配纪月，如：丙寅月、丁卯月、庚午月、辛未月等。

二是把十二地支与十二个月份一一搭配，以冬至所在月为十一月配子，分别称建子之月、建丑之月、建寅之月等。其中：

十一月——子，十二月——丑，正月——寅，二月——卯，三月——辰，四月——巳，五月——午，六月——未，七月——申，八月——酉，九月——戌，十月——亥。

这种纪月方法《史记》中有记载。

（3）别称纪月。

在古代，还常常以花卉、草木、四季、古音乐十二律等来纪月。

	花卉	季次	音律	其他	
一	杨月	孟春	太簇	元春	初春
二	杏月	仲春	夹钟	中和	花朝
三	桃月	季春	姑洗	蚕月	阳春
四	槐月	孟夏	仲吕	清和	夏首
五	榴月	仲夏	蕤宾	端月	鸣蛙
六	荷月	季夏	林钟	伏月	暑月
七	兰月	孟秋	夷则	瓜月	巧月
八	桂月	仲秋	南吕	获月	正秋
九	菊月	季秋	无射	穷秋	暮秋
十	梅月	孟冬	应钟	开冬	初冬
十一	葭月	仲冬	黄钟	雪月	寒月
十二	杪冬	季冬	大吕	晚冬	残冬

5. 古代纪日法

（1）序数纪日法。

如《梅花岭记》:“二十五日,城陷,忠烈拔刀自裁。”《〈黄花岗七十二烈士事略〉序》:“死事之惨,以辛亥三月二十九日围攻两广督署之役为最。”《项脊轩志》:“三五之夜，明月半墙。”“三五”便指农历十五日。

（2）干支纪日法。

如《崤之战》:“夏四月辛巳，败秦军于崤。”“四月辛巳”指农历四月十三日。《石钟山记》“元丰七年六月丁丑”，即农历六月九日。《登泰山记》“是月丁未”，指这个月的十八日。

古人还单用天干或地支来表示特定的日子。如《礼记·檀弓》“子卯不乐”,“子卯”，代指恶日或忌日。

（3）月相纪日法。

指用“朔、朏、望、既望、晦”等表示月相的特称来纪日。每月第一天叫朔，每月初三叫朏，月中叫望（小月十五日，大月十六日），望后这一天叫既望，每月最后一天叫晦。

如《祭妹文》“此七月望日事也”;《五人墓碑记》“在丁卯三月之望”;《赤壁赋》“壬戌之秋，七月既望”;《与妻书》“初婚三四个月，适冬之望日前后”。

（4）干支月相兼用法。

干支置前，月相列后。如《登泰山记》:“戊申晦，五鼓，与子颍坐日观亭。”

6. 古代记时法

（1）天色纪时法。

古代主要根据天色把一昼夜分为若干段。一般地说，日出时叫旦、早、朝、晨，日入时叫夕、暮、昏、晚；太阳正中叫日中，将近日中时叫隅中，太阳西斜叫日昃（太阳偏西）。

古人一日两餐，朝食在日出之后、隅中之前，这段时间叫食时或蚤时；夕食在日昃之后、日入之前，这段时间叫晡时。日入之后是黄昏，黄昏以后是人定，人定以后是半夜，半夜以后分别是鸡鸣和昧旦，这是天将亮的时间；此后是平旦、平明，这是天亮的时间。

例如:《木兰诗》“旦辞爹娘去，暮宿黑山头”;《孔雀东南飞》“奄奄黄昏后，寂寂人定出”。

（2）十二地支纪时法。

古人用十二地支表示十二个时辰，每个时辰恰好等于现代两个小时。

古人把第一个小时叫作初，第二个小时叫作正。例如在子时，第一个小时叫作子初，第二个小时叫作子正。

十二时辰表

十二时	夜半	鸡鸣	平旦	日出	食时	隅中	日中	日昃	晡时	日入	黄昏	人定
时辰	子	丑	寅	卯	辰	巳	午	未	申	酉	戌	亥
现代时间	23–1	1–3	3–5	5–7	7–9	9–11	11–13	13–15	15–17	17–19	19–21	21–23

7. 古代的计时设备

在钟表还没有普及前，古人是通过钟鼓楼来知晓时间的。

早在汉朝，我国就有了钟鼓楼报时制度。早期的钟鼓楼设在皇宫内，只为皇家服务。唐朝的钟鼓楼，早晨敲钟报时，晚上敲鼓报时，“晨钟暮鼓”的说法就是这么来的。

唐朝长安城实行夜禁制度，晚上不许出来瞎逛，所以主要街道上都设立了街鼓，跟随着钟鼓楼报时，以便全城都能知道夜禁的开始。暮鼓敲完，所有人都不许出来上主街了。

宋代的城市生活空前繁荣，没有夜禁，所以晚上也得报时。

宋代夜晚负责报时工作的，一般是寺院的僧人，拿着铁牌子或木鱼沿街报时。

古人将夜晚分为五更，每更一报时，所以报时又叫“打更”。

元、明、清三朝，不光都城设立钟鼓楼，许多大城市也有钟鼓楼。

那么，钟鼓楼又是如何测算出时间的呢？

古人最早是通过观测太阳来测时的。3000 多年前的周朝人便发明了测时仪器“日晷”，利用太阳照出影子的长短和方向来测算时间。

日晷

古人把时间称为光阴，所谓“一寸光阴”原意就是日晷上一寸影子的意思。

日晷把一昼夜划分为 12 个时辰，一个时辰是两小时。日晷最小的刻度合今天 15 分钟，所以古人管 15 分钟叫一刻或一刻钟。在古代，一天是 12 个时辰，一个时辰是八刻钟。

圭表根据日影的变化来记录节气，日晷用来确定一天内时间的变化。但它们的使用都受阳光的限制，一旦遇到晨昏、阴雨，便失去效用。

为了弥补这种不便，传说自黄帝时期

开始，就出现了通过观测漏水来计时的工具。之后历代对于漏刻的制作和管理，都非常重视。

漏刻是往铜壶里装入一定量的水，让它慢慢漏出，通过漏出水的量来确定时间，又叫“铜壶滴漏”。

早期的漏刻有一个严重缺陷，由于水位高低不同导致的压力差，会出现“水位高时漏得快，水位低时漏得慢”的现象，这样计算的时间就会有较大误差。

到了东汉，科学家张衡改进了漏刻，将其设计成二级漏壶，即增加一个漏壶，让水的高度变小，流得更匀速，减小了时间计算的误差。

铜壶滴漏（广州博物馆藏）

漏壶发展到宋代，达到了一个高峰。宋代著名学者沈括是研究漏壶的高手。他担任司天监提举（相当于今国家天文台台长）时，花了十多年时间核验改良漏壶。他改良的漏壶，能使受水壶的水面保持相对恒定不变，提高了计时精度。

经过长期天文观察，他还发现一天并非都是相等的 24 小时，这是世界科学史上的创举。

沈括探索考验了十多年，撰成《熙宁晷漏》学术专著一部，可惜该书现已失传。

广州博物馆收藏的元代铜壶滴漏是我国现存最大、最完整的，铸造于元延祐三年（1316 年）十二月十六日，距今已 700 多年。

它由大小不等的 4 个壶组成，壶身饰铸云纹及北斗七星。

除日、月、星、箭四个铜壶之外，还特别有一个龟蛇合体的玄武形铜盖。玄武，又称真武大帝，为司水之神，在中国南方尤受崇拜。这体现了这件铜壶滴漏的地方特色。

这件铜壶滴漏本来放在广州城的拱北楼上作为报时仪器。1857 年拱北楼火灾，它被人拿走。1860 年，两广总督劳崇光悬赏购得。当时月壶略有损坏，其盖与日、星两盖都是后来补铸的。1864 年，拱北楼重建完成，它复归原址。1919 年广州拆城，这套漏壶从拱北楼移下，经长堤海珠公园、永汉公园（今人民公园）、废先锋庙、越秀山亭等处的数次搬迁之后，1936 年才被放置在镇海楼内。

古代还有种更简便的计时工具——燃香，所谓“一炷香的工夫”就是这么来的。

古代有专门用来计时的燃香，称为“更香”，“更”的原意即时间的刻度。更香用燃烧速度均匀的木料制成，有的更香上还嵌有金属珠，燃烧到固定时间时金属珠会掉落，用以提醒时间。

宋代时，这种更香随着宋代的商船远行海外，其准确程度让外国人叹为观止。李约瑟在《中国科学技术史》中评价更香说：“吾人从未见其有大差误，此发明可代自鸣钟。”

的确，在那个西洋钟表价值连城的年月里，更香的价格的确更亲民、更接地气。明朝时，一盘更香只需 3 文钱，可用一昼夜。

燃香计时是佛教传入我国后才有的。还有很多时间量词也与佛教有关。比如一弹指，合今天 7.2 秒；一瞬，合 0.36 秒；最快的是一念，合今天 0.018 秒。

明朝中叶后，西洋钟表作为礼物和商品进入中国。1601 年，意大利传教士利玛窦将自鸣钟送给万历皇帝，钟表进入中国古代宫廷。到了清朝，上层贵族和官方已经普遍使用钟表作为计时工具了。

日长春远独柴荆：古人的生火方式

古代没有打火机和火柴，那他们是如何生火的呢？下面就介绍几种古代的生火方式。

火的发明，对于人类有着重大的意义。

最初，我们的先民食生肉、饮生水，过着和动物一样的生活。

某一天，天雷震动，引发了森林大火，火中许多动物无法逃生被活活烧死。

大火后，先民看到烧死的动物，闻到了浓浓的肉香味，试着吃起来，觉得非常美味。他们认为，火是上天的恩赐，是神的象征。

阳燧

最早的生火方式是钻木取火，原始人就会用此方法生火了，一直到唐代还有人使用。杜甫的《清明诗》里就写道："旅雁上云归此塞，家人钻火用青枫。"说的就是乡下人采用钻木取火的方式生火。一个熟练掌握钻木取火方法的人，几分钟就可以钻出火来。

钻木取火比较麻烦，对材料的要求也比较高，必须有干燥的木头和引燃材料。后来，人们发明了钻木取火的升级版——火弓。就是在钻木取火的那个棒棒上加了个旋转弓，来回抽拉旋转弓，就能带动棒棒高速旋转，这样很快就可以生出火来。

古代还有一种利用聚焦太阳光生火的工具——阳燧；因为是金属制成的，所以也被称为金燧。这种金燧一般制作成碟子或者小杯子的形状，可以随身携带，非常方便。

阳燧可以看作是一个大凹面镜，能聚集太阳光到一点，引燃生火材料。

东汉王充的《论衡》中记载了端午节"铸阳燧"的礼仪习俗："阳燧取火于天，于五月丙午日中之时，消炼五石，铸以为器，摩励生光，仰以向日，则火来至，此取真火之道也。"

古人认为这种方式取得的火来自太阳，是与天地相通的，无比自然神圣。但阳燧取火受天气限制较大，赶上阴雨连绵，则是束手无策。

那么，古代有没有不受天气影响且便携快速的取火工具呢？

有的，那就是火石，而且在魏晋时就有了。

火石取火比较高级，一般用燧石或鹅卵石制成，将两块火石打击或摩擦，产生火星，从而引燃易燃的火绒。

火绒的材质有很多种，有的用艾绒，有的用被硝水泡过的纸或者涂有硫黄的木片，还有的用易燃的炭布。

清代火镰

火石也有升级版，叫作火镰。火镰本身是一个手掌大小的小皮包，侧方镶有一片镰刀形的钢条，称为火钢。

火镰里面装有火石和艾绒，点火的时候就用火石打击火钢，引燃艾绒取火，非常方便。

古代还有一种神奇的生火工具——火折子。

我们在电视剧里常看到这样的场景：在黑暗处需要点火照明时，人们就会掏出一个小竹筒，往里一吹气，竹筒里就会生出小火苗，看起来无比神奇。

这种生火工具就是“火折子”，其利用的是物理学上的复燃原理——已经燃烧的东西因为缺氧而处在一种半燃半灭的状态，当重新获得充足的氧气后又可以重新燃烧。

火折子的制作方法是：将易燃的草纸卷或加工过的藤蔓点燃后吹灭火焰，然后塞进小竹筒，再盖上盖子，造成竹筒内部的缺氧环境，但竹筒里面的火星实际还在缓慢燃烧。用的时候打开盖子，向里面吹气供氧，火星就会复燃。

虽然原理简单，但制作起来可是相当复杂的。古人将红薯蔓条在水中浸泡然后敲打，而后加入棉花、芦苇等再次浸泡敲打，晒干后加入硫黄、硝石、松香等易燃物，最后取出拧成绳子用纸包好即可。

由此可见，古人生火还是比较麻烦的，所以家里常年留着火种不熄；要是灭了，就只能向邻居家借火了。

20 世纪初，“洋火”——火柴从西方传入我国，上述生火工具便慢慢退出了人们的日常生活。

蜡炬成灰泪始干：古人的照明工具

古人最早的人工照明方式是篝火照明。原始人学会用火后，就在居住的山洞口点燃一堆篝火，不仅可以烤熟食物、驱赶野兽，也起到照明的作用。

进入农耕社会后，人类盖起了房屋，篝火也被搬进了屋内，演变成火塘。陕西半坡遗址中，很多房屋的中间都有火塘遗迹。

火塘，又叫“火坑”，也有的地方称“火铺”，是在房内用土铺成的一米见方的用来烧火的土地。以前，火塘里立有三块石头，以备烧火煮饭之用。后来，都改用铁三脚架。

火塘的燃料为木柴。主火塘里终年烟火缭绕，白天煮饭，晚上烤火取暖。

在许多少数民族中，如傣族、侗族等，火塘是生活中非常重要的一部分，每年都要进行火塘祭祀，祈求家人安泰。上万年的历史长河中，火塘不仅照亮了现实的世界，也形成了独特的火塘文化。

但火塘照明也有种种不便之处，比如无法实现多个房间照明，夏天用还特别热；另外，火塘还容易引起火灾，尤其是在房屋密集的城市。因此随着社会的发展，小巧灵便的照明工具出现了，这就是油灯和蜡烛。

油灯是通过燃烧油脂和灯芯来照明的灯具，早在商朝就出现了。1975 年出土的商代盂形陶灯，是目前可见的最早油灯。

古代最著名的油灯是汉代的长信宫灯，是鎏青铜制作的艺术灯，造型是一个双膝跪地的宫女，供皇室成员使用，被誉为“中华第一灯”。灯盘中心有插蜡烛的钎。最独特的是有防污染的环保设计：宫女膝下的水盘用来过滤灯烟中的尘埃和异味，从而达到减轻室内污染、避免熏黑墙壁和器物的作用。

长信宫灯

唐宋时期，价格低廉的陶瓷油灯开始普及，样式众多。

比如可调节亮度的“多管灯”，灯口有五个小细管，每个细管中都有一个灯芯，都通到油灯中央的储油区。使用者根据照明的需要，可以任意点燃一个或多个灯芯以调节亮度。

还有“计时灯”，油灯的内部器壁上刻有均匀的水平线，使用者可以通过查看灯油的燃烧量来估算可燃烧的时间。

古代的灯油有植物油脂和动物油脂两种，前者使用较多。

最上等的灯油是芝麻油，燃烧时无味且少烟，非常洁净。可芝麻灯油的价格较高，一般老百姓用不起。

民间最常用的是桐油，即油桐树果榨的油。但桐油燃烧时产生的黑烟较多，容易把室内物品熏黑。宋人庄绰在《鸡肋编》里就提到过桐油的这个弊端：“烟浓污物，画像之类尤畏之，沾衣不可洗，以冬瓜涤之乃可去。”

古代的动物灯油多用鱼油。在宋代海外地理著作《诸蕃志》中，提到了用“大鱼”油脂做灯油的事例。这大鱼有多大呢？记载说“身长十余丈”，换算到今天有二三十米长，推测应该是鲸鱼。

说完了油灯，咱们再来说说蜡烛。

东汉晚期的墓葬出土文物里出现了蜡台。汉代蜡烛短粗状，是黄蜡制作的，即蜂蜡，注定产量不高。据说土豪石崇家“用蜡烛作炊”，做饭烧的不是柴禾而是蜡烛，这也是炫富的一种手段！

古代的蜡烛分为黄蜡和白蜡两大类。黄蜡用蜜蜂的分泌物制作，颜色发黄；白蜡用白蜡虫的分泌物制作，颜色发白。白蜡的熔点较高，燃烧后的烛液不易下淋，品质胜于黄蜡，价格自然也更高。所以，古代用白蜡的多是有钱人家。

汉代蜡台

据元代的《庶斋老学丛谈》记载：“每夜提瓶沽油四五文，藏于青布褙袖中归，燃灯读书。”从中可以得知，元代人每晚的灯油费用需四五文钱，大约合今天的四五块钱。

相比之下，蜡烛就要昂贵得多了。根

据《宋会要辑稿》记载，官用蜡烛的价格是每条400文，差不多相当于今天的二四百元钱！民用蜡烛的价格稍微便宜一些，一支至少也要20文。

元宵节灯展在宋代很流行——“东风夜放花千树”“去年元月时，花市灯如昼”，花灯里点的大都是廉价的蜡烛。

宋人制作蜡烛的原料还有乌桕油脂、石油等，尤其是石油为原料制作的“石烛”，和今人石蜡制作的差不多。石烛的照明效果更好，而且一支能顶三支普通蜡烛，缺点是烟太浓。

古代蜡烛太贵，一般人家用不起。即便是相对便宜的灯油，古人使用时也非常节省，甚至还发明了一种“省油灯”。

这种省油灯的储油区外层有个空心夹层，夹层上方的小口可注入冷水，从而给灯油降温，以减缓灯油的消耗速度。

古人还有一个常见的省油的办法，就是不去挑灯芯，而是让灯油慢慢燃烧，因此还形成了一个歇后语：不拨灯不添油——省心（芯）。

《红楼梦》里黛玉曾送宝玉一盏玻璃绣球灯，“黛玉笑道：‘这个天点灯笼？’宝玉道：‘不相干，是明瓦的，不怕雨。’黛玉听说，回手向书架上把个玻璃绣球灯拿了下来，命点一支小蜡来，递与宝玉”。贾府里的这种灯具是富贵人家才有的，普通老百姓点个灯笼就足够了！

古装剧里常见到打更人巡夜时敲着梆子喊着：“天干物燥，小心火烛。”可见古时照明工具在使用的同时，要求人们的防火意识也得绷紧了弦。

夜寒与客烧干柴：古人的取暖方式

不管是过去还是现在，吃饭与取暖都是头等重要的生活大事。所以，形容贫穷得无法生存就叫“饥寒交迫”。

现代社会的取暖方式很多，但是在古代，人们怎样来熬过漫漫寒冬呢？

早在史前文明时代，北方人在建筑房屋时就很注意保暖。

半坡文明居住的半地穴式房屋，一半挖在地下，就是为了防风保暖。屋内地面中间还挖个坑，周边用泥土夯实，用来烧火取暖，称为“火塘”。

秦汉时期又出现了火墙，最早是在宫廷里用的，秦朝的咸阳宫遗址中就有火墙。火墙由炉膛、火墙体和烟囱三部分构成。热烟气在墙内流程长，则蓄热时间长，散热均匀。烟囱是火墙的排烟通道。火墙的炉灶可以做饭，热烟气则通过火墙体供暖。

据说在秦汉时，冬天可以调节室内温度的房间就已出现，时称“温调房”。

温调房内部设施如何，使用何种防寒保温材料，现已无从知晓，但从野史杂记上可以发现一些奥秘。《汉宫仪》中称：“皇后称椒房，以椒涂室，主温暖除恶气也。”可见当时花椒已被视为一种防寒保暖材料，捣碎和泥，制成墙壁保温层。

火墙的衍生品是火炕，这在东北地区特别流行。

相传，在春秋时期，最早的火炕原型就出现了。宋国一位名为柳的宦官，便是借此巴结上宋元公成为宠臣的。时值寒冬十二月，宋元公因为要为先王守丧，按照规矩“不得衣狐裘，坐熊席”，但实际上每次元公的席位总是暖和的。原来是柳预先用炭火将席位烤暖，待元公将至再将炭火去掉。

辽金之际，火炕技术发展到相当完善的程度，人们以土做炕床，一面连墙，一面有火门，炕内中空如盆。天冷时，开火门点火借以取暖；天热时，闭火门用以纳凉。

金人睡觉、饮食娱乐均在炕上进行，就连金主聚诸将共食，接见异国使臣大设国宴，也是在炕上用矮台子或木盘相接。

据《宋文鉴》记载，北方女真族“环屋为土床，炽火其下，而饮食起居其上，谓之炕，以取其暖”。

今天北方地区的一些农村还在使用火墙和火炕，尤其是东北，招待客人最温暖的方式就是招呼你进屋上炕，然后把炕烧得热乎乎的。“三十亩地一头牛，老婆孩子热炕头”，这就是东北人对幸福的理解。

以上说的是大型取暖设备，接下来再说说古人小型的取暖物件，主要是火盆、炉子一类，其中熏炉、手炉、足炉等，是中国古人冬天最常用的取暖器具。

清中期掐丝珐琅火盆

最常见的是火盆，就是在盆里烧炭火。有条件的富贵人家用精致点的金属火盆，没条件的平民人家就用泥盆。

因为火盆里要烧木炭或柴火取暖，所以薪炭或煤炭在古代是生活的必需品。那时候官员发俸禄，不光发钱发米，还要发薪炭。今天年薪、月薪中的“薪”，最初就是薪炭柴火的意思。

贵族之家用木炭取暖时，还会有许多讲究。唐玄宗李隆基的宰相、宠妃杨玉环的堂兄杨国忠家，冬天取暖用的炭便非同一般，系用蜂蜜将炭屑捏塑成双凤形，烧炉时用精贵的白檀木铺在炉底，一尘不染。

中国是世界上最早发现煤炭，并利用煤炭生火做饭、取暖的国家。古人称煤炭为“燃石”，传上古炎帝时已使用燃石。晋人王嘉在《拾遗记》（卷四）中记载，“及夜，燃石以继日光……昔炎帝始变生食，用此火也。”

古代皇室设有专门负责冬季供暖的机构，明代叫“惜薪司”，清代则称为“营造处”。

“营造处”内设“薪库”，专门负责储运宫中所用的木柴、煤炭的采购和发放。在烧炭供额上，严格按身份配给。乾隆年间，宫内按份例供应木炭的标准是：皇太后 120 斤，皇后 110 斤，皇贵妃 90 斤，贵妃 75 斤，公主 30 斤，皇子 20 斤，皇孙 10 斤。

火盆形制比较大，不方便移动，所以古人又发明了火盆的迷你版——手炉。顾名思义，就是可以捧在手上的炭炉。里面装着尚有余温的炭灰，走到哪里都可以拿着取暖。

明清时期是手炉最为风靡的时代。明清时的手炉工艺也达到了鼎盛，好的手炉本身也是一件精美的工艺品。那时，大户人家使用手炉时还会在里面放些香料或药材，这样不光能取暖，还能当香薰用。

薰炉其实是一种外带罩子的炭火盆，分为上下两部分，下部为盆，上部为罩，镂空，做成花卉图案。宫里使用的一般为铜质，做工精致；民间多用陶土、铁制作。

足炉要比手炉大一些，是用锡或铜制成的一种扁瓶子，里面灌热水，主要用来焐脚，既可随身携带，也能放入被窝中。

其实，这种取暖物件在宋代便已出现，名曰“汤婆子”。一直到现代，还有地方在使用。

汤婆子一般是金属或陶瓷材质的，形状类似一个没有壶嘴的大水壶，里面加满热水，外面再套上布套，睡觉时就能放进被窝取暖。“汤”就是热水的意思，而“婆子”则是戏指其有陪伴人睡觉的作用。

苏轼曾给一位叫杨君素的老人家寄去一只暖脚铜缶，并写信告诉他使用方法：“某去乡二十一年，里中尊宿，零落殆尽，惟公龟鹤不老，松柏益茂，此大庆也。无以表意，辄送暖脚铜缶一枚。每夜热汤注满，密塞其口，仍以布单裹之，可以达旦不冷也。道气想不假此，聊致区区之意而已。”

苏轼的这个暖脚铜缶，跟我们今天用的暖水宝是差不多的，装入热水，拧紧盖子，夜里放进被窝里，可以暖脚。因此，宋人又戏谑地将它称为“脚婆”“汤婆子”。

与上述相比，下面的一些达官贵人的取暖方式真可以称得上是空前绝后了。

岐王，也就是唐玄宗的弟弟李范，杜甫《江南逢李龟年》里的那句“岐王宅里寻常见”说的就是他。冬天，岐王手冷的时候不是“近火”，而是“惟于妙妓怀中揣其肌肤”，也就是把手放在妙龄女郎的怀中为其“暖手”。

同是唐玄宗弟弟的申王，每到冬日有风雪苦寒的时候，就让宫女们密密地围坐在他的周围来抵御寒气，并称之曰“妓围”。

汤婆子

与申王的“妓围”有得一拼的是杨国忠，也就是杨贵妃的哥哥。每到冬天，杨国忠出行的时候，就从婢妾里选取身形肥大者，排成一排走在他前面，为他遮风，称为“肉阵”。

小雨轻风消晚暑：古人的降暑方式

虽然说如今全球气候变暖，但古代夏天也并不比我们今天凉快。

《浮山县志》就记载过乾隆八年（1743年）的极端高温天气："夏五月大热，道路行人多有毙者，京师更甚，浮人在京贸易者亦有热毙者。"

气象学家分析，当时的温度至少达到了40℃以上！

那在没有空调的古代，这么热的夏天，古人是如何防暑降温的呢？

最简便的方法当然就是摇扇子，这个方法非常普及，上到达官贵人下到贩夫走卒，几乎人人可用。

中国传统的扇文化起源于远古时代。我们的祖先在烈日炎炎的夏季，随手猎取植物叶或禽羽，进行简单加工，用来挡住太阳并产生风，故扇子有"障日"之称，这便是扇子的初源。

扇子最早称"翣"，在中国已有两千多年的可载历史。它起初不是用来纳凉的，而是一种礼仪工具。

渐渐地，扇从地位和权力的象征转变成为纳凉、娱乐、欣赏等生活用品和工艺品。

扇子的种类包括羽毛扇、蒲扇、雉扇、团扇、折扇、绢宫扇、泥金扇、黑纸扇、檀香扇等。

最实用的乘凉扇是蒲扇，由蒲葵的叶、柄制成，质轻，价廉，是中国应用最为普及的扇子，亦称"葵扇"。

蒲扇

古代还有一种降温设备，叫人工风扇。

这人工风扇并不是找两三个丫鬟给你用扇子扇风，那点儿风力太小了！古时候的大户人家厅堂上方会安装拉拽式风扇，一大片扇叶差不多有门板那么大，由丫鬟拽根绳子拉动扇叶给厅堂送风。

此外，还有手摇式的风扇，类似手摇鼓风机。

据说古时候还有“空调风扇”。使用风扇的时候，把风扇放在水池后面，或者在风扇前摆两盆冰块，这样送出来的风就是凉的，这种风扇已经具备了空调的功能。

还有的人会在风扇前摆很多盆鲜花，这样吹出来的风都是香的。

有钱的人家喜欢夏天夜里睡瓷枕。瓷枕面为釉面，性凉，适合夏季使用。

人们还会在床边挂上茉莉、珠兰等香花，夜晚沁人心脾，有益于促进睡眠。

古代人们每年冬天还会用冰窖存储冰块，到了第二年夏天，便从冰窖里把冰块取出来，摆在客厅里，就成了“冰柜”。冰块不断地融化，散发着凉气，其制冷效果丝毫不逊于今天的空调。

另外，古代大宅院的客厅，都会有一种“空调”系统——空调井。在厅堂里挖一口深井，一直连通地下水，然后在地面留一个送风口。这样，井下凉风就会源源不断送进厅堂，达到降温效果。

最豪华的当属降温亭——将水引到屋顶，制造人工瀑布，以达到降温效果。

除了降温设备，还有降温饮食，比如吃冷饮、冰镇水果或饮料。

那古人用什么进行冰镇呢?

其实，早在先秦时代就有人工冰箱了，叫作“冰鉴”。其原理很简单：制作一个有夹层的容器，在夹层里放入冰块，然后在容器内放入食物或饮料进行冰镇，成为冷饮。

古人取得冰块通常的方式不是制冰法，而是存冰法。冬天自然结冰时将冰块储存到地窖里，然后等到夏天时取出使用。

铜冰鉴（湖北省随州市曾侯乙墓出土）

这储存的冰块都取自城市里的天然河湖，比如北京的北海、积水潭、太平湖，还有济南的大明湖，都是过去重要的取冰处。

寒冬时节，湖面结冰，待到冰面上能走人了，就开始进行切冰作业。把冰切成一米见方的冰块，运送到地窖里保存。保存时还要在上面盖上厚厚的稻草保温，这样就能挺到夏天而不融化。

古代大城市内都建有很多的冰窖。清朝时，北京城内的官方冰窖就有 4 处 18 座，由工部统一管理，存冰量在 20 万块以上。今天北京的冰窖胡同，就因清朝时这里设置的冰窖而得名。类似的还有西安的冰窖巷。

古代的人还热衷于冷饮。汉朝时已经有了蜜酒，味道和现在的雪碧很相似。诗圣杜甫诗云："青青高槐叶，采掇付中厨。……经齿冷于雪，劝人投此珠。"描写了有名的冷饮"槐叶冷淘"。它和宋代流行的"甘菊冷淘"一样，都是用米、面先做成稀薄粥汤，再加入作为香料的槐、菊叶，用清凉井水降温而成。

宋朝时人们已经开始吃起了各种各样的冰激凌。都城开封就有种叫"冰团冷元子"的冷饮很是畅销，其做法类似今天"鲜芋仙"等甜品店中的芋圆。

据宋代孟元老《东京梦华录》中所载，北宋时汴梁已有"细索凉粉"，其制作方法是：将绿豆粉泡好搅成糊状，水烧至将开，加入白矾并倒入已备好的绿豆糊，放凉即成白色透明的水晶状。

到了元朝，蒙古贵族喜欢在冷饮里加入奶制品，称为"奶冰"。

到清朝的时候，已经有人在街上卖冰棍了。

古代冷饮种类繁多，每个夏天，夜市冷饮店都会卖出几十种果汁类冷饮，通常都是卖到半夜三更才结束。

由此可见，古代虽然没有空调，但却有很多亲近自然的避暑良方。有些避暑方式，传承几千年，至今人们仍在使用。

飞蚊伺暗声如雷：古人的驱蚊方式

蚊子已经在地球上存活了一亿多年，它才是地球村居民的超级别长辈！不仅古老，它的家族还异常庞大，约有 38 属 3500 多种。

作为一种在草丛中潜伏、在野水里产卵、在人畜身上进食的生物，真可以说是靠山吃山、靠水吃水、靠人“吃人”了！

蚊子不只是“迷你轰炸机”“吸血狂魔”，它还是“致命杀手”！蚊子会传播多种病毒和疾病，包括疟疾、寨卡病毒、登革热、乙型脑炎和黄热病、丝虫病、基孔肯雅热等，是人类最致命的动物杀手之一。

两千多年前的《庄子·天运篇》里就记载“蚊虻噆肤，则通昔不寐矣”，表达了对蚊子的痛恨。

唐代诗人刘禹锡忍耐不住蚊子骚扰、叮咬之苦，愤然写下《聚蚊谣》：

沉沉夏夜兰堂开，飞蚊伺暗声如雷。
嘈然欻起初骇听，殷殷若自南山来。
喧腾鼓舞喜昏黑，昧者不分听者惑。
露花滴沥月上天，利嘴迎人著不得。
我躯七尺尔如芒，我孤尔众能我伤。
天生有时不可遏，为尔设幄潜匡床。
清商一来秋日晓，羞尔微形饲丹鸟。

控诉蚊子罪行的，还有北宋大文豪欧阳修。他的《憎蚊》长诗洋洋洒洒400余字，历数蚊子种种恶迹、滔滔罪行以及诱蚊捕蚊之法：

扰扰万类殊，可憎非一族。
甚哉蚊之微，岂足污简牍。
乾坤量广大，善恶皆含育。
荒茫三五前，民物交相黩。
禹鼎象神奸，蛟龙远潜伏。
周公驱猛兽，人始居川陆。
尔来千百年，天地得清肃。
大患已云除，细微遗不录。
……

驺虞凤凰麟，千载不一瞩。

思之不可见，恶者无由逐。

面对小小蚊子逞凶狂，人们却无可奈何，被弄得哭笑不得。

元曲里多有写被蚊子叮咬之后的调侃，下面这首《南正宫·玉芙蓉》写得太形象了：

方值暑气大，便乘炎焰下，杀腾腾遍地轰炸。

嚣张不惧人来骂，厚颜无耻入千家。

刚说罢，哎呀冤家，眼见的胳膊上咬了朵腊梅花！

每当夏天来临，便要与小小的蚊子斗智斗勇，成为人们生活中时刻需要注意的大事。

蚊子叮咬让人烦不胜烦，关键它体形小无孔不入，让人更是对这蚊子恨之入骨。

现在我们有各种蚊香、电蚊拍、灭蚊灯之类的器具，那古人夏天是如何防蚊、灭蚊的呢？

烟熏法是古人最常用的驱蚊办法。蚊子怕烟熏，还惧怕一些特殊的味道。古人发现蚊子的这一习性后，就用烟熏驱蚊。

古人发现，燃烧艾草、蒿草的驱蚊效果不错，而且烟雾不多，味道不呛人。于是，艾草、蒿草就成为古人驱蚊的常用材料，还被制作成最早的驱蚊工具“火绳”。人们将结过籽儿的艾草和蒿草采集回家，把它像编麻花辫一样编起来，然后晒干，次年夏天的时候拿出来燃烧以驱逐蚊子。

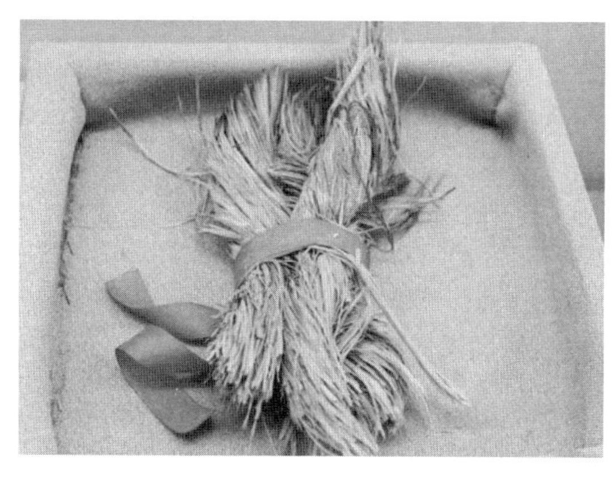

汉代火绳（甘肃嘉峪关长城博物馆收藏）

至少到了宋朝，古人已经在火绳的基础上制作出了蚊香。

宋代《格物粗谈》记载:“端午时，收贮浮萍，阴干，加雄黄，作纸缠香，烧之，能祛蚊虫。”

从这段记载中我们可以看出，古代“蚊香”里有雄黄的成分。雄黄是硫化砷矿石，也是古代用途很广的杀虫剂。

另外，书中还提到了古人在端午时节采集材料制作蚊香，这很有可能与古代端午采集艾草的习俗有关。

苏轼就曾记载过自己在夏天时被蚊子烦扰，用扇子驱赶也没有什么用，最后点了艾香，方能入睡。

蚊香工艺在清代的时候得到了进一步的提高。据说欧洲的昆虫学家和化学家就是通过清朝传过去的蚊香工艺，发明了现在简单方便的蚊香。

除了蚊香，古人还用香囊驱蚊。

香囊的制作方法很简单，首先需要在香囊中装入多种具有驱除蚊子作用的中药，其次这些药材还要味道好闻。

香囊中比较常见的药材包括藿香、薄荷、八角、茴香，这些味道浓烈到能让蚊子头疼的药材，相当于我们带了一个风油精、花露水香包。

香囊在明清时期很是流行，除了有香水的功效，还有驱蚊的效果，因此也成为古代文人雅士和贵族公子的驱蚊最爱。

香囊也属于一种风雅装饰物，是当时的时尚单品，其价格也很实惠。

香囊

此外，古人还有许多种奇葩的灭蚊法。

有的人在家中大缸内注水养青蛙。蚊子喜阴凉，又需要在水中产卵，所以爱往缸里飞，一飞进去就会被青蛙吃掉。

蚊子喜欢灯火光亮，喜欢聚集在灯光的旁边，清代的时候便出现了制作精巧的铜质吸蚊灯。这种灭蚊灯是在锥形的灯上开一个喇叭形的孔，点

古代灭蚊灯

燃灯捻后气流会从喇叭孔快速吸入，蚊虫会被这股热浪吸住而进入灯内造成死亡。

除此之外，也可以在家里种一点花花草草用来防蚊，如食虫草、猪笼草、藿香、薰衣草、夜来香等，不仅可以防止蚊子骚扰，还可以净化空气、美化环境、赏心悦目，也是一个不错的选择。

除了驱蚊法，古人还有避蚊法。惹不起还躲不起吗？那就把蚊子挡在外面！挡蚊子最常用的工具就是蚊帐了。

蚊帐的历史源远流长，古代称之为帱。南朝梁元帝撰写的《金楼子》记载：春秋时期的齐桓公经常在“翠纱之帱”里避蚊。这里的“翠纱之帱”就是今天的蚊帐。

唐宋以后蚊帐进一步普及。北宋张耒《离楚夜泊高丽馆寄杨克一甥四首》诗称：“备饥朝煮饭，驱蚊夜张帱。”可以看出，蚊帐已是当时居家必备之物。

挂蚊帐的历史一直延续到今天，现在仍然是很多家庭的防蚊首选。

除此之外，人们还用吃大蒜驱蚊。吃了大蒜之后，人体就会分泌出一种气味，蚊子就会躲得远远的。吃大蒜前建议将其切为薄片，搁置十五分钟效果极佳，亦可以把大蒜放在窗口门口，阻止蚊子进入房间。

可以说，古人与蚊子的抗争贯穿了整个历史，至今仍是令人头痛的大问题。

疾行百步饭三餐：从一日两餐到三餐

在现代，对于我们绝大多数“干饭人”来说，一天三顿饭早就成了标配，缺一顿不吃就饿得不行。

其实在宋代以前，人们的进食还没有这么“奢侈”，饮食习惯是一天两顿饭居多。

在宋朝之前，虽然皇帝、贵族可以吃三四顿饭，但老百姓是固定一天两顿的。

根据朱熹在《论语集注》中记载的“朝曰饔，夕曰飧”可知，古人每天的第一顿早餐被称为“饔”，而第二顿饭则是“飧”。

这两顿饭，一般都是指的早午两餐，只不过午餐的时间要比咱们现在晚一些。因此还有了成语“饔飧不继”，意指吃了上顿没下顿，形容生活十分穷困。

在原始社会，人们靠采集和狩猎获得食物，食物来源很不稳定，一天吃几顿饭也不固定。食物丰富的时候，可能一天吃好几顿；食物匮乏的时候，可能一天也吃不上一顿饭。

进入农耕社会后，人们的食物来源相对稳定了，开始有了规律的餐制。但早期的餐制并不是一日三餐，而是一日两餐。在甲骨文中就记载了商朝时的一日两餐制。

那时候人们将一昼夜分为八个时段，依次是旦、大食、大采、中日、昃、小食、小采、夕。这八个时间段并不是将一昼夜二十四小时平均分割，而是根据人们的作息活动将一昼夜划分成八个长短不一的时间段，每一个时间段的名称则表示这个时间段的主要作息活动。

比如说，“夕”是时间最长的，整个夜晚都叫夕，就是人们睡觉的时间段；“旦”就是早晨起床的时间，大约是早上 5 点到 7 点的黎明时分。

这八个时段中的“大食”和“小食”对应的就是吃饭的时间段。学者分析，大食的时间应该是上午 8 点，小食的时间应该是下午 4 点。也就是说，在商朝的时候，古人是一日两餐，上午一餐，下午一餐。

至少从西周开始，中国人又将一昼夜二十四小时平均划分为十二个时段，是为“十二时辰计时法”。

这十二个时辰中，有两个叫“食时”和“晡时”的时辰，就是古人一日两餐的时间，分别是上午的 7 点到 9 点和下午的 3 点到 5 点，也就是“辰时”和“申时”。

一日两餐，除了食物不太充足的原因外，还有一个因素也是不能忽视的。

自封建社会初始，我国历史上便有着“农业立国”的理念。在以小农经济为主体的经济发展常态中，大多农民都是顺应大自然的“日出而作，日入而息”，天亮了就干活，天黑了就早早睡觉。此外，古时候娱乐休闲项目少，且不是人人都能玩得起的，所以很多“夜猫子”也只能被迫进入梦乡。睡得早，活动量不大，自然也就能省掉晚上的那一顿饭了。

先秦时期形成的一日两餐的传统，到唐朝时发生了变化。

唐朝时，在上、下午两餐的中间，多了一顿点心。也许是因为唐朝时人们白天活动的时间较之前延长了，两顿饭中间隔得太久容易饿，所以就在中午加了顿点心，这就是午饭的雏形。

今天南方一些地区，仍然管吃午饭叫“吃点心”，这种说法可能就是延续了古人的叫法。

但唐朝的午餐多存在于士人和富裕阶层，普通民众依旧是一日两餐。

到了宋朝，商品经济活跃，城市空前繁荣，人们的生活节奏也加快了，吃午餐就更必要了。

顾闳中《韩熙载夜宴图》（局部）

宋朝时水稻产量已经跃居粮食作物的第一位，“白米饭”也已进入寻常百姓家，饥寒问题解决了一大半。

此外，都市商业的发展，也改变了人们原来的生活习惯。

“夜市千灯照碧云，高楼红袖客纷纷。如今不似时平日，犹自笙歌彻晓闻。”在王建的这首《夜看扬州市》中，可以大体看到夜市的热闹与繁华。

因为“夜市”的出现，再加上宋朝也没有了宵禁，人们晚上也可以自由出行逛街游玩。活动量变大了，累了、饿了就在“市”上买点东西吃。渐渐地，第三顿饭也成了生活的常态。

宋代夜市发达，晚上还可以吃夜宵。所以，宋代可能还有一日四餐的情况，但这属于城市中的特殊情况。在宋代，一天吃多顿饭仍是财富和社会地位的象征。

宋朝开始出现的“一日三餐”，其实是老百姓生活质量得以提升的一大表现，从侧面也反映了整个大宋经济发展的繁盛景象。

除了粮食产量的与日俱增，朝廷政策的大力扶持，还有大量中原人口南迁，带来了大量劳动力、先进技术和生产经验，多种因素综合在一起，助推了“一日三餐”这一生活习惯的转变。

这不是一个偶然出现的现象，而是随着经济逐渐繁荣出现的历史的必然。

到明朝时，江南地区基本普及了一日三餐。

到了清朝，汉族人基本上都是一日三餐了。

但是，作为统治者的满族人，仍然保留着一日两餐的传统。

康熙皇帝就曾在给大臣的朱批中写道：“尔汉人一日三餐，夜又饮酒。朕一日两餐。当年出师塞外，日食一餐。”

从中可以看出，古人的一日几餐还涉及不同民族的习惯问题。

清晨满面落花香：古人的洗脸用品

宋代诗人杨万里曾写了一首《洗面绝句》：

浙山两岸送归艎，新捣春蓝浅染苍。
自汲江波供盥漱，清晨满面落花香。

诗中描述了古人采集花草净面的情景。

“世人莫笑老蛇皮，已化龙鳞衣锦归。”这是宋朝千古名相王安石寄语舅父的自嘲诗。

王安石才志高洁，然而也邋遢得出了名。一次，家人看他面色发黑，以为他生了病，便请来郎中诊病。郎中望闻问切一番，没发现有什么问题。再仔细检查才发现，原来是王安石脸上的泥灰太厚。

也许你就此会以为，这是古人没有洗脸洁面的习惯与意识，其实根本不是这么回事。

今人常常会用洁面乳洗脸，毕竟脸面对于我们实在太重要了。可能有人担心穿越回古代会没有洁面乳用，耽误自己“容光焕发”。

其实这个担心大可不必，因为古代也有专门的洁面用品。

在条件有限的古代，古人对洗脸的事也不马虎，手巾、面盆、香皂不但一样也不少，历朝历代还会花样翻新。

其实古人洗面的用物，既多样又高级。

淘米水在古代可谓是万能的，不光能用来洗头发，还可用来洁面。

《礼记·内则》说：每三天要洗一次头发；如果脸脏了，就用淘米水洗洗。

淘米水呈弱碱性，可以祛除脸上酸性的污垢，还可以吸除面部多余的油脂。

淘米水洗脸还有一定的美白功效，其富含的维生素 B 和淀粉能在脸上形成遮盖效果，有短暂性的美白作用。直到今天，仍然有女性用这种古法洗脸。

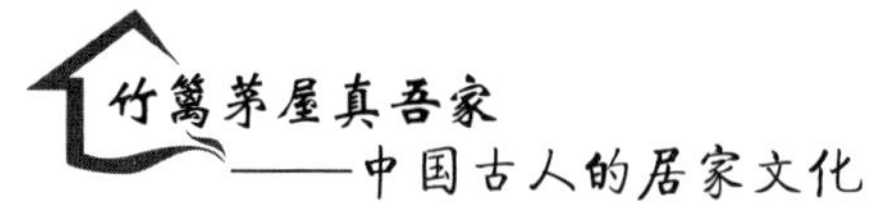

除了淘米水，人们还常用草木灰和贝壳灰来清洁。

草木灰，顾名思义，就是草木植物燃烧后的灰烬。贝壳灰，也就是贝壳燃烧后的灰烬。

草木灰中含有很多矿物质元素，其中的碳酸钾能去除油垢。草木灰和贝壳灰混在一起，能产生碱性物质氢氧化钠，不仅能净面，还可以用来洗衣服。

史书记载，武则天就很喜欢用益母草制成的“灰汁”来洗脸。她还将益母草粉末制成胭脂，每日涂在脸上，医书称之为“则天大圣皇后炼益母草留颜方”。

魏晋南北朝时期，古人又发现了一种神奇的东西可以用来清洁——皂角。

皂角是皂角树的果实，扁状，是制造肥皂的好材料。

皂角里面含有皂荚素，正是这种物质能使皂角产生泡沫，去除污垢。

皂角不仅可以用来洗脸、洗头，还可以洗衣服。到了现代，皂荚粉还可以用来煮洗金属去污，还可以用来制造农药，减少虫害。

但要说古人最常用的洁面用品是什么，答案竟然是猪胰脏。

南北朝贾思勰的《齐民要术》中就记载了猪胰脏的去污功效，距今已有近1500年的历史。

唐代“药圣”孙思邈在《千金要方》和《千金翼方》中均有对这种“猪胰子皂”的相关记载。

猪胰脏里面含有多种消化酶，能去除油污。

猪胰脏也不是直接拿来用，先要经过加工，去掉外面的油脂，剔除里面的筋络。然后磨成糊状，加入豆粉搅拌均匀，最后风干成块状或者球状的“澡豆”。

猪胰中的消化酶和豆粉中的卵磷脂有效融合，可以有效去除污垢。

古人为了增加澡豆的美白和增香效果，还在澡豆中加入各种配料，如甘松、丁香、麝香、白芷、冰片、皂角、阿胶、糯米等。

唐代“药圣”孙思邈亲自为澡豆代言,在《千金要方》中称其“治面黑不净，一百日其面如玉，光净润泽，臭气粉滓皆除”。

有些加入特殊配方的澡豆，还具有去除痤疮的功效，看来古人也饱受青春痘的困扰。

澡豆是伴随着佛教在我国的流行而普及的，至唐宋时才在民间普及。

宋朝人在澡豆的基础上，又制成了肥皂团，形状开始类似我们今天所使用的肥皂了。南宋的都城临安，有专门经营肥皂团生意的人，可见其当时的流行程度。

明代万历年间的金皂盒和皂球

明清两朝，这种澡豆型的肥皂团继续流行，由于是用猪胰脏制成，民间俗称为“胰子”。清朝末年，仅北京一地就有 70 多家胰子店，产品远销海内外。

古代也有不用猪胰脏制作的香皂。

早在宋代，杨士瀛所著《仁斋直指》中有十分具体的制作香皂的方法：用鸡蛋清、豆粉、蜂蜜、上细铅粉等原料，把肥皂荚中的果肉与白芷、白附子、白僵蚕、白芨、白蒺藜、白蔹、草乌、山楂、甘松、白丁香、大黄、藁本、鹤白、杏仁、蜜陀僧、樟脑、孩儿茶等多种草药和香料调和到一起，形成凝团。如此复杂烦琐的配方调制出的香皂不仅可以洗净面部油污，还有清热凉血、活血生肌、芳香开窍的功效；同时还可以滋养皮肤，祛除色斑，是不可多得的美容和护肤佳品。

梅子留酸软齿牙：古人的刷牙用品

汲井漱寒齿，清心拂尘服。
闲持贝叶书，步出东斋读。
真源了无取，妄迹世所逐。
遗言冀可冥，缮性何由熟。
道人庭宇静，苔色连深竹。
日出雾露余，青松如膏沐。

澹然离言说，悟悦心自足。

唐代著名文学家柳宗元当时被贬到永州，住在永州龙兴寺，写下了这首《晨诣超师院读禅经》。诗中柳宗元身处禅院，远离世间烦扰，读禅参禅悦然自足。其中开篇“汲井漱寒齿，清心拂尘服”，言诗人晨起汲来井水漱口，井水凛冽清凉，虽齿寒却抖擞精神，得以清心悦然读禅。

晨起漱口的柳宗元，值得表扬，然而只漱口不刷牙却不是什么好习惯。

而“诗王”白居易则更不及柳宗元，其《辰兴》诗中云：“起坐兀无思，叩齿二十六。”白居易仅以叩齿代替了刷牙，以至于在《浩歌行》中哀叹道：“鬓发苍浪牙齿疏，不觉身年四十七。”可怜他 47 岁就牙齿稀落，自觉迟暮。

可见，养成早晚刷牙、饭后漱口的好习惯多么重要。

有人也许会问：古代又没有牙膏、牙刷，那怎么刷牙呢？其实这种担忧大可不必，古人自有他们的方法。

中国人自古就重视牙齿的整洁与美观。《诗经·卫风·硕人》中形容美女牙齿“齿如瓠犀”，就是说牙齿如同葫芦子一样整齐洁白。

那时人们清洁牙齿的方式不是“刷”牙，而是“漱”牙。《礼记·内则》中就记载：“鸡初鸣，咸盥漱。”意思就是公鸡打鸣，天要亮了，要洗脸漱口开始新的一天了。

应该说，古人们清理口腔时，起先并不是“刷”，而是“漱”。漱口一直是古人最主要的牙齿清洁方式，一直沿用到近代。

古人用的漱口水也是五花八门。

敦煌壁画中的揩齿图

最常用的是盐水，不光用盐漱口，还能用盐擦牙。《红楼梦》里贾宝玉就有每天清晨用盐擦牙的习惯。盐的确有杀菌消炎的作用，还能在一定程度上预防牙周疾病和牙龈出血。

此外，古人还有用茶水、酒

和明矾水漱口的。据说明矾水能有效预防口疮，现代社会确实也有将明矾水加橄榄用于漱口的，可以去除口臭。

从隋唐开始，中国才正式有了“刷牙”的现象。但那时候的刷牙方式与我们现代人的使用方式略有不同，据传这种方式是从古印度的佛教中流传开来的。

那时候的刷牙方式，用的是“揩齿法”。这种“揩齿法”源于古印度，和佛教有关。

相传，当年释迦牟尼在菩提树下布教，围绕在周围的弟子们口臭相当严重，于是释迦牟尼便教弟子们如何用树枝制造刷牙工具。后来，随着佛教传入中国，“揩齿法”也传到了中国。

唐朝医书《外台秘要》中具体记载了这种揩齿法：“每朝杨柳枝咬头软，点取药揩齿，香而光洁。”意思是说将杨柳枝的一头用牙齿咬软了，再蘸上少许药粉，用来刷牙。

这种刷牙方法也被称为“杨柳枝揩齿法”，所用的杨柳枝又叫作“齿木”。这是中国最早的刷牙用具，可谓那个时代的“牙刷”。

如果实在没有杨柳枝时，用其他的树枝代替也可以。如果身边实在没有树枝，用手指直接刷也可以。敦煌石窟第196窟有一幅晚唐壁画《劳度叉斗圣变》，其中就能看到用手指揩齿的画面。

到了宋朝，中国终于出现了真正的牙刷，叫作“刷牙子”。宋人周守中在《养生类纂》中记载：“盖刷牙子皆是马尾为之。”其形状与现代牙刷类似，只不过牙刷上的刷子毛是用马尾巴制作成的。但是宋朝的马匹稀缺，马尾就少，所以当时市面上的牙刷并不一定是用马尾做成的，也很可以用猪毛。

南宋遗老周密在《梦粱录》里回忆道：“狮子巷口有凌家刷牙铺，金子巷口有傅官人刷牙铺。”说明南宋时期杭州已经有人专门开店卖牙刷了，看来刷牙在南宋已经比较普遍。

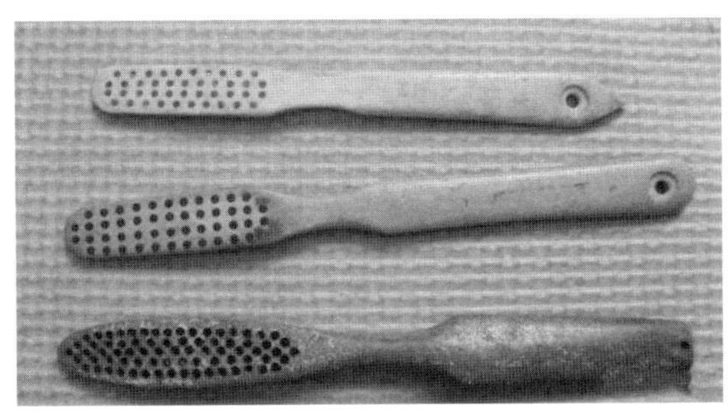

古代牙刷

古人刷牙时也不是干刷，而是配上特质的清洁剂。这种清洁剂有膏和粉两种，其主要成分包含皂角、生姜、地黄、旱莲、升麻等多种中草药，可能会再放一些盐。

宋朝时，还发明了一种牙刷和牙膏的结合品，叫“牙香筹”。用香料和药材制成固体清洁剂，固定在牙刷上，用牙香筹反复清洁牙齿，然后再漱口。这种牙香筹可反复使用多次，而且携带方便，是古代人旅途必备之佳品。

后来中国的牙刷传到了欧洲国家，受到了贵族的欢迎，而平民因为其价格昂贵根本无法使用。直到 19 世纪 30 年代，用尼龙做毛的牙刷诞生后，才大大降低了牙刷的制作成本，牙刷也才真正地进入寻常百姓家。

居士本来应无垢：古人的沐浴用品

中华民族是礼仪之邦，自古就非常注重仪容仪表，身体清洁去味更是重中之重。古人将其视为君子德行修为之一，是对他人的一种礼节尊重。

中国古人是非常重视自我清洁的，国家专门给官员设置“休沐假”，民间也有上巳节等以沐浴为主题的节日，沐浴已深入生活的方方面面。

但是有人会问：没有香皂、没有沐浴露、没有浴缸、没有二十四小时热水的家，古人到底拿什么沐浴呢？

在远古时代，人们只能到江河湖海等天然环境中清洗。在清洗过程中，发现如果身上粘有泥巴，清洗起来会更加洁净，于是人们尝试在沐浴的时候用泥巴擦拭身体，果然有更强去污能力。如果手上粘有油脂，用泥土揉搓再用水清洗，很容易就洗掉了，于是泥土就成为中国祖先们最早的清洁剂。

小儿沐浴图

进入文明时代，人们需要举办各种祭祀活动。在活动中人们会将焚烧祭品的草木灰涂在脸上头发上祈求上天保佑，回家清洗的时候，人们发现涂抹灰烬的地方清洗起来更加的干净，大家都说这是上天的恩赐。

时间长了，人们发现了灰烬的秘密。原来用草木燃烧的灰烬比泥巴更加的细腻，也适合洗脸部头部等细嫩的部位，于是，用草木灰沐浴逐渐流传开来，成为最早的人工清洁剂。

到了汉朝时，草木灰被称为冬灰。直到南宋时期，还有江南姑娘用草木灰沐浴、洗发的记载。

随着时代的发展，相继出现了前文洗脸文中的淘米水、澡豆、肥皂等沐浴用品。

澡豆的出现，逐渐成为贵族士大夫阶层男男女女不可或缺的生活用品，使用非常广泛。到了唐代，可以说进入了鼎盛阶段。

据《太平御览》记载，每年腊日（农历十二月初八），宫里都会赐给大臣及其家人澡豆及头膏面脂口脂等宫造用品。

天宝九年（750年），杜甫因为写了《大礼赋》这篇用于皇家的盛典祭祀的文章，而得到玄宗的赏识。

这年的腊月，杜甫进入朝堂，晚上吃了酒，领了一套斛珠夫人的宫造“化妆品”开心地回家了，还作了一首《腊日》：

腊日常年暖尚遥，今年腊日冻全消。
侵陵雪色还萱草，漏泄春光有柳条。
纵酒欲谋良夜醉，还家初散紫宸朝。
口脂面药随恩泽，翠管银罂下九霄。

所谓面药就是脸上所要用的脸霜。

这些澡豆头膏、面药口脂等宫造用品，后来不再是皇家独占，达官贵人和士族们也用上了。

下面再来说一说洗浴场所与相关用品。

甲骨文中的“浴”，形似一个人站在大盆里，身上还有水滴，这说明商朝时候的洗浴是一个人在浴盆里泡澡。

从春秋时起人们就开始“浴兰汤兮沐芳”，用兰草等芳香植物煮水净身，士人则用淘米水濯面去垢。

汉朝公务员甚至有专门洗澡、洗头发的假期，五天一休，称为“休沐”。条件好的人家会有专门的浴室，洗澡时有奴婢伺候。

迄今为止，我们能看到的最早的家庭浴室形象，是扬州西汉广陵王刘胥陵寝中的浴室。浴室内有双耳铜壶、铜浴盆、擦背用的浮石、木屐、铜灯、圆漆浴凳等全套洗浴设施。其中的双耳壶应是奴婢为其主人进行人工淋浴时使用。

史上最著名的私人浴池莫过于唐玄宗和杨贵妃用的华清池了，还被写进了白居易的《长恨歌》。

古人洗澡时，会在洗澡水中加入鲜花或中草药物以治疗疾病，称为“香汤”。在古汉语中，汤是热水的意思，洗澡水也称汤。

按照《宋史》记载，宋代的贵族或者富豪之家基本上会在自己的家里面设立一个沐浴场所。这些沐浴场所也分不同的等级，特别厉害的贵族会在家里面的不同人之间区分使用，也就是说大家有单独的沐浴场所。伺候的人、沐浴的香料，还有各种各样定时采摘的花瓣，那可都是特定的。

据说，当时宋朝的贵族都必须要讲究沐浴、更衣、焚香，以此来表示自己每一天的庄重和节奏感。

还有一些历史记载，宋朝的官员在去上班的时候都需要沐浴更衣，要好好地享受一番；而劳累回来也想要躺在其中，默默地享受，化解疲劳。

除了皇家浴池，唐朝还出现了民间公共浴室，称为“混堂”，人们已经开始实行共浴了。

古代私人洗浴场所

到了宋朝，由于市民阶层的崛起，城市里的公共浴室如雨后春笋般崛起。

宋代的公共浴室情况非常发达，遍布开封城内外。浴室实行男女分浴，除了提供沐浴外，还提供揩背、修剪指甲、按摩等服务，还提供茶水、酒类及果品等，服务跟现在的洗浴中心相比也是不相上下的。

元、明、清三朝，公共浴室持续繁荣发展。马可·波罗记载元朝人“每日早起，非沐后不进食”，先洗澡再吃饭已经成为元朝人的日常。

到了明清时期，浴室更加普及，大户人家基本上一建房都要同时配建厕所和浴室。明代的公共浴室每次沐浴的价格为一文钱，配有澡豆等洗洁用品。清代的公共厕所及公共浴室与现代已经差别不大。

古代洗浴业最为发达的城市当数扬州，形成了风靡大江南北的扬州洗浴文化。这里汇聚了全国各地的商人，休闲娱乐产业旺盛。商旅到了扬州都想休整一下，洗澡是去除旅途劳累的最佳方式，这造就了扬州洗浴业的繁荣。

扬州有句老话：“早上皮包水，晚上水包皮。”“皮包水”就是在茶馆喝茶；“水包皮”则指去澡堂洗浴，足见洗浴文化在扬州的繁盛。

那么，那时的公共澡堂是个什么样子的呢？

古代浴池

明代《七修类稿》中说：当时的浴堂是用大块石砖砌成很大的浴池，并且加热区域与洗浴区域彻底地分开。灶火间与浴池间以一墙相隔，置有大水锅与火灶。同时，水锅上方的隔墙上开有管道，通向浴池。有专人负责不断将大锅里的水烧热，再通过隔墙中的管道倾入浴池之内，于是浴池里终日热气腾腾，供人洗浴。

古代澡堂

古代扬州的公共浴室也称为“混堂”，门口都会挂一个水壶，表示正在营业。古代浴池门口挂水壶，就像酒楼门口挂望子一样。

洗澡很消耗体力，为避免“洗晕”，客人到了浴池要先喝点热汤，出汗后再小憩一会儿，养足精神后方可下池泡澡。

现在的浴池禁止皮肤病、性病患者和醉酒者入内，年纪大的人也会被要求有家人陪同，古代浴池也有这样的行业要求。根据清朝《扬州画舫录》记载，混堂入池口两边有对联一副：“病疮梅毒休来浴，酒醉年高莫入池。”

今天的搓澡，在古代叫作“揩背”。宋代的苏轼，就是一个“揩背”狂人，甚至还为搓澡师傅填了一首“搓澡词”，名为《如梦令·水垢何曾相受》。其词曰：

水垢何曾相受，细看两俱无有。
寄语揩背人，尽日劳君挥肘。
轻手，轻手，居士本来无垢。

沐浴文化的发展，伴随的是古人文明与科技的进步以及对更高生活品质的追求。

五谷轮回除块垒：古人的如厕用品

有人统计过，一个成年人平均每天要上厕所 6~8 次，算下来一年就有 2500 次左右。按照平均每次两分钟计算，人的一生中大约有整整一年的时间是在厕所中度过的。

有句俗话说“人有三急，如厕为大”——这里的“三急”指的是性急（如手头事情紧迫）、心急（如结婚入洞房）、内急（上厕所），而内急是排在性急和心急之前的。

也就是说，在古人眼里，大多数情况下，上厕所这件事比入洞房和老婆要生孩子这样的大事都要急迫。

由此可见，如厕在古人的生活里占据着一个多么重要的位置。

1. 古代的厕所

那么，古人是如何解决内急的呢？古代的厕所又是什么样子？

在上古时代，厕所很简陋，就是露天挖一个大坑，人在坑边上如厕。

后来，人们在粪坑上面搭建了小屋。根据《墨子》记载，在战国时期，民溷出现了，规定的建造规格是“垣高十二尺以上”。溷就是厕所；垣就是围墙，十二尺差不多 2.7 米左右。

就这样，有着高高的围墙，墙内有如厕的土坑，现代厕所的雏形就出现了。

到了汉朝，厕所一般设在宅院的后方，搭建在高处，下面连通猪圈，人排泄出来的粪便可以直接掉进猪圈，这种厕所叫作“溷厕”。

当然，上面只是普通百姓家的简易厕所。

在魏晋时期，就已经有很多贵族在室内设有颇为豪华的厕所，甚至有着专门的奴仆服侍。这自然是极讲身份、重礼节的，但苦了串门的客人，“多羞不能如厕”。

据《世说新语·汰侈》记载，巨富石崇家的厕所里备有甲煎粉、沉香汁，如厕时有身着华服的奴婢侍奉，串门客走进去还以为自己走到了内室。

元代大画家倪瓒也是一个“厕”中高人。据《云林遗事》载，“厕溷以高楼为之”，而这一切，不过是为了避免如厕之时闻到臭味罢了。

人们为了对抗厕所中的臭味，频频出招。当然，像那大画家建楼的手笔，并不是人人都能够承受得住的。

舞阳公主家就想出了个比较经济的办法。据《世说新语·纰漏》中载，王敦在舞阳公主家的厕所里，看到漆箱里有干枣，就拿起来吃了个干净。事后才被告知，这是用来塞鼻子避免臭气的，真是尴尬至极。

西汉红陶厕所猪圈

2. 设施齐全的公厕

除了各具特色的私人厕所外，我国古代也十分重视公共厕所的建设。

早在先秦时代，中国就有了公厕，并设有专人管理。

《周礼·天官》记载:“宫人,掌王之六寝之修,为其井匽,除其不蠲,去其恶臭。”所谓“匽”，就是指建于道路旁边的公厕。

而从考古出土物来推断，至迟在汉代，厕所已分男女。

陕西汉中市汉台区一墓中曾出土了一件西汉末年王莽时期的明器“绿釉陶厕”。这座陶厕有房顶，从山墙一侧开有两个门。厕所内部有墙分隔，门外亦有一道短墙，将左右隔开，区分出男厕与女厕。

到了宋代，更是出现了设施服务完全不输现代星级卫生间的豪华公厕。

在清代，公厕管理有了新的变化，出现了收费厕所。我国最早有文字记载的收费公厕就出现在清嘉庆年间。

据《燕京杂记》记载，当时“北京的公共厕所,如厕者必须交钱”,“入者必酬一钱”，交钱才能入内，并可拿到两片手纸。

清代木质官房

因为有利可图，社会上出现了私人开公厕的现象。为了揽生意，厕主往往在厕外张贴大幅吸引人的布画，竖广告牌，上书“洁净毛（茅）房”字样。厕所里还会摆上小说等书籍，供如厕者阅读，争取“回头客”。

3. 虎子与马子

古代还流行一种便携式的如厕器具，因其形状似老虎，所以叫作虎子，也就是我们俗称的夜壶、便壶。

这是为了起夜方便，不用黑灯瞎火、不避寒暑地往外面跑。

至于为何以虎为器形，说法比较多。

有的认为这是古人表示对老虎的厌恶。

还有一种说法认为这和汉朝名将李广有关。据《西京杂记》记载，李广打猎射死一只老虎，便“铸铜像其形为溲器，示厌辱也”。

东汉越窑褐釉虎子

现存最早的虎子是战国时期墓葬出土的，这说明虎子的出现远在汉代之前。

还有一种说法，说“便壶”是在汉高祖刘邦的启发下发明出来的。

相传有一次在朝堂上开会的时候，刘邦对漫长的会议很不耐烦，坐在龙椅上一直抖脚，不久就开始内急。但是会议还是持续在开，大臣们陆续不断地陈述观点。

最后，刘邦实在忍不住了，就指着最后面的一个大臣的帽子，说你的帽子形状很不错，取下来让我解个手。

虽然当时那个大臣脸是绿的，但是这件事情传出去之后，权贵们纷纷效仿，加以改进，打造出了铜制小型便溺器。“便壶”和“便器”由此产生。

古代红陶便壶

虎子极大方便了古人如厕，这说明古人也很懒，晚上也不愿意到屋外面上厕所。

不光男人可以用虎子，古代也有女用虎子。这种虎子口部偏大，口部上方还有一个盘子形状的外延，防止尿到外面。

4. 马桶的出现

到了唐朝，由于开国皇帝李渊的爷爷叫李虎，而古人讲究避尊者讳，怎么能把开国皇帝爷爷的名字用在如厕的器具上呢？于是，“虎子”就改名为“马子”。

古代马桶

古人对马子的要求也随之变高，不光要能用来装尿，还要能装粪便，所以马子的形制也加大了，变成了桶形，“马桶”因而诞生。

马桶一经发明，广受城市居民喜爱，以其占地小、味道轻、方便清理等优点成为城市居民居家必备之物。

马桶的制作也是各不相同，通常都是木制的。里面还会为了消除异味，铺垫上香料。

到了清朝，王公贵族们更加钟爱坐着如厕。

清代皇帝、后妃们使用的便器叫作“官房”，可分为长方形和椭圆形两种形式，用木、锡或瓷制成，用法十分讲究。

慈禧的马桶就堪称一绝。她这个马桶，世间罕有，是大臣用檀香木精心打造，专门送给她的。马桶做工非常高级，上面竟然还镶嵌着宝石。内部还铺垫上厚厚的香料和木屑，这样如厕的时候，一点异味没有。

5. 厕纸的演变

今天人们上完厕所都有专门的卫生纸擦屁股，可造纸术是汉代才改进并推广的。即使是汉朝以后，中原文明也比较爱惜纸，认为那是文化用品，有了纸后很长时间里也没舍得用来擦屁股。

直到元朝，蒙古族人入主中原，人们才开始普遍用纸擦屁股。可那时候的纸张想必没有今天的纸巾这般柔软，一般人所用的俗称“草纸”，使用前需要反复揉搓使之软化。

那元朝之前古人用什么擦屁股呢？答案是“厕筹”。

厕筹又称厕简，顾名思义，就是一个片状如简的工具。而它的材料，通常是竹子或者树皮，长度在 15 厘米左右。用法就是每次如厕完，执其一端，然后用另一端擦拭。结束之后穿戴好服饰，到清水处清洗一番，下次就可以再用。

虽然厕筹有节约和使用寿命长的好处，但是长期来看，存在着三个缺点：一方面体积小，很容易丢失；另一方面比较硬，有的材料用久了还会长毛刺，一不小心就把皮肤划破；三是常年覆盖脏物容易滋生细菌，伤口很容易受感染。

为了追求厕筹的表面丝滑，根据《南唐书》的记载，后主李煜甚至亲自用上好的竹子制作竹片，然后用脸颊试验竹片是否光滑。

那厕筹出现之前，古人用啥呢？现在已经无从考证了。以前那些贫穷的农村，人们上厕所还有的用树叶、秸秆、卵石，甚至土块，古人用什么也就不难想象了。

6. 粪便的清理

古人也讲究环保，马桶装满了，是不可以随处倾倒的，必须由专门的人来收。

收集粪溺肥田，既解决了城市粪便的处理问题和环境问题，又使粪便还乡，有效地利用了粪肥资源，可以说是十分先进的做法了。

这种城市里专门收集运输粪便的职业，在唐宋时叫作“倾脚工”。他们挨家挨户收集粪便，并将其运送到城市周边的农村贩卖，获利颇丰。

到了南宋，粪便收集已经形成了相当规模的市场，竞争十分激烈，还有人为了争夺收粪市场而进行诉讼。

明清时期，北京城内从事粪便清运职业的人被称为“粪夫”。他们将收集到的粪便运到郊外的“粪厂”，粪厂会将粪便晾晒成肥料卖给农民来获利。

生活在不同区域的居民，因进食品类不同，产生的粪多寡不同，其价值也不同，因此，粪夫们经常为了争夺这种“高端市场”而发生争斗。

到了清朝初年，粪夫们商议划定了专属工作区域，并签字画押，不得越界收粪。这种固定的收粪区域和收粪路线，被称为“粪道”。这是一种特殊的“特许经营权”，还可以转让买卖。

其他城市的情况与此也差不多，例如上海的粪夫绰号“倒老爷”。

直到近代普及抽水马桶后，粪夫的职业才慢慢消失。

厕所既然是污秽之地，少不了被人们避讳，便相伴衍生出一些雅称，诸如“更衣”“解手”“出恭”等，都是上厕所的意思。

这“更衣”一词，因古人多着长衫，如厕时多有不便，便在其时除去长衣。

“解手”一词起源于明代。传说当时官府押送大批的百姓前往边疆，在行进的途中，若有人需要方便，则报告押运的官差把手解开，久而久之，便成了解手。

明朝时，科举考生在考试中途需要上厕所的时候，先得考官准许，然后得手举着“出恭入敬”的牌子出入，“出恭”即是由此简化而来。

养得浮生一世拙：古代生活起居养生

在我国古代，人生七十古来稀，但八九十岁甚至百岁高寿者，也不乏其人。他们在自己的生活实践中，摸索出许多养生方法，这对我们后人，不失为一种良好的借鉴。

古代养生家们一致认为，为了保持健旺的精力和强健的体魄，对于日常的生活起居，也应放到议事日程上来多加注意。

1. 起居有节

《素问·上古天真论》说：“上古之人，其知道者，法于阴阳，和于术数，食饮有节，起居有常，不妄作劳，故能形与神俱，而尽终其天年，度百岁乃去；今时之人不然也，以酒为浆，以妄为常，醉以入房，以欲竭其精，以耗散其真，不知持满，不时御神，务快其心，逆于生乐，起居无节，故半百而衰。”

这是说上古时代那些懂得养生之道的人，非但时时注意应顺天地自然环境的四时阴阳变化，并且还在饮食、起居、劳逸上做适当的调适，所以大多身体健康，精力充沛，活到一定的年龄极限。

可后来就不对了，他们常常把酒当作水浆来喝，把过头的事当作家常便饭，酒醉后还纵情房事。为了寻欢作乐，把正常的起居作息规律都抛到了脑后。这样作践的结果，自然是把个好端端的身子给弄得精疲力竭，真气耗散，故而年方半百就衰象毕现了。

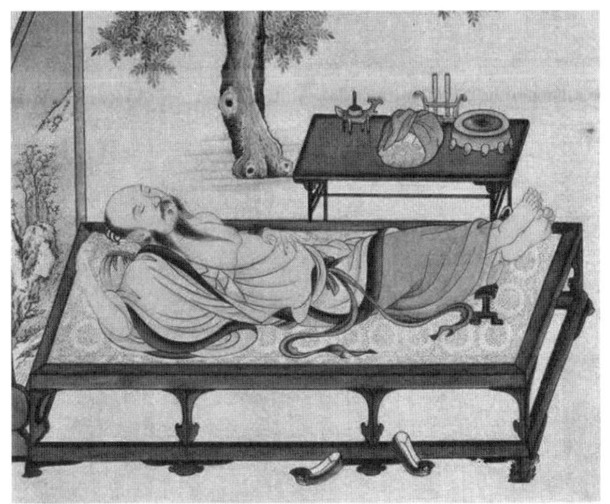

起居有节，逍遥养生

古人认为，天有四时气候的不同变化，地上万物有生、长、收、藏之规律，人体亦不例外。因此，古人从衣食住行等方面提出了顺时养生法。人的五脏六腑、阴阳气血的运行必须与四时相适应，不可反其道而行之。

因时制宜地调节自己的生活行为，有助于健体防病；否则，逆春气易伤肝，逆夏气易伤心，逆秋气易伤肺，逆冬气易伤肾。

2. 穿衣与养生

寒则增衣，热则减衣，原是人们为了应顺四时气候寒暖变化所采取的一种必要措施。

《孙真人卫生歌》云：

春寒莫使绵衣薄，夏热汗多需换着。
秋冬衣冷渐加添，莫待疾生才服药。

在具体的衣服增减中，春天气候多变，时寒时热，要逐步逐步地减，不可一下子便把衣服脱掉；同样道理，入冬之初的增衣御寒，也不可骤然之间添加得太

闵子骞单衣顺母

急太快。总之一句话，以恰到好处为宜。

中国传统的二十四孝中，有一则“单衣顺母”的故事，讲的是闵子骞受后母虐待被迫在冬天穿用芦花填充无法御寒的冬衣，而后母的亲生孩子却穿丝绵填充的冬衣。父亲发现此事后要休妻，闵子骞则请求父亲饶过后母。

这个故事中除了孝道之外，还体现了古人最初便是靠在衣物内填充材料来御寒，像轻薄但不保暖的芦花、温软但昂贵的丝绵都是古代中国最为常见的冬衣填充物。

洁白柔软的棉花，保暖效果良好，成本又低，是后来居上的领先者。尽管西汉时期海南地区就已经开始广泛种植棉花，但是直到明代前中国都没有真正普及种植；甚至连棉花的纺织技艺，都是靠南宋年间逃婚至海南的女子黄道婆从海南带回家乡江南。

隋末唐初，棉花都还作为贡品上贡朝廷。在唐朝，因为棉花稀有，加上纺织技术限制，成衣困难，但布色软白，便仅供达官贵人使用。

到明初，棉花已然普及。朱元璋曾自嘲过：“人有三宝：丑妻、薄地、破棉袄。”棉袄虽破，却能助人御寒，这位前半生饥寒惯了的帝王一心要改革衣物保暖，便开始在全国强制推广种植棉花。

也正因棉花的全面普及，棉袄才得以广泛流行，不复唐时的华贵，成了平民用品。

此外，“衣取适体”也是衣着养生的一个方面。对此，《老老恒言》有一段很中听的劝导：“衣食二端，乃养生切要事。心欲淡泊，虽肥浓亦不悦口。衣但安其体所习，鲜衣华服与体不相习，举动便觉乖宜。所以食取称意，衣取适体，即是养生妙药。”

3. 洗漱与养生

我国古代，还常把洗漱放在一起。漱是漱口，目的是清洁口腔，防止口齿之疾。《千金要方》中说：“食毕当漱口数过，令人牙齿不败，口香。”

《老老恒言》中也说：“食后微渣留齿隙，最为齿累。如食甘甜物，更当漱。每见年未及迈，齿即落者，乃甘甜留齿，渐至生虫作慝。”

食后漱口，尤其更要注意甜食后漱口。

传统养生术还认为早起和入睡之前，都要漱口，其中入睡前漱口的作用，更远胜于早起漱口，正如《琐碎录》云：“夜漱却胜朝漱。”

至于漱口用的水，以不温不冷为较理想。但如果能习惯用冷水漱口，则就更好，原因是“可以永除齿患，即当欲落时，亦免作痛”（《老老恒言》）。

4. 饮食与养生

古人说：“药补不如食补。”这在我国传统养生发展的历史长河中，几乎成了一条铁的规律。食补，也就是饮食养生，不仅包括饮食疗法以及病后的补益精气，就养生术的本意来说，更重要的还在于平时的饮食调摄。

唐代大医学家孙思邈说：“安生之本，必资于食”，“不知食宜者，不足以生存也。”可见饮食及其调摄对于人类生存的重要。

古人认为，合理饮食可以调养精气，纠正脏腑阴阳之偏，防治疾病，延年益寿。故饮食既要注意“博食”即以“五谷为养、五果为助、五畜为益、五菜为充”，又要重视五味调和；否则，会因营养失衡、体质偏颇、五脏六腑功能失调而致病。

据《周礼·天官》记载，当时的宫廷医生已分为食医、疾医、疡医、兽医四种。其中食医，就是为帝王管理饮食的营养医生。可见我国早在周王朝时，就对饮食与健康的关系，认识得十分深透了。

战国之时,《素问·脏气法时论》还具体提出:“毒药攻邪,五谷为养,五果为助,五畜为益,五菜为充,气味合而服之,以补益精气。”这说明,药物的作用多宜于攻邪,而对于补益机体精气之类的事,还得让位于五谷、五果、五畜、五菜等日常生活所必需的饮食。

所谓“五谷”,就是粳米、麦、小豆、大豆、黄黍;“五果”,就是桃、李、杏、栗、枣;“五畜”,就是牛、羊、豕(猪)、鸡、犬;“五菜”,就是葵、藿(豆叶)、薤、葱、韭。当然,在实际生活中,这种五谷、五果、五畜、五菜,泛指一切的人类饮食。

按照《脏气法时论》“肝苦(难以忍受)急,急食甘以缓之”“心苦缓,急食酸以收之”“脾苦湿,急食咸以燥之”“肺苦气上逆,急食苦以泄之”“肾苦燥,急食辛以润之”的原则,书中还同时提出了与五脏各自利益有关的一份食单。

食单内容为:“肝色青,宜食甘,粳米、牛肉、枣、葵皆甘。心色赤,宜食酸,小豆、犬肉、李、韭皆酸。肺色白,宜食苦,麦、羊肉、杏、薤皆苦。脾色黄,宜食咸,大豆、豕肉、栗、藿皆咸。肾色黑,宜食辛、黄粟、鸡肉、桃、葱皆辛。”原因是“辛散、酸收、甘缓、苦坚、咸耎(软)”。

天底下的食物尽管多种多样,但归结起来,人类赖以生存所需要的营养物质,不外蛋白质、脂肪、糖、维生素、无机盐和水六种。

由于各种食物所含营养物质不尽相同,因此平时进食不宜偏嗜,而应泛尝。偏嗜则失却各种营养物质彼此互补的机会,泛尝则博收广采,为我所用。

由于饮食的品类多而且广,并且各有各的宜忌,因此,清代的陆以恬从“损益”的角度在《冷庐杂识》卷五中,为我们画出了这样一个大的轮廓:“医家谓枣百益一损,梨百损一益,韭与茶亦然。余谓人所常食之物,凡和平之品,如参、苓、莲子、龙眼等,皆百益一损也;凡峻削之品,如槟榔、豆蔻仁、烟草、酒等,皆百损一益也。有益无损者惟五谷。”

在饮食养生中,吃粥尤为养生家所重视。

让我们先来看看唐代大诗人白居易对粥的赞扬。

《晨兴》里,他说:“何以解宿斋,一杯云母粥。”

在《春寒》中,他说:“今朝春气寒,自问何所欲。酥暖薤白酒,乳和地黄粥。”

《新沐浴》里他说："先进酒一杯，次举粥一瓯。半酣半饱时，四体春悠悠。"

宋代诗人陆游也是爱粥一族，其《食粥》诗云：

世人个个学长年，不悟长年在目前。

我得宛丘平易法，只将食粥致神仙。

食粥容易消化，这对老年或脾胃薄弱的人来说，尤其适宜。我国各大佛寺中比丘长寿的很多，这和吃粥大概不无关系。

除了广泛摄取食物中的营养为我所用外，作为饮食养生之道，它的所涉范围并不局限于此，还进一步引申到进食和食后的种种有关事宜上。

《黄帝内经》说："脾胃者，仓廪之官，五味出焉。"我们若要使机体中的仓廪之官更好地发挥作用，自然应该为其工作创造更多的有利因素。

明郑瑄《昨非庵日纂》卷七写道："胃为水谷之海，脾居中央，磨而消之，化为血气，以滋一身，灌五脏，故修生者不可不美饮食——非水陆毕备，异品珍馐为美也。要在生冷勿食，粗硬勿食，勿强饮，先饥而食，食不过饱，先渴而饮，饮不过多。以至食饐而餲，鱼馁肉败等，皆损胃气，致疾伤生。欲希长年，此宜深戒。"

与此同时，郑瑄还说："太饿伤脾。盖脾藉于谷，饥则水谷莫运而脾虚；气转于脾，饱则脾以气充而气塞。故学道之士，先饥而食，所以给脾，食不充脾，所以养气。"

5. 梳头与养生

在日常起居中，早起梳头是一件必做的事。

结合养生，发要常梳，因为这样不但可以梳去灰尘头屑，保持头发的干净和发根空气的通畅，同时还可改善和增进血液循环，防止脱发和延缓白发的产生。

明人沈仕《摄生要录》认为，每天梳发一次，可以疏通血脉、散风湿。

谢肇淛《五杂俎》卷十二中，还借修养家的话提出梳发的次数是每天1000下。他说："修养家谓梳为木齿丹，云每日清晨梳千下，则固发去风，容颜悦泽。”

这里值得回味的是，修养家把木梳称作“木齿丹”，可见虽是木梳一把，却着实有着灵丹妙药的作用。

由于梳发的神奇效用，人们还有把它唤作“神仙洗头法”的。清俞樾《茶香室丛钞》引宋晁说之《晁氏客语》道：“周天祐言冬至夜子时，梳头一千二百，以赞阳出滞，使五脏之气终岁流通，谓之神仙洗头法。”

头和脚是人体顶天立地的上下两个极端，临睡之时，既梳头又洗脚，可以增进健康，夜睡安稳。宋代之时，甚至有人把这两件事称为养生的大要。

宋张端义《贵耳集》记载：“郭尚贤耽书落魄，自阳翟尉致事，尝云服饵导引之余，有二事乃养生之要，梳头浴脚是也。尚贤云：‘梳头浴脚长生事，临睡之时小太平。’”

从诗中可以看出，梳头浴脚不仅有益长生，并且还着实是人生临睡之时的一项享受呢！

6. 排便与养生

小便、大便之事虽然提到纸面上来有伤大雅，但在生活中却是难以避免的事。

正常情况下，人们的小便大约每隔 1~4 小时一次，入晚则因新陈代谢减慢而减少。

大便最好每天一次，形成习惯。

为了不违背正常的生理功能，除了无可奈何的特殊情况，平时千万不要强忍小便和憋大便。

明代沈仕《摄生要录》告诫：“书云：忍尿不便成五淋，膝冷成痹；忍大便成五痔；努（用力）小便，足膝冷，呼气；努大便，腰疼目涩。”

可见“忍”和“努”的后果，都是十分严重的。

7. 日光与养生

对于平昔起居，阳光当然是必要的。适度的光照不但能够杀灭细菌，健美肌肤，促进周身的血液循环，并且还能在很大程度上为心理的健康，提供一种感觉上的愉悦。近人黄齐生养生健身《八宝诗》之一的《日光诗》云：

给我光明暖我身，不分秋夏与冬春。

太空神妙知何限？第一关垂总让君。

至于阳光的好处和阳光浴的方法，清人曹庭栋在《老老恒言》中提出这样的看法：“清晨略进饮食后，如值日晴风定，就南窗下，背日光而坐，列子所谓负日之暄也。脊梁得有微暖，能使遍体和畅。日为太阳之精，其光壮人阳气，极为补益。过午阴气渐长，日光减暖，久坐非宜。”

这里曹庭栋说得很清楚，日光的作用是补益壮阳，老人日光浴的方法是择取日晴风定之日，就南窗下背光而坐，时间以上午为宜。此外，他还提出，日光浴的时间也不要搞得太长，否则反而不利。

8.“四味”养生

“四味”效方，是宋代苏轼《东坡志林》中介绍的一种起居养生法。书中云：

“张君持此纸求仆书，且欲发药，君当以何品？吾闻战国中有一方，吾服之有效，故以奉传。其药四味而已：一曰无事以当贵，二曰早寝以当富，三曰安步以当车，四曰晚食以当肉。夫已饥而食，蔬食有过于八珍，而既饱之余，虽刍豢满前，惟恐其不持去也。”

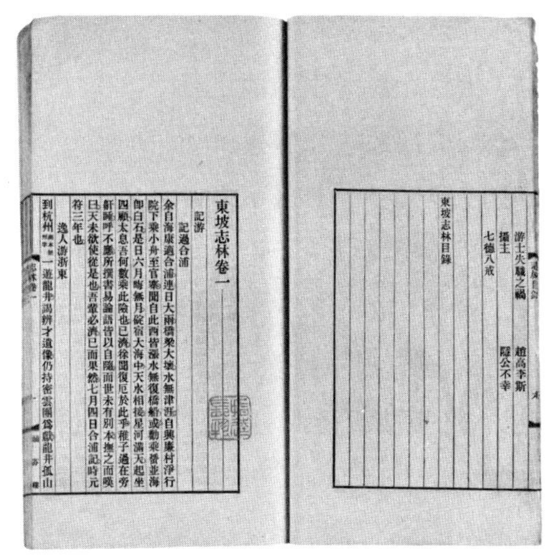
游士失職之禍 趙高李斯
攝主 隱公不幸
七德八戒
東坡志林目錄

東坡志林卷一
記游
記過合浦
余自海康適合浦連日大雨橋梁大壞水無津涯自興廉村淨行院下乘小舟至官寨聞自此西皆漲水無復橋船或勸乘蜑並海即白石是日六月晦無月碇宿大海中天水相接星河滿天起坐四顧太息吾何數乘此險也已濟徐聞復厄於此乎稚子過在旁鼾睡呼不應所撰書易論語皆以自隨而世未有別本撫之而嘆曰天未欲使從是也吾輩必濟已而果然七月四日合浦記時元符三年也
逸人游浙東
到杭州一遊龍井謁辨才遺像仍持密雲團爲獻龍井孤山

《东坡志林》书影

这里苏轼只对“四味”效方中的“晚食以当肉”作了解释，其他“三味”则一扫而过。

第一味“无事以当贵”。因为没有杂事，就既不劳形，也不劳心，就好比练气功似的，身心两者都可感到舒泰，所以是一味抵得上“贵”的药方。

第二味“早寝以当富”。人不宜长期熬夜，所以饭后即寝，自然就成了一味抓得上“富”的妙药了。

第三味是“安步以当车”。无事而又早寝，未免动少而静多，这对养生来说，虽然有着有利的一面，可毕竟不利于气血流畅，因此安步当车，就成了静中有动的补充了。

9. 郑瑄与养生

郑瑄，字汉奉，号昨非庵居士，明代闽县（今福州）下渡人。他自幼天资聪慧，读书过目不忘。著有《昨非庵日纂》二十卷，书中谈及日常养生的内容颇有益于世人。

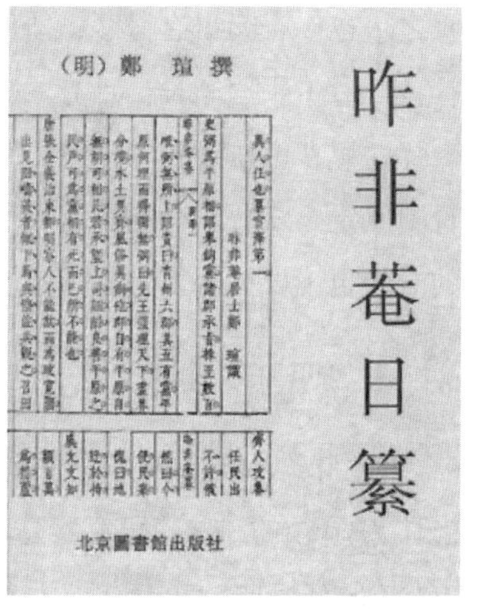

《昨非庵日纂》书影

书中说，有人看到三个老叟，年纪尽管都已过了百岁，可是却还在田里锄草。其人出于好奇的驱使和长寿的愿望，上前拜问：“你们三老何以这样长寿健康？”

上叟先答：“室内姬粗丑。”

二叟接答：“量腹接所受。”

三叟又答：“暮卧不覆首。”

“室内姬粗丑”，是因为老婆长相难看，这可降低丈夫对房事的兴趣而压缩次数，从而节欲积精。古人认为，肾藏精，为人的先天之本，现在先天之本因节欲而强固，所以长寿。

“量腹接所受”，是说饮食适量，从不饱食伤脾。原来人身除了肾为先天之本，还有脾为后天之本的说法，而饮食适量，正是在很大程度上保护了后天之本。

“暮卧不覆首”，是说不蒙头而睡。因为人的生理活动，不仅需要地上所栽谷气的滋溉，同时还少不了天上清气的涵养，而“不覆首”的睡法，正是从客观上保证了一夜之间有足够的清气摄入。否则蒙头而睡，被中浊气熏蒸，难免使人昏昏沉沉，长此以往，怎不有损健康？

三叟之言，差不多已成了起居养生中最为脍炙人口的老生常谈。这种常谈，言语虽浅而意蕴实深。

该书卷七所述养性之士的种种所为，也与起居有着密切关系。书中说：

“养性之士，唾不至远，行不疾步，耳不极听，目不极视，坐不久处，立不至疲，先寒后衣，先热而解，先饥后食，先渴而饮，不欲甚劳，不欲甚佚，不欲多啖生冷，不欲饮酒当风，不欲数数沐浴，不欲规造异巧，冬不欲极温，夏不欲极凉，大寒大热，大风大雾，皆不欲冒之。五味不偏多，酸多伤脾，苦多伤肺，辛多伤肝，咸多伤心，甘多伤肾，此五行生克自然之理也。”

这里所说的种种，归纳起来就是一句话：生活中的一切都要适可而止，不要走到了极端，否则即使是好事，也会造成危害。这就是物极必反的道理。

书中还有一则养生《坐忘铭》云：“常默元气不伤，少思慧烛闪光，不怒百神和畅，不恼心地清凉。”

这是告诉人们：如要保养元气，最好的办法莫过于“常默”，因为古人有“多言伤气”的告诫。如要聪慧内照，“少思”的办法也有它一定的道理，否则思虑过度，反而使人昏昏。如要百神和畅，“不怒”是至为重要的一个方面，因为怒则血脉逆而上行，这就在很大程度上扰乱了人体正常的生理机制。如要心地清凉，就得彻底断绝烦恼，原因是烦恼扰人，可以使人变得憔悴，从而导致过早出现衰象。

10. 七多七少养生法

日常起居涉及面广，并且比较琐碎，所以在传统养生长生术中，叙述起来也就自然难以集中。

清代褚人获《坚瓠三集》卷二《无名氏多少箴》中说：“少饮酒，多啜粥；多茹菜，少食肉；少开口，多闭目；多梳头，少洗浴；少群居，多独宿；多收书，少积玉；少取名，多忍辱；多行善，少干禄。便宜勿再往，好事不如没。”

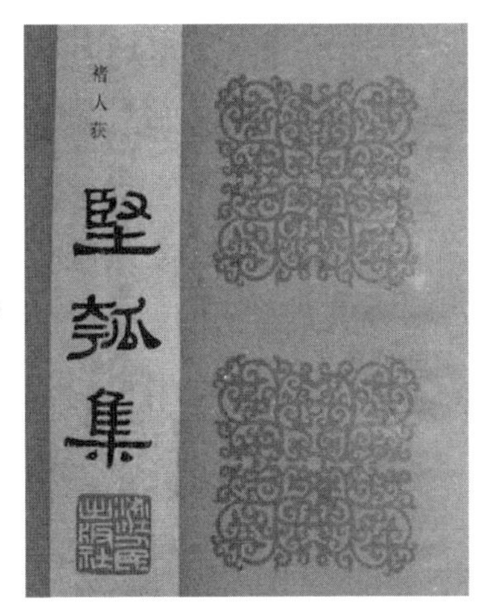

《坚瓠三集》书影

无名氏的这则《多少箴》，为我们提出了多啜粥、多茹菜、多闭目、多梳头、多收书、多忍辱、多行善，以及少饮酒、少食肉、少开口、少洗浴、少群居、少积玉、少取名的“七多七少”原则。

多吃粥是说粥能养胃，易于为人体所消化吸收，所以对老人极为适宜。

多茹菜是因为蔬菜中含有较多的矿物质和人体所必需的一些其他微量元素，并且蔬菜中的大量维生素、纤维素还有利于防止人体多种病症的发生。

多闭目是取“闭目养神”的意思，使元气不外泄，心神不受扰。

多梳头是因为梳齿摩擦头发，不仅有利于头发的生理护养，并且还可提神醒脑，有益思维。

多独宿是说夫妇日常同被而卧，难免会导致房事不节，所以古往今来养生家们大多提倡独宿。

多收书是说读书不仅可以明理，并且可以促进思维。

多忍辱是古人养生养性的一个重要方面，原因是忍辱能够培养宽宏的肚量，从而不为辱所困恼。

多行善是要与人为善，有了这种雅量和社会环境，自然有利养生。

少饮酒不是不饮酒，目的是为了尽可能地避免酒对人体所能造成的种种危害。

少食肉是说肉能养人，但多吃了反会因脂肪积聚而影响人体正常的生理活动。

少开口是指多言伤气，加上祸从口出，所以为养生家所不为。

少洗浴是因为古人浴室设备简陋，尤其是在冬天，因洗浴而导致伤风受寒的事时有所见。为此，《千金要方》早有“不欲数数沐浴”，以及《摄生消息论》“冬月阳气在内，阴气在外，老人多有上热下寒之患，不宜沐浴”的说法。

少群居是指群居人多事杂，常弄出种种不必要的麻烦，导致精神上的不愉快。

少积玉是为了防止玩物丧志而坏了道德，此外还可心无拘系。

少取名是可以省却众多的劳碌和心理上的沉重负担。

少干禄是说官场应酬多违心之事，且一入官场，身不由己，好事反倒成了坏事。

至于“便宜勿再往，好事不如没”，则更是把养生的要点归结到清心寡欲上来。可见古人养生，不仅注重养形，更是注重养心。

11. 古代养生歌诀

中国古代的医学与养生学历史悠久，内容丰富，著作浩如烟海，影响深远，其中有不少歌谣、诗词、谚语、格言等，把一些深奥的道理或精辟的见解用通俗、易懂、流畅、自然的韵文形式表述出来，便于记忆，也促使其更广泛地流传。

（1）邵雍《养心歌》。

邵雍（1012—1077），字尧夫，自号安乐先生、伊川翁等，谥康节。北宋理学家、数学家、诗人。少有志，喜刻苦读书并游历天下，并悟到“道在是矣”。而后师从李之才学《河图》《洛书》与伏羲八卦，学有大成。著有《皇极经世》《观物内外篇》《先天图》《渔樵问对》《伊川击壤集》《梅花诗》等。

邵雍晚年隐居于洛阳城南，名其居处为“安乐窝”，精心研究养生之道，有不少精辟的见解。

这首养心歌便是其中一首，体现了他看淡红尘的达观态度。用历史上著名的名人、典故如石崇、韩信、鸿门宴、刺秦等故事来提醒：人不可多执着于功名利禄，要学习陶潜、范蠡等智者，或逍遥度日，或功成身退，放宽心胸，了此一身。这里面含有深刻的养生哲理，即“养生必先养心”。

得岁月，忘岁月；得欢悦，忘欢悦。
万事乘除总在天，何必愁肠千百结？
放一宽，莫胆窄，古今兴废言可彻。
金谷繁华眼里尘，淮阴事业锋头血。
陶潜篱畔菊花黄，范蠡湖边芦月白。
临潼会上胆气豪，丹阳县里萧声绝。
时来顽铁有光辉，运退黄金无艳色。
逍遥且学圣贤心，到此方知滋味别。
粗衣淡饭足家常，养得浮生一世拙。

（2）孙思邈《养生铭》。

孙思邈（581—682）是唐代著名医药学家、道士，被后人尊称为“药王”。他一生中除在我国医药学方面做出重大贡献之外，应该说还是一位“养生专家”，他本人也因此享年101岁，这样的长寿在我国古代绝对是凤毛麟角！这首《养生铭》便是孙思邈养生经验的高度概括和总结。

怒甚偏伤气，思多太损神。
神疲心易役，气弱病相侵。
勿使悲欢极，当令饮食均。
再三防夜醉，第一戒晨嗔。
夜侵鸣云鼓，晨兴漱玉津。
妖神难犯己，精气自全身。
若要无百病，常当节五辛。
安神宜悦乐，惜气保和纯。
寿夭休论命，修行在本人。
时时遵此理，平地可朝真。

（3）孙思邈《孙真人枕上记》。

侵晨一碗粥，夜食莫教足。
撞动景阳钟，叩齿三十六。
大寒与大热，且莫贪色欲。
醉饱莫行房，五脏皆翻覆。
艾火漫烧身，争如独自宿。
坐卧莫当风，频于暖处浴。
食饱行百步，常以手摩腹。
莫食无鳞鱼，诸般禽兽肉。
自死禽与兽，食之多命促。

土木为形象，求之有恩福。
父精母血生，哪忍分南北？
惜命惜身人，六白光如玉。

（4）唐太宗《养生百字铭》。

欲寡精神爽，思多血气衰。
少饮不乱性，忍气免伤财。
贵自勤中取，富从俭中来。
温柔终益己，强暴必招灾。
善处真君子，刁唆是祸胎。
暗中休使箭，乖里放些呆。
养性须修善，欺心莫吃斋。
衙门休出入，乡党要和谐。
安分身无辱，闲非口不开。
世人依此语，灾退福星来。

（5）龚廷贤《摄养诗》。

龚廷贤（1522—1619），古代医家。字子才，号云林山人，又号悟真子。江西金溪人。他承家学，又访贤求师，医名日隆。曾任太医院吏目。1593年，治愈鲁王张妃臌胀，被赞为“天下医之魁首”，并赠以“医林状元”匾额。著述甚富，著有《济世全书》八卷、《寿世保元》十卷等。

惜气存精更精神，少思寡欲勿劳心。
食唯半饱无兼味，酒止三分莫过频。
每把戏言多取笑，常含乐意莫生嗔。
炎凉变诈都休问，任我逍遥过百春。

（6）龚廷贤《延年良箴》。

四时顺摄，晨昏护持，可以延年。
三光知敬，雷雨知畏，可以延年。
孝友无间，礼义自闲，可以延年。
谦和辞让，损己利人，可以延年。
物来顺应，事过心宁，可以延年。
人我两忘，勿竞炎热，可以延年。
口勿妄言，意勿妄想，可以延年。
勿为无益，常慎有损，可以延年。
行住量力，勿为形劳，可以延年。
坐卧顺时，勿令身怠，可以延年。
悲哀喜乐，勿令过情，可以延年。
爱憎得失，揆之以义，可以延年。
寒温适体，勿侈华艳，可以延年。
动止有常，言谈有节，可以延年。
呼吸清和，安神闺房，可以延年。
静习莲宗，礼敬见训，可以延年。
诗书悦心，山林逸兴，可以延年。
身心安逸，四大闲散，可以延年。
积有善功，常功阴德，可以延年。
救若度厄，济困扶危，可以延年。

（7）王阳明《修身歌》。

王阳明（1472—1529），名守仁，字伯安，世称阳明先生，浙江宁波余姚人，我国明代著名哲学家、教育家、政治家和军事家。

王阳明在哲学上提出“致良知”“知行合一”的命题，冲击了僵化的程朱理学，最终集“心学”之大成。“阳明心学”的思想本质是强调个性化的发展、个人意

古人修身养性图

愿的尊重及个体创造力的调动，至今仍有很强的现实意义。

王阳明对养生之道也很重视，有些见解不同于常人，曾作诗一首云：

饥来吃饭倦来眠，只此修行玄又玄。
说与世人浑不信，偏向身外觅神仙。

（8）袁树珊《心命歌》。

袁树珊，清代命理学家，生平不详。在他的《命理探源》中曾作过一首《心命歌》，说明一个人在世上的贫贱富贵，除了先天的命理因素外，更重要的是后天的修心养性、积德行善。

心好命也好，富贵直到老。
心好命不好，天地终有保。
命好心不好，中途夭折了。

心命俱不好，贫贱受烦恼。
心乃命之源，最要存公道。
命乃形之本，穷通难自料。
信命不修心，阴阳恐虚娇。
修心不听命，造物终须报。
李广诛降卒，封侯事虚杳。
宋祁救蝼蚁，及第登科早。
善乃福之基，恶乃祸之兆。
阴德与阴功，存忠更存孝。
富贵有宿因，祸福人自招。
救困与扶危，胜如做斋醮。
天地有洪恩，日月无私照。
子孙受余庆，祖宗延寿考。
我心与彼心，各欲致荣耀。
彼此一般心，何用相计较。
第一莫欺骗，第二莫奸狡。
萌心欲害人，鬼神暗中笑。
命有五分强，心有十分好。
心命两修持，便是终身宝。

（9）褚人获《十寿歌》。

一要寿，横逆之来欢喜受；
二要寿，灵台密闭无情窦；
三要寿，艳舞娇歌屏左右；
四要寿，远离恩爱如仇寇；
五要寿，俭以保贫常守旧；
六要寿，平生莫遣双眉皱；

七要寿，浮名不与人争斗；
八要寿，对客忘言娱清昼；
九要寿，谨防坐卧风穿牖；
十要寿，断酒莫教滋味厚。

（10）《十叟长寿歌》。

此首长寿歌谣，在我国民间广为流传。它以简洁的语言，生动地阐述了未病先防、注意养生、延年益寿的养生之道。

一叟拈须曰：我勿湎烟酒。
二叟笑莞尔：饭后百步走。
三叟颔首频：淡泊甘蔬糗。
四叟拄木杖：安步当车久。
五叟整衣袖：服劳自动手。
六叟运阴阳：太极日月走。
七叟摩巨鼻：空气通窗牖。
八叟抚赤颊：沐日令颜黝。
九叟抚短鬓：早起亦早休。
十叟轩双眉：坦坦无忧愁。

（11）《养性十诀》。

一曰遗形忘体，恬然若无，谓之虚；
二曰损心弃意，废伪去欲，谓之无；
三曰专精积神，不与物杂，谓之清；
四曰反神服气，安尔不动，谓之静；
五曰深居闭处，功名不显，谓之微；
六曰呼吸中和，滑泽细微，谓之柔；

七曰缓行从体，以奉百事，谓之弱；

八曰遁盈逃满，衣食粗疏，谓之损；

九曰静作随阳，应变却邪，谓之时；

十曰不饥不渴，不寒不暑，不喜不怒，不哀不乐，不疾不迟，谓之和。

第四章

快活如侬有几人：古人的居家游艺娱乐

作为有悠久历史的文明古国，中国古代有着丰富多彩的消闲娱乐活动。

著名文学家林语堂说过："不知道人民日常的娱乐方法，便不能认识一个民族。"就好比对于一个人，我们若不知道他怎样消遣闲暇时光，我们便不算了解这个人。

现代人在闲暇时进行的居家娱乐活动可谓是丰富多彩，比如上网、听歌、看电影、打麻将、网游等。

那么，古代人又有哪些居家娱乐项目呢？本章就来介绍一些古代主要的居家娱乐项目。

青泉万迭雉朝飞：踢毽子

游艺娱乐是人类社会活动的内容之一。与其他文化活动一样，游艺娱乐起源于原始人的生产劳动和其他社会实践，并伴随着社会的进化不断地发展完善。

自古以来，对周围的所见所闻都充满好奇心和求知欲的儿童们，凭借他们很强的模仿力和创造力，编制、模仿出了许许多多好玩的游艺形式，丰富了他们的生活。而这些儿童游戏传承经久不衰，成为我国民间游戏的重要组成部分。

踢毽子就是其中老少皆宜的健身性游戏运动项目。

踢毽子是我国民间的一项体育游戏，在古代，它是所谓“杂伎”“杂戏”“博戏”“百戏”的一种。

毽子分毽托和毽羽两部分，毽托多用圆形的铅、锡、铁片或铜钱制成，毽羽多用翎毛。

正如《燕京岁时记》所说：“毽儿者，垫以皮钱，衬以铜钱，束以雕翎，缚以皮带。”

踢毽子本是女孩子最喜欢的游戏，一枚铜钱，几根鸡毛，就可以做成一个毽子。

踢毽子有着悠久的历史。在古籍中，毽子也写作键子、箭子、燕子。在古都北京，踢毽子还有个富有诗意的名字——翔翎。

踢毽子起源于什么时候呢？据历史文献和出土文物考证，踢毽子大约起源于汉代。在考古发现的汉砖上，就有踢毽子的画面。

小儿踢毽图

到了唐宋时期，踢毽子非常盛行，踢的花样也很多，集市上还有制作出售毽子的店铺。唐代释道宣《高僧传》中记载了一个故事，说有一个名叫跋陀的高僧到洛阳去，在路上遇到了12岁的惠光。惠光在天街井栏上反踢毽子，连续踢了500次，观众赞叹不已。跋陀是南北朝北魏时人，是河南嵩山少林寺祖师，他非常喜欢惠光，便将他收为弟子。

据宋人《武林旧事》记载，临安城小经纪的手工业中，有“毽子、象棋、弹弓”等作坊，“每一事率数十人，各专籍以为衣食之地”。可见当时买毽子的人不少，也可以想见踢毽子游戏的普遍。

宋人高承在《事物纪源》一书中，对踢毽子有这样的记载：

今时小儿以铅锡为钱，装以鸡羽，呼为“毽子”。三四成群走踢，有里外廉、拖抢、耸膝、突肚、佛顶珠等各色。

到了明清时期，踢毽子的游戏进一步发展，关于踢毽子的记载也更多了。

明人刘侗在《帝京景物略》中记道：“杨柳儿青，放空钟；杨柳儿活，抽陀螺；杨柳儿死，踢毽子。”可见踢毽子已成为民谚的内容。

明清时已有正式的踢毽比赛。

清人屈大均在《广东新语》里说，每年正月十五日，广州都举行踢毽子大会，男女老少云集在五仙观进行比赛。

据《广东新语》载，广州每逢元宵节，“昼则踢毽五仙观。毽有大小，其踢大毽者市井人，踢小毽者豪贵子”。

所谓“市井人”，也就是靠表演踢毽子为生的艺人。这种踢毽子艺人，在北京城中也有。

潘荣陛《帝京岁时纪胜》载：

都门有专艺踢毽子者，手舞足蹈，不少停息。若首若面，若背若胸，团转相击，随其高下，动合机宜，不致坠落，亦博戏中之绝技矣。

用全身各处触击毽子，“动合机宜，不致坠落”，表现了很高的控制毽子能力。

踢毽子表演不仅有单人的，还有双人的。清代无名氏《燕台口号一百首》记云：“琉璃厂有踢毽子者，两人互接不坠。”其表演的动作是：“内外拖枪佛顶珠，一身环绕两人俱。”从艺人的表演中，可推知这时的踢毽子技巧已经相当之高。

晚清北京民间踢毽子艺人还发展为四个流派，各有绝活，风格不一，时常摆下擂台，较量技艺。当时有童谣唱道：“一个毽儿，踢两半；打花鼓儿，绕花线儿；里踢外拐，八仙过海；九十九，一百。”说明踢毽子游戏之普及。

踢毽子固然老少咸宜，但更为女子所钟爱。

李声振在《百戏竹枝词》中写到妇女踢毽子的乐趣，云：“缚雉毛钱眼上，数人更翻踢之，名曰‘攒花’，幼女之戏也。踢时，则脱裙裳以为便。”

词人陈维崧《沁园春》咏妇女踢毽子的情态是：“盈盈态，讶妙逾蹴鞠，巧甚弹棋。鞋帮只一些些，况滑腻纤松不自持。为频夸狷捷，立依金井，惯矜波俏，碍怕花枝。”

作为闺中游戏，踢毽子确实比踢球、下棋更为合适。

清宫中的宫女们也好踢毽子，光绪帝的瑾妃就是一个踢毽子的能手。

民间踢毽爱好者，常常以口传身授的方法代代相传。

以北京为例，每遇城乡庙会，各路能手，步行相聚，观摩比赛，甚是热闹。

毽子的踢法，又可以分成“小武”和“大武”两大类，也就是北方俗称的“文科”与“武科”。

“小武”是一种基本的踢法，利用一脚支持体重，另外一脚用来踢毽。它的基本花式有踢、拐、膝、提、逗、蹬 6 种，又可以演变成 50 多种花样。小武的运动量小，变化不大，适合女性和儿童。

小儿踢毽图

“大武”的花样则复杂得多，它可以两脚跳离地，而用其中一脚踢毽。它的基本方式有勾、跳、踍、跪、踩、蹦、剪、扣、弯 9 种，也有 50 多种演变出来的花样。

踢毽子与其他游戏相比，其独到之处在于，它对调节人的眼、脑、神经系统和四肢的协调能力有着特殊的好处。从运动学的角度分析，踢毽子的技术动作需要四肢通力配合，是一项全身运动。

且掷且拾且承揽：抓子儿

抓子儿，亦称抓子、捉七、拈石子、倒子儿、抓蛋儿、抓羊拐，是一种简单而又有趣的民间儿童游戏。

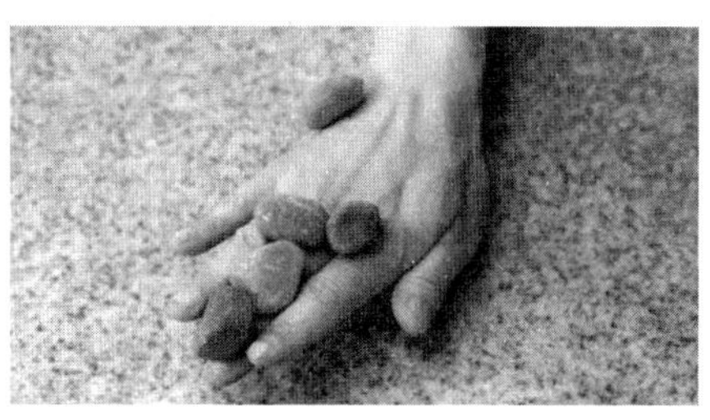

抓子儿

这种游戏是从何时开始的，很难考证。据明人刘侗、于奕正《帝京景物略·春场》写正月的风俗：

> 是月也，女妇闲，手五丸，且掷、且拾、且承，曰“抓子儿”。丸用橡木、银砾为之，竞以轻捷。

由此可见，至迟在明代，已经有了这种游戏。而用来做子儿的材料，是橡木、银砾，这里应指中上层人家而言。

抓子儿有多种玩法，最简单的是“五子玩法”。首先把五个子儿随手撒在桌子、床上或地上，接着从中挑选一个做“飞子”。剩下的四个子儿有这么几种组合：一一一一（称为个子）；一二一，二一一，一一二，二二（称为对子）；一三，三一，四（称为把子）。以抓“个子”为例。玩家用右手把飞子抛起来，再用右手捡一个子儿放到左手，接着接住飞子。依次把四个子儿都捡到左手后，重新撒子，开始下一个组合。当所有的组合完了以后，可以升级为只用单手或者用左手抛子。在玩家玩的过程中，对家要监督，比如：在玩“个子”的组合中，一次只能捡一个子儿，而不能碰别的子儿；在从右手送到左手的过程中，不能掉落，左手也不能漏子，否则就是犯规，要换给对家玩。

复杂一些的是“七子玩法”，基本规则同上，但子儿的组合不同。

最后是“大组合玩法”，可以有很多子儿，分为几组人一起玩。谁犯规就把抓到自己手里的子儿按相应的规定赔出来，和进下一轮一起玩。直到所有的子儿都抓完，抓得最多的为赢家。

抓子儿的子儿数量，没有一定限制。技术越是娴熟的女孩，玩的子儿越多。

这个游戏是儿童接触到的最早的数字组合，它要求思维敏捷，手眼协调。面对杂乱的子儿，要按照就近、方便的原则去判断与行动。比如面对一排四个子儿，要求是“对子”，那么可以先抓中间两个，再抓最外边两个；也可以先抓左边两个，再抓右边两个。这一切，都必须在极短的时间内判断与完成。

抓子儿流行于各地，玩法也稍有差异。

北方女孩的抓子儿，多用羊脚或猪脚骨头上的关节做成子儿，各面染上不同的颜色。玩时，先把子儿撒在地上或桌面上，手里留一颗。然后抛起手中这一颗，趁它还没落下前，迅速翻转地上的子儿，尽量使朝上的颜色是一致的，再接住抛起来的子儿。等颜色全部一致后，再次抛起手中的子儿，把地下的子儿全部抓在手中，并接住抛起的子儿。

天津女孩把抓子儿叫作“倒子儿”。

杭州女孩玩的抓子儿，除石子外，还有李核、杏核和盛沙的小布袋等。

浙江乌镇的抓子儿叫作“捉七”，子儿是用零头布缝制的七只小沙袋，每只有麻将牌大小。沙袋一般都是女孩自己缝制，也是从小训练女红的功课。

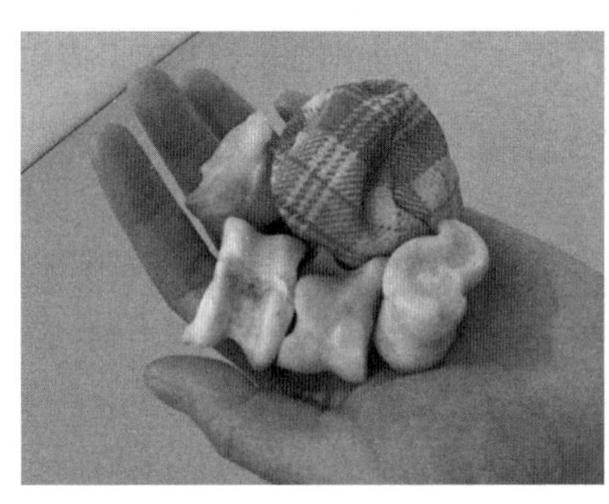

抓羊拐

在东北，抓子儿叫“抓嘎拉哈”。“嘎拉哈”，多为猪、羊等腿胫骨，呈六面形。其中，上下左右四面分别称作坑儿、背儿、珍儿、轮儿。

“抓羊拐”是西安女孩的叫法，“羊拐”也即羊脊椎上的骨头。

抓羊拐在关中西部一带叫“抓羊儿”，关中东部又叫“抓核儿”。

叫法虽然有别，玩法其实大同小异。有一点可以肯定的是，抓羊拐、抓羊儿、抓核儿一直是女孩的专利游戏，男孩很少玩。

抓子儿一年四季都能玩儿，对场地的要求也很简单，随便一块平整的地方，都是孩子们玩子儿的乐园。

手执鸿鞭自若挥：抽陀螺

陀螺，也称陀罗，是一种钟形、木制、能在地上转动的玩具。

抽陀螺，则是一种相当古老而现代人仍然很喜欢的游戏，又称打地螺、打格螺、打猴儿、抽地牛等。

陀螺的基本型制，是用木头削成一个面平底尖的圆锥体，考究些的还在尖脚部安一粒钢珠。

通常的玩法，是先用一根小鞭子的鞭梢稍稍缠住它的腰部，用力一拉，使之旋转起来；然后用鞭子不断抽打，令其旋转不停。所以，人们将这种游戏称为“抽陀螺”或“鞭陀螺”。

唐代文人元结曾写过一篇《恶圆》，叙说他家奶妈用“圆转之器”哄婴儿，这便是最早的陀螺。

到了宋代，“圆转之器”更是花样翻新，有“打娇惜”“千千车”“轮盘”等，说明当时的陀螺已有不同的形制。

宋代有一种类似陀螺的玩具，叫作“千千”，是个长约一寸的针形物体，放在直径四寸的象牙制的圆盘中，用手拧着旋转，比赛谁转得最久。这是当时的嫔妃宫女用来打发深宫无聊时光的贵族游戏。

据清人杭世骏《道古堂集》说，这种手旋陀螺在明代成为宫人普遍喜爱的游戏，称为“妆域”。它除了制作更加精致之外，还有新的玩法，即当它转速减缓而有停转或歪倒之虞时，允许用衣袖拂拭，即借助外力补救。谁转的时间长谁赢，游戏规则是不许转出事先划定的界限。这个“袖拂”动作，后来便蜕变成一根小

陀螺

绳鞭。

成书于明代的《帝京景物略》记载，当时北京流行抽陀螺游戏，并介绍了具体玩法，同现代的鞭旋陀螺完全一样。

“陀螺”这一名词，在明朝才出现。刘侗、于奕正《帝京景物略》云：“杨柳儿青，放空钟；杨柳儿活，抽陀螺；杨柳儿死，踢毽子。”可见明代抽陀螺已经是普遍的游戏。

清代诗人李孚青在《都门竹枝词·打陀罗》中写道：

清明佳节柳条施，放学儿童手折多。
早送爷娘上坟去，好寻闲处打陀罗。

由于时代进步，制作材料不同，大家玩的陀螺各式各样，且玩法也有不同。尤其在木陀螺方面，由于成人的参与，陀螺愈做愈大，从数十克到几公斤、几十公斤，甚至到七十二公斤、九十多公斤的，都有人玩。

关于陀螺，还有不少民间趣闻。

在广西壮族聚居的地方，每年都举行一次有名的体育盛会——陀螺节。时间是由旧历年除夕前两三天至新年正月十六日，历时半个多月。

陀螺在云南彝族人心目中占着重要的位置。彝人为了陶冶尚武精神，培植民族自尊，在婴儿呱呱坠地之日，长辈都要取来百年之木，精心雕刻一枚鸡蛋大小的陀螺馈赠婴儿，意在扶正祛邪，作为吉祥之物珍存。待孩子长到五六岁时，陀螺也就成为孩子的玩具，家长便开始教孩子打陀螺。

铜雕抽陀螺

一些少数民族的少男少女，以打陀螺作为社交活动。在黄昏前后，男女青年纷纷登场献艺，鞭声呼呼，陀声嗡嗡，笑声阵阵，情意浓浓，情景非常热闹。待到明月冉冉，清风习习，流泉淙淙，琴声悠悠，青年们开始对歌。

女唱：“哥雕陀螺妹搓绳，陀螺就是阿妹心。妹心绊在陀螺上，同心夺得第一名。”

男唱：“无绳陀螺旋不转，有源活水味甘甜。绳绕陀来陀缠绳，旋出一朵并蒂莲。”

结彩为绳竹为筒：抖空竹

抖空竹，又叫“抖空钟”“抖空筝”，是古代流行于北方的一种传统儿童游戏。

抖空竹在我国有着悠久的历史。明刘侗、于奕正在《帝京景物略·春场》中记载说：

空钟者，刳木中空，旁口，荡以沥青，卓地如仰钟，而柄其上之平。别一绳绕其柄，别一竹尺有孔，度其绳而抵格空钟，绳勒右却，竹勒左却。一勒，空钟轰而疾转，大者声钟，小亦蛄蜣飞声，一钟声歇时乃已。制径寸至八九寸，其放之，一人至三人。

古代的这类所谓“空钟”，北京俗称“抽绳转”，天津人叫它“闷壶卢”，有的地方叫“地铃”。

李家瑞《北平风俗类征·游乐》引坐观老人的《清代野记》说：

京师儿童玩具，有所谓“空钟”者，即外省之地铃。两头以竹筒为之，中贯以柱，以绳拉之作声。唯京师（指北京）之空钟，其形圆而扁，加一轴，贯两车轮，其音较外省所制，清越而长。

抖空竹雕塑

综上所述，空钟也罢，闷壶卢、地铃也罢，都是同一玩具。不过，一般所说的“空竹”，是专指抖在空中、嗡嗡作响的那一种。

这种空竹，明代末年成书的《帝京景物略》中尚无记述。到了清代，有关记述渐渐增多起来，抖空竹遂成为人们尤其是儿童喜爱的一种游戏。

这种典型的空竹，一般分为单轴和双轴两种，轮和轮面为木制，轮圈为竹制，竹盆中空，有哨孔，旋转时可发出“嗡嗡嗡”的响声。

空竹中柱腰细，以便于缠线绳抖动时旋转。

抖空竹者双手各持两根二尺左右长短的小木棍（或小竹棍），其顶端皆系一根约五尺长的棉线绳，两手握住小木棍的两端，使线绳绕轴一圈或两圈，一手提一手送地抖动，加速旋转使之发出鸣叫声。

清代陈夔龙所著的《燕京杂记》，在记述当年京师空竹的制法、玩法时这样说过：

京师儿童有抖空竹之戏，截竹为二，短筒中作小干，连而不断，实其两头，窍其中间，以绳绕其小干，引两端而撒抖之，声如洪钟，甚为可听。

清代的空竹除了在民间儿童中流行，还传入宫中，为宫中妇女所喜爱，并出现了不同形式的抖的方式。

清人无名氏《玩空竹》诗曾这样形容：

上元值宴玉熙宫，歌舞朝朝乐事同。

妃子自矜身手好，亲来阶下抖空中。

自清代以后，抖空竹得到了继续发展，并在民间广为流传，同时也成了杂技艺术中的重要表演项目。

大家寻觅一时忙：捉迷藏

捉迷藏是我国古代普及广泛、流行时间较长的一种传统儿童游戏。

捉迷藏在我国古代有着极为久远的历史。作为一种儿童娱乐游艺形式，它既简便易行，又能满足儿童们的某些心理需求。在游戏中藏匿起来让人寻觅不到以及多方寻找终于发现，是极能引起儿童快感的一种娱乐方式。

捉迷藏的游戏方式有多种，均大同小异。

相传宋代的司马光童年时和小伙伴们玩捉迷藏的游戏。一儿童不慎掉在水缸里，司马光急中生智，用石头把缸打破，救出了这个儿童。

从这一家喻户晓的故事中可知，捉迷藏游戏在我国古代是很盛行的。

但是，这一具有悠久历史的儿童游戏的文字记述直到唐代才出现。

［元］佚名《婴戏图》

唐明皇李隆基和杨贵妃是历代文人常常挂在嘴上的人物，他们的故事也的确不少，真真假假，难以辨别。据说捉迷藏也和他们有关。

元人伊世珍《琅嬛记》卷中引《致虚阁杂俎》记载：

元宗与玉真恒于皎月之下，以锦帕裹目，在方丈之间，互相捉戏。玉真捉上每易，而玉真轻捷，上每失之，满宫之人抚掌大笑。一夕，玉真于裢服袖上，多结流苏香囊，与上戏。上屡捉屡失，玉真故以香囊惹之，上得香囊无数。已而笑曰："我比贵妃差胜也。"谓之捉迷藏。

这种民间儿童游戏，本是不值得一记的。这回沾了帝王的光，才有幸来到文人笔下。

唐代诗人元桂曾写过五首《杂事》诗，其中一首这样写道：

寒轻夜浅绕回廊，不辨花丛暗辨香。
忆得双文胧月下，小楼前后捉迷藏。

"双文"，据说就是崔莺莺，这首诗便是元桂回忆当年与崔莺莺在花前月下捉迷藏的情景。

从这些资料的记载来看，捉迷藏是晚间所行之戏。五代时的花蕊夫人《宫词》也印证了这个说法，诗云：

内人深夜学迷藏，遍绕花丛水岸旁。
乘兴忽来仙洞里，大家寻觅一时忙。

大约是为了增加"捉"时的难度和兴趣吧，才把这项游戏安排在晚上。

到了明代，另有一种童戏叫"摸瞎鱼"，这种游戏与捉迷藏是同类但又有所区别。明人沈榜《宛署杂记》的一段记述，把儿童捉迷藏这一游艺形式描绘得惟妙惟肖：

摸瞎鱼：群儿牵绳为圆城，空其中方丈。城中轮着二儿，各用帕，厚蒙其目，如瞎状。一儿手执木鱼，时敲一声，而旋易其地以误之；一儿候声往摸，以巧遇夺鱼为胜。则拳击执鱼儿，出之城外，而代之执鱼，轮入，一儿摸之。

清代，民间把捉迷藏叫作“扎盲盲”。清代褚人获《坚瓠集·二集》卷三这样说：“儿童以绸扎眼相扑捉，谓之‘扎盲盲’。”东北的儿童俗称“藏猫儿”，大约是把“扎盲盲”说白了。

今天，捉迷藏、扎盲盲、藏猫儿已并存于人们的口头语言中。

轮跳百索闹城闉：跳绳

跳绳，是一人或众人在一根环摆的绳中做各种跳跃动作的运动游戏。

这种游戏唐称“透索”，宋称“跳索”，明称“跳百索”“跳白索”“跳马索”，清称“绳飞”，清末以后称作“跳绳”。

跳绳活动源远流长。古人拿绳子来记事，也用它来捆扎收获的农作物，或拴使牛马、捆绑猎物等，绳子成了人类生活中的重要工具。因此，跳绳可能源于原始的农事、狩猎或军事活动。

也许是受军事活动的启发，在绊和避绊的军事训练中，改骑马跨越绳子为单人跃绳而过，由此不断演变，最终成为各种各样的跳绳活动。

最早出现的跳绳史料是汉代画像石上的跳绳图，证明至迟在汉代已经有了跳绳活动。

南朝梁宗懔《荆楚岁时记》中有“飞百索”的记载：

正月十六日，群儿以长絙丈许，两儿对牵，飞摆不定，若百索然。群儿乘其动时轮跳，以能过者为胜。

这里的飞百索，正是后来的跳绳游戏。

汉代画像石上的跳绳图

魏晋以后，历代都有跳绳活动的记载。

唐人段成式《西阳杂俎·境异》中云："八月十五日，行像及透索为戏。"可见，唐代不仅有跳跃穿过绳索的游戏，还将这种游戏命名为"透索"，使跳绳活动开始有了专门的名称。

作为一种古老的汉族民俗娱乐活动，南宋以来，每逢佳节都会举行跳绳比赛；甚至发展为杂技百戏，还有了"跳索"的名称。

宋吴自牧《梦粱录·宰执亲王南班百官入内上寿赐宴》记载："百戏呈拽，乃上竿、跳索、倒立、折腰、弄碗、踢磬瓶、筋斗之类。"

辽时，儿童跳绳也很流行。宣化张匡正墓中的"跳绳图"，绘在后室木门之上半圆形堵墙正面。画面内容表现的是三个儿童的跳绳游戏，左右两个小童弓身曲腿，用力摇摆一根长绳；中间一个赤膊小童屈膝张臂，轻快跳跃，构图精巧。

明代的跳绳渐渐成为一种民俗，每逢佳节，民间都有跳绳活动，而且出现了多人轮跳的游戏方式。

据沈榜《宛署杂记·民风一》载："跳百索：（正月）十六日，儿以一绳长丈许，两儿对牵，飞摆不定，令难凝视，似乎百索，其实一也。群儿乘其动时，轮跳其上，以能过者为胜，否则为索所绊，听掌绳者绳击为罚。"

而《帝京景物略·灯市》中记载："元夕（正月初一晚上），二童子引索略地，如白光轮。一童子跳光中，曰跳白索。"这些都是双人摇绳、多人轮跳的游戏方式。

跳绳在清代是一项冬季的户外活动，深受儿童喜爱。

潘荣陛《帝京岁时纪胜·岁时杂戏》记录了清代北京元宵节民间的娱乐活动，其中有"博戏则骑竹马，扑蝴蝶，跳白索，藏蒙儿"。

宣化辽墓壁画上的儿童跳绳图案

清代彭蕴章的《松风阁诗钞》中也有记录，说："太平鼓，声咚咚，白光如轮舞索童。一童舞索一童唱，一童跳入光轮中。"

清代晚期查揆的《燕台口号一百首》中记载了一首轮跳白索的诗：

轮跳百索闹城闉，元夕烧香柏作薪。
络索连环声响应，太平鼓打送年人。

可见，清代儿童经常在过年时跳百索，一边敲着"太平鼓"，一边用有节奏的歌谣加以伴唱，为新年增添了很多喜庆的节日气氛。

清代民间也有女子跳百索活动的记载。如清代《乐陵县志·经制·风俗》载："元宵期间，女子以跳绳为戏，名曰'跳百索'。"

清代晚期出版的《有益游戏图说》中说："用六尺许麻绳，手执两端，使由头上回转于足下，且转且跃，以为游戏，是谓绳飞。"

这里称跳绳为"绳飞"，可见无论从跳绳的方法上或是名称上，都有了进一步的发展。

疑是蟾宫谪降仙：荡秋千

秋千是我国传统的游艺活动，古往今来，从南到北，我国各地区、各民族都盛行这种娱乐游戏。

"秋千"一词由来很久。相传汉武帝时，为祈祷武帝的千秋之寿，宫女们乘绳悠荡助兴。"千秋"是祝寿之词，于是将二字一颠倒，就将这种游戏称作"秋千"。

荡秋千图

在秋千的发展过程中，由于本身形式的变化，演变出了许多名称，如荡秋、磨秋、观音秋、纺车秋、转轮秋、二人秋、担子秋等。

归纳起来，秋千的种类不外乎三种：

一是传统的荡秋千。即“植木为架，上系两绳，下拴横板，人立于板上”，做钟摆一样地来回摆荡。

一种是车轮秋。“磨秋”“观音秋”“纺车秋”等都属于车轮秋。它“植大木于地，上安车轮状圆轮，在呈辐射状横木上，系绳于下，以架坐板”。游戏时，坐秋千的人用脚蹬地使车轮旋转，然后悬空转动。

一种是担子秋，也叫二人秋。“竖长柱，设横木于上，左右各坐一个，以互落互起而飞旋不停”，是一种类似跷跷板的游戏。

据《古今艺术图》一书记载：“秋千，北方山戎之戏，以习轻趫者。齐桓公伐山戎，此戏始传入中国。”

山戎也叫北戎，春秋时代居住在今河北东部，与齐、郑、燕等国境界相接。据说山戎人大都勇猛强悍，善于攀登。荡秋千便是山戎人平时训练攀跃山崖溪流能力的一种活动。

公元前663年，齐桓公为救燕国，发兵进伐山戎，一直打到孤竹（今河北卢龙）才撤兵。很可能，在北伐山戎的过程中，齐桓公看到当地人荡秋千的游戏，觉得很有趣，便把它的玩法带回了中原。

其后，历代宫中几乎都设有秋千之戏。在六朝以后，此戏逐渐盛行于全国，成为妇女儿童们最喜好的游戏活动之一。

隋唐时期，秋千之戏不仅为皇宫内宫女们所喜好，而且民间也盛行此戏。杜甫《清明二首》中有“十年蹴鞠将雏远，万里秋千习俗同”，反映了秋千在民间极为普及。刘禹锡《同乐天和微之春深》一诗中，也有“秋千争次第，牵拽彩绳斜”的描写。

由于秋千在游戏时不需要很大的力量和复杂的动作，同时游戏时还略带几分惊险，要通过自身的力量把身体荡在空中，所以深受妇女、儿童的喜爱。

王建《秋千词》中写道：

长长系绳紫复碧，袅袅横枝高百尺。
少年儿女重秋千，盘巾结带分两边。
身轻裙薄易生力，双手向空如鸟翼。
下来立定重系衣，复畏斜风高不得。
傍人送上那足贵，终赌鸣珰斗自起。
回回若与高树齐，头上宝钗从堕地。
眼前争胜难为休，足踏平地看始愁。

唐时的寒食节，除了蹴鞠以外，秋千也是一项受人喜爱的节令游艺活动。

蹴鞠与秋千，经常在诗人笔下相提并论，如王维《寒食城东即事》诗云："蹴鞠屡过飞鸟上，秋千竞出垂杨里。"

唐代宫廷中也有秋千戏。五代仁裕《开元天宝遗事·半仙之戏》卷下说："天宝宫中，至寒食节，竞竖秋千，令宫嫔辈嬉笑，以为宴乐。帝呼为半仙之戏。"

南唐后主李煜更是一语中的：

桃李依依春暗度，谁在秋千，笑里低低语。
一片芳心千万绪，人间没个安排处。

宋代民间盛行的节令游艺活动也有荡秋千。

陆游《感旧四首末章盖思有以自广》诗曰："路人梁州似掌平，秋千蹴鞠趁清明。"在《三月二十一日作》中更有"蹴鞠墙东一市哗，秋千楼外两旗斜"的诗句，都是说清明节期间民间有踢球和荡秋千的活动。

苏东坡《蝶恋花·春景》词曰："墙里秋千墙外道，墙外行人，墙里佳人笑。笑渐不闻声渐悄，多情却被无情恼。"

高僧惠洪有诗云：

画架双裁翠络偏，佳人春戏小楼前。
飘扬血色裙拖地，断送玉容人上天。

花板润沾红杏雨，彩绳斜挂绿杨烟。
下来闲处从容立，疑是蟾宫谪降仙。

这都是说女子荡秋千活动的情景。当然这也和古代女子的着装有关系，宽袍长裙，御风起扬，随着“荡”的节奏，在秋千制高点，裙裾陡然盛放，而转眼又逐渐闭合。在眼花缭乱的瞬间开合中，荡漾出别样的风景，远比现在的长衣长裤优美得多。

荡秋千不仅只是民间妇女的节令游艺活动，对于禁锢在深宫的宫女，也是一种活跃身心的活动。

王珪《宫词》写宫女在清明节也有荡秋千的活动：

禁御春来报踏青，御池波漾碧涟轻。
内人争送秋千急，风隔桃花闻笑声。

清明节蹴鞠、荡秋千的风俗不仅在唐宋时盛行，就是到了明清之时，仍有一些地区盛行这种风俗。

居住在山东章丘的李开先，在他所著的《闲居集》中，有一首《当地寒食节岩亭宴客观蹴鞠秋千》的诗说明了当地寒食节有蹴鞠、荡秋千的活动。而在另一首《观秋千作·并序》中更描述了当地百姓重视秋千活动的情景：

东接回军，北临大河，庄名大沟崖。清明日，高竖秋千数架，近村的妇女，欢聚其中。予以他事偶过之，感而赋诗：

彩架傍长河，女郎笑且歌。
身轻如过鸟，手捷类飞梭。
村落人烟少，秋千名目多。
从傍观者惧，任路今如何。

在乱世年荒的清明节，依然竖起秋千架欢聚荡秋千为乐，可见其习俗的重要。

明代流行荡秋千活动，还见于《金瓶梅》小说中，其中有整整一回是写的荡秋千游戏活动，既见作者熟悉荡秋千方法，又表明荡秋千是当时妇女喜爱的活动。

在王圻所编纂的记述历代人物、风俗的《三才图会》中，还附录了一幅妇女荡秋千的插图，极为形象生动。

荡秋千图

秋千活动亦是明清时期宫廷中的一项娱乐游戏。

刘若愚著《酌中志·明宫史》中说："三月初四日，宫眷内臣换穿罗衣。清明则秋千节也，带杨枝于鬓。坤宁宫及各后宫，皆安秋千一架。"

清代宫中在燕九日有秋千表演："山高水长在圆明园之西，俗呼西厂，地势宽敞，直陈大戏。每岁正月十九日，例有筵宴……有西洋秋千架，秋千旋转，下奏歌乐。"

所谓西洋秋千架，实即为我国西南少数民族的"磨秋"，以一竖柱，上横十字木，悬挂四条秋千架，旋转荡动。

一副秋千，历经千年，荡起过千种风情，也荡起了万缕愁思。

带将儿辈上青天：放风筝

在中国游艺史上，还有一种流传最广、深受人民喜爱的游艺项目，就是放风筝。

风筝的形状主要是模仿大自然中的生物，如雀鸟、昆虫、动物及几何立体等；而图案方面，主要由个人喜好而设计，有宣传标志、动物、蝴蝶、飞鸟等，琳琅满目。

风筝的制作材料除了丝绢、纸张外，还有塑胶材料。骨杆有竹篾、木材及胶棒。还有人设计出一种无骨风筝，它的结构是引入空气于绢造的风坑之内，令风筝形

放风筝图

成一个轻飘飘的气枕，然后乘风而上。

风筝有许多名字，如纸鸢、鹞子、风巾、春申君、毫见、风瓦、纸鸱等。其中以“纸鸢”和“鹞子”的名字最为古老。

唐代诗人元稹《有鸟》诗说：“有鸟有鸟群纸鸢，因风假势童子牵。”

宋代诗人陆游《观村童戏溪上》也有“竹马踉蹡冲淖去，纸鸢跋扈挟风鸣”的诗句。

明代郎瑛《七修类稿》说：“纸鸢，俗曰鹞子者，鹞乃击鸟，飞不太高，拟今纸鸢之不起者。”

在我国古代，南方称风筝为“鹞”；北方称风筝为“鸢”。鸢和鹞同是一种飞禽，即鹞鹰。由于这种鸟能长时间在空中平伸翅膀滑翔，看上去好像一动也不动地在空中盘旋。而古时风筝多为鸟形，凌空放飞时，双翼也是不动的，形状酷似鹞鹰，所以古人把风筝称为“纸鸢”或“鹞子”。

可以说，风筝寄托着人们希望翱翔蓝天的美好理想。

风筝起源于东周春秋时期，至今已2000多年。相传墨翟以木头制成木鸟，研制三年而成，是人类最早的风筝起源。后来鲁班用竹子，改进墨翟的风筝材质。直至东汉期间，蔡伦改进造纸术后，坊间才开始以纸做风筝，称为“纸鸢”。

到南北朝时，风筝开始成为传递信息的工具；从隋唐开始，由于造纸业的发达，民间开始用纸来裱糊风筝；到了宋代的时候，放风筝成为人们喜爱的户外活动。

宋代周密在《武林旧事》中写道：“清明时节，人们到郊外放风鸢，日暮方归。“鸢”指的就是风筝。

北宋张择端的《清明上河图》、宋苏汉臣的《百子图》里都有放风筝的生动景象。

宋代放风筝活动较多，有两个主要原因：一是宋代城市文化经济的繁荣和民间手工业的兴起，二是宋代提倡传统的节日风俗。这就为风筝的发展和进入节日的娱乐活动提供了良好的条件。

这一时期民间放风筝已是一项群众喜闻乐见的活动，也是文人墨客艺术创作中的一种题材。

当时由于文人的参加，风筝在扎制和装饰上都有了很大的发展。同时由于社会上对风筝的需求，制作风筝发展为一种专门的职业。

明清时期是中国风筝发展的鼎盛时期。明清风筝在大小、样式、扎制技术、装饰和放飞技艺上都有了超越前代的巨大进步。当时的文人亲手扎绘风筝，除自己放飞外，还赠送亲友，并认为这是一种极为风雅的活动。

明代曾经下令禁止在京都放纸鸢，这一时期北方的放风筝风俗受到一定影响。《帝京景物略》对京都清明节扫墓踏青和娱乐活动记述十分详细，但唯独没有放风筝的内容。但在南方，放风筝仍是清明节的一项重要内容。

从明人徐渭在浙江所作的大量风筝题画诗分析，当时在南方民间，放风筝为儿童所喜闻乐见，也是画家与诗人常见的创作题材。徐渭写了十多首关于风筝的题画诗，如：

我亦曾经放鹞嬉，今来不道老如斯。
那能更驻游春马，闲看儿童断线时。

柳条搓线絮搓绵，搓够千寻放纸鸢。
消得春风多少力，带将儿辈上青天。

清代是放风筝盛行的时代。清初潘荣陛在《帝京岁时记胜》中，详细描述了清明时节京城放风筝的情景。戏曲家李渔以书生韩世勋题诗于风筝上，因风筝落在詹家，詹淑娟和诗其上，二人因而结合的故事，撰写了传奇《风筝误》。

清末的风筝在内容和题材上都有较大发展。在北京，宫廷与民间的风筝发展迅速，不仅制作精良，而且品种增多。每当新型风筝放飞之日，甚至万人空巷，

清代杨柳青年画《十美图放风筝》

观看风筝。《北京竹枝词》云：

新鸢放出万人看，
千丈麻绳系竹竿。
天下太平新样巧，
一行飞向碧云端。

此时，各地相继出现了像龙头蜈蚣、仙鹤童子、雷震子、杏花天等各种不同形式和内容的风筝。潍坊风筝艺人根据民间艺术中有关龙的形象，对传统蜈蚣风筝加以出新，将蜈蚣头改装成龙头，被称为“潍坊一绝”。

传统中国风筝的技艺概括起来有四个字：扎、糊、绘、放，简称“四艺”，即扎架子，糊纸面，绘花彩，放风筝。

“四艺”内涵要广泛，几乎包含了全部传统中国风筝的技艺内容。如“扎”包括：选、劈、弯、削、接，“糊”包括选、裁、糊、边、校，“绘”包括色、底、描、染、修，“放”包括风、线、放、调、收，而这“四艺”的综合运用就要达到风筝的设计与创新的水平。

从传统的中国风筝上到处可见吉祥寓意和吉祥图案的影子，如“福寿双全”“龙凤呈祥”“百蝶闹春”“鲤鱼跳龙门”“麻姑献寿”“百鸟朝凤”“连年有鱼”“四季平安”等，无一不表现着人们对美好生活的向往和憧憬。

《红楼梦》的作者曹雪芹可谓全才，精通诗词歌赋、医学药理、建筑设计、饮食茶艺、织布染色等诸多领域，还精通风筝的制造。

曹雪芹有位朋友名叫于景廉，因为服兵役受了伤，腿瘸了，在退役以后没有办法谋生，陷入了穷困潦倒的境地。有一年快过春节了，于景廉家里好几天揭不开锅，孩子都饿坏了，实在没办法，只能向曹雪芹求助。

在交谈当中，于景廉无意间提到京城里的公子哥会花大价钱买风筝，而这个花费就足够他一家人维持好几个月的基本生活。曹雪芹本来很喜欢制作风筝，就马上做了几个让于景廉拿去试着卖一卖。

除夕当天，于景廉带了很多蔬菜酒肉前来答谢，因为曹雪芹给他的风筝全部高价售空了。

通过这件事，曹雪芹意识到，原来一门手艺可以帮助到很多人。于是他写成了《南鹞北鸢考工志》作为自己《废艺斋集稿》的第二卷，希望借此将制作风筝的手艺传向民间，让一些老弱病残的弱势群体能够借此自食其力。

在书中，曹雪芹将历代流传和自己创设的多数风筝以图案的方式绘制出来，并在图案旁边配上了通俗易懂的口诀，以便向文化程度不高的人讲解风筝的制作方法。

［清］孙温绘《红楼梦》之放风筝

放风筝作为我国古代清明节的习俗之一，已经流传很久了。据考证，我国古代从元宵节后，放风筝活动可以一直持续至清明节，所以古时也把清明节称为“风筝节”。

风筝不仅是民俗符号，而风筝本身的结构、造型与纹饰又与民间年画、刺绣、雕刻等艺术相融合，使得其不仅是娱乐休闲的玩具、祈福驱灾的“吉祥物”，也是一种可以用于装饰的精美艺术品。

红冠空解斗千场：斗鸡

斗鸡，是人们利用公鸡好斗的性格，挑唆其互相争斗，借以取乐的一种游艺。

斗鸡游艺在我国古代曾盛行一时，成为上至帝王、下至平民无不喜爱的一种娱乐活动。直至今日，斗鸡之举仍在我国部分地区流行。

河南长葛西汉晚期画像砖上的斗鸡图

在古代中国，早在西周时就有了斗鸡活动。《列子》就载有纪渻子为周宣王养斗鸡的事。

到春秋战国时，斗鸡游戏开始流行。《战国策·齐策》载：齐都临淄人“无不吹竽鼓瑟、击筑弹琴、斗鸡走犬……”说明这时的斗鸡已成为民间一项重要的娱乐活动。

汉代以后，由于统治者的鼓励倡导，斗鸡之风愈烈。

汉高祖刘邦之父刘太公便是其中一个。他当上“太上皇”，从乡下徙居长安后，郁郁寡欢。据他自己说，是因为他“平生所好，皆屠贩少年，酿酒卖饼，斗鸡蹴鞠，以此为乐。今皆无此，故以不乐”。汉高祖为了博得他的欢心，便“作新丰，移诸故人实之”，这些故人中便包括斗鸡之徒。

汉宣帝也有斗鸡的嗜好，常到以斗鸡为业的“斗鸡翁”家中去游玩。汉王室许多成员和一般世家子弟也都醉心于斗鸡走狗、弋猎博戏。

《史记·货殖列传》说：“博戏驰逐，斗鸡走狗，作色相矜，必争胜者，重失负也。”这说明争强斗胜是刺激斗鸡成风的主要原因之一。

汉武帝时常与宠臣董偃“游戏北宫，驰逐平乐，观鸡鞠之会”。鸡鞠之会是专门斗鸡、蹴鞠，供皇帝观赏娱乐的地方。

汉成帝在鸿嘉年间（前20—前17），仿照汉武帝“斗鸡走马长安中，积数年”。

鲁恭王是汉景帝的儿子，他养了许多斗鸡和其他禽类，所花费的费用巨大，一年就耗费稻谷2000石。

东汉骄横一时的权臣梁冀，也“好臂鹰走狗，骋马斗鸡”。

河南郑州曾出土一块《斗鸡》画像砖，画像中间，有两只雄鸡在交颈相斗，似正处难分难解之际。两边各有一戴高冠、着长服之人，在指挥各自的雄鸡向对方进攻。

可见，斗鸡之戏，不仅流行于地主豪门之间和闾里巷间，且为皇帝宗室所喜好。

汉代以后，斗鸡的文字记述、诗词歌咏，不绝于书。

宋人郭茂倩编著的《乐府诗集》引曹植《斗鸡篇》，前有小序云：“《邺都故事》曰：‘魏明帝大和中，筑斗鸡台。赵王石虎亦以芥羽漆砂，斗鸡于此。’故曹植诗云：‘斗鸡东郊道，走马长楸间。’是也。”

曹植《斗鸡篇》中说贵族们“游目极妙伎，清听厌宫商”。百无聊赖中，有人再进游戏之法，“长筵坐戏客，斗鸡观闲房”。

尔后，梁简文帝、刘孝威、宗懔、后周的王褒等，都有斗鸡的诗文或杂记。

到了唐代，斗鸡之风较前代更盛。唐玄宗、唐文宗、唐穆宗等帝王皆酷爱斗鸡之戏。

上有所好，下必从焉，一些王公贵戚甚至闹到“倾帑破产市鸡”的地步。都中民众也纷纷以斗鸡为时髦之举，贫穷者无钱买斗鸡，便玩木鸡自娱。

唐玄宗曾下令建造专门饲养斗鸡的“鸡坊”，搜集长安城中的雄鸡千余只，挑选六军小儿 500 人专门驯养。于是，一些以斗鸡为业并因此走红的人物应运而生。

据《东城老父传》所言，本是贫苦儿童的贾昌，因善于驯养斗鸡，深受唐玄宗喜爱，被封为“五百小儿长”，时人称之为“神鸡童”。

当时有“生儿不用识文字，斗鸡走马胜读书”之说，可见当时斗鸡之风的盛行。

斗鸡之风到了明代仍然很盛。《涌幢小品》中有这样的记载：“博鸡者……不事产业，日抱鸡，呼少年博市中。”

明代臧懋循《咏寒食斗鸡诗》云：

寒食东郊散晓晴，笼鸡竞出斗纵横。
飘花照日冠相映，细草寒风翼共轻。
各自争能判百战，还谁顾敌定先鸣。
归来验取黄金距，应笑周家养未成。

斗鸡之风的盛行，使明代出现了专门从事斗鸡的民间组织——斗鸡社。《陶庵梦忆》卷三载：“天启壬戌间好斗鸡，设斗鸡社于龙山下。”

清代，斗鸡游艺继续盛行，人们还培育出一种叫“九斤黄”的斗鸡。这种斗鸡体壮、力足、凶猛、耐斗，在斗鸡场上冠压群雄。

清代李声振在其《百戏竹枝词·斗鸡》诗中云：

红冠空解斗千场，金距谁堪冠五坊？
怪道木鸡都不识，近人只爱九斤黄。

诗中充满了对这种优质斗鸡的赞誉与欣赏。

清代民间斗鸡活动在全国许多地区皆能见到。由于各地风俗不同，举行斗鸡的时间和形式也不相同。在我国北方一些地区的斗鸡活动，多在农历正月十五日前后举行。

古代的斗鸡游艺，大体说来有两种形式：一是群斗（即多只鸡同场斗赛），二是两鸡相搏。群斗在我国古代多见于宫廷内的斗鸡活动，民间罕见。而两鸡相搏斗的形式，则流行于民间斗鸡活动中。

斗鸡游艺无论中国还是外国，都曾用于赌博。斗鸡场上，随着雄鸡羽飞头烂，场下早已千金易主，有为此倾家荡产的，因此中外都有禁止斗鸡的记载。

同称飞将决雌雄：斗蟋蟀

斗蟋蟀又称“斗促织”“斗蛐蛐”“秋兴”等，是一种驱使蟋蟀相斗的娱乐游戏。

在古代的斗虫戏中，斗蟋蟀可谓古人在饲养、观赏方面积累经验较多的一种游艺，深受人们的喜爱。

蟋蟀之名最早见于《诗经》，在《唐风·蟋蟀》及《豳风·七月》中就有“蟋蟀在堂”“十月蟋蟀”之句。

蓄蟋蟀、斗蟋蟀之风始于唐玄宗开元天宝年间。

王仁裕《开元天宝遗事·金笼蟋蟀》记曰：“每至秋时，宫中妃妾辈皆以小金笼捉贮蟋蟀。附于笼中，置之枕函畔，夜听其声，庶民之家皆效之也。”

宋代顾文荐的《负曝杂录·禽虫善斗》介绍：“父老传：斗蛩亦始于天宝间。长安富人镂象牙为笼而畜之。以万金之资，付之一啄。其来远矣。”

斗蟋蟀之风自唐代出现后，到了南宋时已颇盛行。据文献载，上至高官贵戚，下至平民百姓，甚至僧人也喜爱斗蟋蟀。

身为当朝一品的权臣贾似道，人称“蟋蟀宰相”。在元军压境的危急时刻，他还整日与姬妾斗蟋蟀取乐。

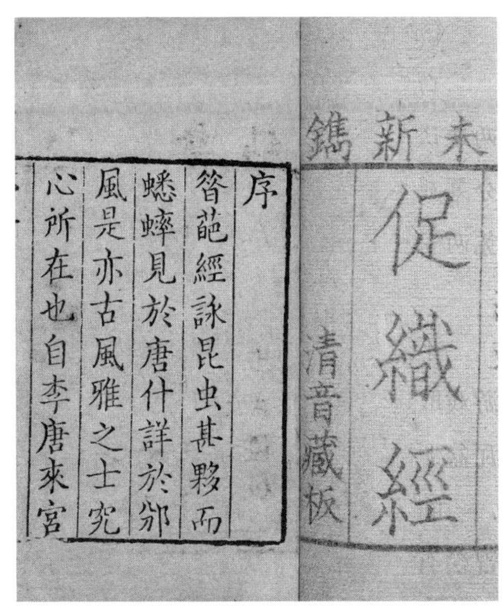
新鐫
促織經
清音藏板
序
昔葩經詠昆虫甚夥而
蟋蟀見於唐什詳於豳
風是亦古風雅之士究
心所在也自李唐來宮

《促织经》书影

这个与秦桧同列《宋史·奸臣传》的权臣，骄奢淫逸，玩军误国，落得千秋骂名，却写出了世界第一部关于蟋蟀遴选、决斗和饲养的专著《促织经》。从《促织经》中，我们可以得知南宋时斗蟋蟀的概况。

南宋之时，民间蓄养蟋蟀、斗蟋蟀很盛。有些善斗的蟋蟀，倍受主人的喜爱，甚至蓄蟋蟀者死后，还用蓄蟋蟀用具随葬。江苏镇江、南京墓葬中曾出土过多只蟋蟀罐。美国大地自然博物馆藏有一幅南宋儿童斗蟋蟀图。南宋斗蟋蟀之风由此可见一斑。

明清以来，斗蟋蟀之风一直流行，《促织志》《促织谱》《蟋蟀秘要》一类的书籍也陆续问世。

明清两朝民间斗蟋蟀活动常与赌博相联系。《五杂俎》卷九记载：明代“三吴有斗促织之戏，斗之有场，盛之有器，必大小相配，两家审视数四，然后登场决赌”。

斗蟋蟀除了用草外，也有用马尾鬃的。斗时，将个头大小相类的两只蟋蟀放入大盆内，然后用蟋蟀草引逗到一处互相咬斗。几经交锋，负者便低首退却，胜者则振翅欢唱。负者一方即输掉若干银两或钱币。

《清嘉录》是这样记述清代赌斗蟋蟀活动的：

白露前后驯养蟋蟀，以赌斗为乐，谓之秋兴，俗名斗赚绩。……斗时在台上两造认色，或红或绿，曰标头。台下观者，即以台上之胜负为输赢，谓之贴标斗。分筹码，谓之花，以制钱（即铜钱）一百二十文为一花，一花至百花千花不等，凭两家议定，胜者得彩，不胜者输金。

不过相比较而言，斗蟋蟀赌钱终究是少数人，民间斗蟋蟀的主要目的还在于游戏取乐。蒋一葵《长安客话》卷二说："京师人至七八月，家家皆养促织。……瓦盆泥罐，遍市井皆是，不论老幼男女，皆引斗以为乐。"

除了文献描述，当时还有绘画形象地展示了当时斗蟋蟀的情景。清人吴友如曾绘有一幅儿童斗秋虫图，图中边款云："同称飞将，一决雌雄。漫言儿戏，亦奏肤功。"

《燕京岁时记》记载："七月中旬则有蛐蛐儿，贵者可值数金。有白麻头、黄麻头、蟹胲青、琵琶翅、梅花翅、竹节须之别，以其能战斗也。"

上等蟋蟀，均系主人不惜重金购得，名虫必用青白色泥罐贮之。"蛐蛐罐有永乐官窑、赵子玉、淡园主人、静轩主人、红澄浆、白澄浆之别，佳者数十金一对"。

清末粉彩蛐蛐罐

每一罐内须置一小扇面形过笼，作为雌雄蟋蟀交尾的"洞房"。

清代北京冬至这天人们以虫会友，进行传统的"封盆"格斗。

早年间斗蟋蟀规定：以二十四罐为一棹，斗之前，要先比较蟋蟀的个头大小，同一等级的即大小相当的才放入一盆决斗。两条体重相等的雄性蟋蟀一旦移进斗盆，彼此寻觅"情敌"，相遇后即互相厮杀，战胜的蟋蟀，皆冠以“将军”称号。输赢亦有赌注，一般为数斤月饼或水果，主要在求一乐。

在清末，许多地区还形成了蟋蟀会，并颇具规模。

轻浮赌胜各南埔：击壤

击壤是我国古代一项古老的投掷游戏，如果从传说中的尧算起，到现在至少已有4000年的历史了。

但击壤究竟产生于何时，目前还难以确考。不过，击壤的产生大约与狩猎有关。

远古时代，人类用木棒猎打野兽。为了投掷得更准确些，平时便要练习。后来，狩猎工具得到了改进，有了弹弓和弓箭，一般就不再依靠木棒来掷击野兽了，这种练习便逐步演变成一种游戏。

晋皇甫谧《帝王世纪》中记载：“（帝尧之世）天下大和，百姓无事，有八十老人击壤于道。”

在《高士传》中也曾记述了尧时存在击壤的游戏，说尧出游于田间，路遇“壤父”击壤于道旁，一边击壤还一边歌唱。

在汉代王充《论衡·艺增》中曾记载一首尧时击壤老人唱的歌谣：

日出而作，日入而息，凿井而饮，耕田而食，尧何等力！

意思是说太阳出来起床劳动，太阳落山回家休息，打井有水喝，种地有粮吃，击壤跟尧有什么关系呢！

这里是反驳旁观者说击壤是尧的大恩大德，“帝尧之世，击壤而歌”的记载则成了后世歌颂太平盛世的典故。

两晋南北朝时，击壤开始在民间流行。南朝诗人谢灵运在《初去郡》诗中写下了“即是羲唐化，获我击壤声”的诗句。张协的《七命八首》诗中也有“玄龆巷歌，黄发击壤”之句，是说当时黑发的童子在歌唱，黄发的老翁在玩击壤的游戏。

对于击壤时所用的壤，在三国魏邯郸淳《艺经》中有记载："壤以木为之，前广后锐，长尺四，阔三寸，其形如履。将戏，先侧一壤于地，遥于三四十步以手中壤敲之，中者为上。"明王圻《三才图会》中也有同样记载，说明击壤在古代是有比赛、分争高低上下、力求准确性的投掷运动。

击壤早已失传，大约是因为这种游戏太过单调的缘故。不过，击壤后来发展成为击砖游戏，用砖代替了壤，比赛的规则也比较完善了。

虽然击壤在成人游艺活动中没有继承下来，但却在儿童的游戏中延续下来。宋代时流行于寒食节、清明节前后的儿童抛堶游戏和明清时儿童游戏"打瓦""打板""打草"等都是用瓦块、石头玩的击壤游戏。

明代人杨慎著的《丹铅余录》卷九中记载："宋世寒食有抛堶之戏、儿童飞瓦石之戏，若今之打瓦也。"

梅都的《禁烟》诗也说："窈窕踏歌相把袂，轻浮赌胜各南堶。"堶，七禾切，或云起于尧民击壤。

明代开始，还出现了一种名叫"打柭"的游戏，实际上就是从击壤发展而来的。

当时，打柭在全国各地的儿童中较为流行，只是史籍忽视，未予记载。各地名称不一，有叫打嘎、打白棍、打腊棍的，江南一带则叫拷棒。在游戏方法上，也略有不同，除了一击令起、再一击令远、以近为负的方法外，还有抢接、罚接等方法。

吴文徵《击壤图》

张侃在《代吴儿作小至后九九诗八解》诗中提到了一种叫"抛堶"的游戏，诗云："五五三三抛堶忙，柳丝深处映波塘。"

宋代以后类似抛堶的游戏，还有"飞石"。《太平御览》记载飞石的玩法是："以砖二枚长七寸，相去三十步立为标。各以砖一枚，方圆一尺掷之。主人持筹随多少。甲先掷破则得筹，乙后破则夺先破者。"可见，这是一种带有赌博性的"飞石"比赛。

明代文学家杨慎有一首《击壤图》诗，寓意

深远：

陶唐天子调八风，凤仪兽舞明廷中。
谁知鼓腹行歌者，复有山中击壤翁。
短袖单衣露两肘，野状村容不自丑。
掀髯笑傲肩相随，共道帝力我何有。
柳谷饯日旸谷宾，老翁那记昏与晨。
一作一息有出入，时耕时凿无冬春。
蓂荚开残又朱草，生来未识平阳道。
海隅赤日烧九州，寰中息壤汩洪流。
已见天戈挥丹浦，更闻风伯殪青丘。
老翁其间百不忧，直从红颜到白头。
君不见许由逃尧劳步履，巢父洗耳污清沘。
华封老人费言辞，康衢小儿强解事。
姑射丰姿虽可珍，神仙仿佛信难真。
君看击壤千年后，多少行歌带索人。

却忆昆仑狄武襄：射侯

射侯又叫“射鹄”“射鼓”，也就是后来的射箭游艺。侯、鹄、鼓均指箭靶的中心，《礼记·射义》说：“故射者各射己之鹄。”射鹄就是箭射靶心，即“射侯”。

侯用皮革或布制成，上画以熊、虎、豹、麋等兽形。侯的形状和规格，古时因射者身份的高低而有较为严格的规定。

《周礼》中记载的六艺“礼、乐、射、御、书、数”，即将射箭列入其中。当时规定，男子 15 岁就要开始习射，成年后要按不同等级，在不同的场所继续练习射箭，而后参加每年举行的不同等级的射箭比赛。比赛时要进行饮酒、奏乐等一系列繁杂的礼仪，被称为射礼。这可以说是世界历史上较早的射箭比赛了。

春秋战国时期，射箭得到了更大的发展。当时思想文化领域的诸子百家，也对射箭表现了极大的关注和热情。

据《礼记·射义》所载，孔子在“矍相之圃”射箭时，观看的人围得像墙似的，这也许是孔子对弟子进行“射以观德”的教育。荀子、墨子等也都是射箭好手，并将射箭作为对学生进行教育的主要内容之一。

东汉彩绘陶乐舞俑

从战国至隋唐时期，射箭的竞技和娱乐色彩渐浓，并产生了正式的射箭竞赛活动。

《北史·魏宗室常山王遵传》曾记道：孝武帝在洛阳的华林园曾举行过一次射箭比赛，当时是将一个能容两升的银酒杯悬于百步以外，19 个人进行竞射，射中者即得此杯。结果，濮阳王顺喜获此奖杯。这当是我国历史上最初的奖杯赛。

在敦煌莫高窟北周时期的壁画中，也有表现射侯比赛的画面。

南北朝时期，洛阳人长孙晟是个大名人，其子为唐朝名相长孙无忌，其女为唐太宗的文德皇后长孙氏。

长孙晟很有军事才能，尤其擅长射箭。北周宣帝为了安定北方突厥，决定把一位公主嫁给突厥可汗，长孙晟奉命护送公主和亲。

跨越漫漫黄沙，历经千辛万苦，长孙晟一行人终于到了突厥。

突厥可汗大摆酒宴，宴请长孙晟等人。酒过三巡，按照当地习俗要比武助兴，突厥可汗命人拿来弓箭，要长孙晟射百步之外的铜钱。

只见长孙晟拉弓射箭，嗖的一声射进了铜钱的小方孔。众人见状，齐声喝彩。

从此，可汗对长孙晟非常敬重，留他在突厥住了一年，并经常邀他一起打猎。

一次，二人在打猎时，看见天空中有两只大雕在争夺一块肉。可汗给长孙晟两支箭，问他：“你能把这两只雕射下来吗？”

“一支箭就够了！”长孙晟信心十足地说。

他策马驰去，开弓引箭，两只大雕被一箭穿过，掉落下来。

这就是成语“一箭双雕”的来历。

唐代，由于射箭所具有的竞赛性与娱乐性，因而又常常成为文人们的一项文娱活动。诗仙李白、诗圣杜甫均是射箭能手，李白曾自诩为“一射两虎穿”“转背落双鸢”，而杜甫在打猎中则“射飞曾纵鞚，引臂落鹙鸧”。

宋代，由于射箭活动在民间十分普及，因而人们开始打破束缚人的射礼礼法，而将其作为一种游戏形式。

北宋时的欧阳修便参照古礼制定出“九射格”。九射格是将古射礼纳入酒令，并用九种动物绘为一个大侯，熊居中，上虎、下鹿，右绘雕、雉、猿，左侧雁、兔、鱼，每种动物各有筹，射中其物，则视筹所在位置而饮之。

明清时代，射侯遍及朝野，笔记小说、诗词俚曲，每见记咏，并有宫廷的、民间的绘画、版画等流传下来。

在故宫博物院收藏的一幅《明宣宗宫中行乐图》中，其中第一部分即是射侯图。画面有宫中射手十四人，其中一人正拉满弓欲射，其余十三人散立其左右。远处立旗帜两面，两旗当中立侯。旗之两侧，各立二人准备拾箭。

此外，清代的法国画家王致诚曾绘有一幅《乾隆射箭油画挂屏》，这幅画以清高宗乾隆皇帝在避暑山庄射箭习武为题材绘成。图中，乾隆皇帝在大臣们的陪同下，正在执弓射靶。画面侯（靶）的形象和射箭者的姿态被描绘得很有特点。

清人李声振《百戏竹枝词》中就有一首专咏清人射侯的词，名为《射鼓》，其中这样写道：

《明宣宗宫中行乐图》之射侯图

熊虎为侯此滥觞，连环绣革试穿杨。

太平脱剑军鼙息，却忆昆

仑狄武襄。

诗中所用的是宋代名将狄青破昆仑之典。

射侯虽是闲时游戏，但早期也是用于武备的。清人震钧的《天咫偶闻》卷一有记载说："国家创业，以弧矢威天下，故八旗以骑射为本务。而士夫家居，亦以射为娱，家有射圃，良朋三五，约期为会，其射之法不一，曰射鹄子：高悬栖皮，送以响箭；鹄之层亦不一，最小者为'羊眼'。"表明满清政府重视射箭由来已久，甚至相沿成俗。

在满族还有这样一个传统习俗，当家里生子时，必在门外挂一张小弓箭，祝愿他以后成为好射手。

清代的北京城里，除了士大夫家有射圃之外，市井中亦设有箭场，《天咫偶闻》《清稗类钞》等书中均有所记述。

当时的百本张抄本《子弟书》中还有《射鹄子》唱段，曲中唱到箭场中的设置时说：在一个院落中，四面环墙，"有个平台儿小小五间盖在正北，将那鹄棚、箭挡儿都设在正南"。开箭场的叫"棚东"，来射鹄的都是些纨绔子弟，自带弓箭，前来互相角射。这样的鹄场，一律以射为赌，门前往往写着"步靶候教"几个大字。

清代政府屡下赌禁，唯独射赌不在禁列。几个年轻好胜者中的一人首先开口道："请开弟儿罢，天已不早，咱们是抓筹哦、赶正哦，还是射签？"这时棚东上前道："罢罢罢，不要像当年，是谁呀，还下着账，倒不如商议人人都抹个现钱。"

此段描述反映出射侯作为一项游艺形式，也已经成了娱乐文化的重要内容。

曲折轻巧入窝圆：捶丸

捶丸，即是我国古代以球杖击球入穴的一种运动项目。"捶"即击打，"丸"即小球。

这是一种用球杖击球，以将球击入球穴多少定胜负的捶丸之戏，与如今的"高尔夫球”相类似。

捶丸之戏盛行于宋、金、元、明四朝，但它最早源于唐代的“步打球”。

［宋］无名氏《蕉阴击球图》

唐代帝王、贵族爱好马球，由于马的奔腾迅猛，往往发生摔伤事故，因而为了适应贵族妇女不善骑马的需要，出现了一种徒步持球杖打球的游戏方法，名叫“步打”。

唐代诗人王建《宫词》诗中有“殿前铺设两边楼，寒食宫人步打球。一半走来争跪拜，上棚先谢得头筹”的诗句，说明这种用球杖击球的步打，在1000多年前的宫廷妇女中已经十分流行。

宋、元之际，步打逐渐发展为捶丸之戏。宋代宫廷中常专门为皇室贵族举行捶丸活动，供他们游乐。

捶丸活动也受到儿童的喜爱。宋代无名氏所绘《蕉阴击球图》绘有两个儿童各持小杖击球的生动形象。

在山西洪洞县水神庙明应王殿的壁画中，有一幅绘于元朝泰定元年（1324年）的《捶丸图》。图中，在云气和树石之间的平地上，两位身穿红袍的男子，手持球杖，各据一方。左一人俯身做击球姿势，右一人侧蹲注视前方地上的球穴。稍远处有两个侍者各持球棒，全神贯注地观看双方捶丸。这幅壁画生动地反映出元代捶丸的真实情况。

元代《捶丸图》壁画

元世祖至元十九年（1282年），一位以“宁志斋”为书斋名字的老人，总结过去和当时捶丸活动的方式和规则，著成了《丸经》一书。

这本书共2卷，32章，详细记述了捶

丸的场地、用具、活动人数、方式、裁判规则等。

宁志斋老人认为捶丸有益健康，尤其是对终日坐读、筋骨不舒的知识分子来说，可以“养其血脉，以畅四肢”。

从事捶丸活动，先要选择有凸、凹、坡、坎等地形富于变化的场地，掘好一定数目的球穴，然后按分班对抗、多人对抗或二人单打三种形式，确定活动方式。

活动开始，在离球穴60至100步的地方，用鹰嘴状或橘瓣状球杖将球击入球穴。三杖内击入者得一筹，如有犯规者，则少计一筹或倒扣一筹，最后以得筹多少定胜负。

《丸经》是中国捶丸活动的唯一专著，因此显得十分珍贵。

捶丸之戏，在明代的较大城市中仍很常见。

明朝人周履靖在重印《丸经》跋中说：他年轻时游历全国城镇，看见许多人都玩捶丸。

明宣宗朱瞻基亦爱好捶丸之戏。北京故宫博物院藏有一幅《明宣宗行乐图》长卷，其中有一段描绘朱瞻基亲自下场捶丸的情景，为明代的捶丸活动留下了直观性的记载。

明人杜堇所绘《仕女图》中亦有描绘几个妇女在林中玩捶丸的画面，说明在明代不仅皇族参加捶丸活动，而且一般妇女也喜好捶丸之戏。

杜堇《仕女图》捶丸图

及至清代，捶丸之戏急剧衰落，甚至绝迹。这恐怕与清初严禁百姓进行各种习武健身活动有关。

中国的捶丸与近世欧洲所流行的高尔夫球有不少相似之处，如都有球穴，都用带有弯头的球杖，都以击入球穴多少定胜负等。但是，欧洲高尔夫球的出现要比中国的捶丸晚二三百年。

近世的学者根据大量史料认为，由于蒙古帝国军队的大举西侵，使欧亚交通洞开，中西文化交流日益增多，捶丸之戏便被来往东西方之间的人带到了欧洲，逐渐在荷兰、英格兰等国传开，并对以后出现的高尔夫球产生影响。

这不仅表明中国的捶丸是现代高尔夫球的始祖之一，而且也说明世界文化是世界人民相互启发、相互促进的共同产物。

金盘一掷万人开：六博

棋牌类游戏，是中国人民最主要的娱乐活动之一，不管是在古代还是现代，都有非常大的市场。

中国传统棋牌游戏，有雅有俗，趣味无穷。

从出现至今，棋牌类游戏经历过非常多的变化，其中种类也非常丰富，有从古代的骰子戏、叶子戏、骨牌等到今日的扑克、麻将，还有一些从古流传至今的围棋、象棋等。

传统棋牌类游戏能够存活至今，足以证明其本身非常受普通百姓的喜爱，即使是在娱乐活动如此丰富的今天，仍然是人们的主要娱乐活动之一。

古人能够创造出延续如此之久的游戏，其智慧之深远不得不令我们惊叹。

六博，就是其中较为古老的一种棋牌类游戏。

六博，又作陆博，是一种掷采行棋角胜的古老博戏。

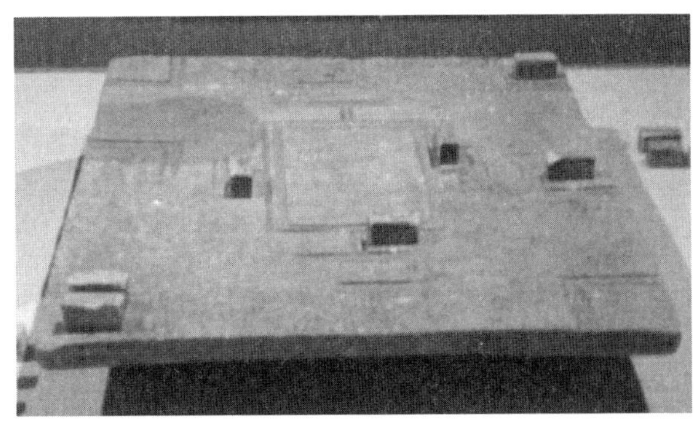

六博游戏的棋盘

六博的出现，比中国象棋要早得多，大约在春秋时期就已经存在了，到了战国时期已相当流行。

楚辞《招魂》中有“崑蔽象棋，有六博些。分曹并进，道相迫些”的记载，反映出战国前后在荆楚一带已流行着六博棋游艺。

《史记·苏秦列传》在描写齐国都城临淄繁荣的景况时，也提到当地许多人在做“斗鸡走狗，六博蹹鞠”的游艺。

这些记述表明六博游戏在当时已相当普及了。

秦、汉是我国多种游戏产生和发展的时期，六博在这一时期也得到更加广泛的传播。上至贵族官僚，下至黎民百姓无不乐于此道，成为宫廷和民间喜闻乐见的棋戏之一，并出现了一些与六博相关的有趣故事。

《说苑·正谏篇》记载，嫪毐被封为长信侯后，以太上皇自居。在秦王嬴政行冠礼的宴会上，设六博助兴，博戏中嫪毐因管不住自己那三寸舌头，口出狂言，结果被满门抄斩。

汉代景帝为太子时就喜好六博。一次汉景帝同吴王刘濞的儿子做博戏时发生口角，竟提起博具砸向吴太子，造出了一场命案。从此刘濞怀恨在心。到景帝登基的第三年，刘濞终于联合楚、赵诸王，以“清君侧”为名举兵叛乱。

这些事件，从侧面反映出当时上层王公贵族好为六博游艺的风尚。

晋人葛洪在《西京杂记》中曾记载了这样一件事：“许博昌，安陵人也，善陆博，窦婴好之，常与居处。”其间，许博昌创编了一套六博棋的游戏口诀，使得“三辅儿童皆诵之”。后来，“又作《六博经》一篇，今世传之”。

这里向我们展示了当时民间对博戏的喜好，以至连京师周围的小孩子都能顺口而歌六博诀。而《六博经》的出现，则是汉代六博游戏发展的又一显证。

汉代还出现了一些专以博戏为业的人，这些人被称为“博徒”。如《后汉书·许升娄传》就称“（吴许）升，少为博徒，不理操行”。《盐铁论·授时》亦言当时“博戏驰逐之徒，皆富人子弟”。

这种情况一直延续到三国时期，以致出现了因“好玩博弈”而达到“废事弃业，忘寝与食”的地步。

六博最初是一种带有比赛性质的娱乐游艺活动，后来逐渐发展成一种赌博手段。在中国，随着六博赌博化趋势的加强，在博法上原先六箸得胜的计算容量，已远远满足不了博徒心理的需要。人们的注意力及胜负判断已主要集中在掷箸（即掷采）这一步骤上，侥幸心理与求财动机如影随形，“博”“赌”渐渐合为一体。

这样一来，失去了大众的六博在汉代以后逐渐呈衰势，进入晋代后便销声匿迹了。

在国外，随着“丝绸之路”的开辟，六博游戏也传了出去，东晋、十六国时已传至印度。不过，在隋唐以后，传至国外的六博游戏也逐渐消失了。

计筹花片落牙钱：双陆

在我国古代的博戏中，除了六博以外，还有一种叫“双陆”的盘局游戏曾经风行一时。

这种博戏在古代又叫“握槊”“长行”，另外还有“波罗塞戏”的别名。

关于双陆游艺在中国的出现，有着多种说法。

《事物纪原》一书说，三国时曹魏的“陈思王曹子建制双陆，置骰子二”；而《山樵暇语》则认为“双陆出天竺（今印度）……其流入中国则自曹植始之也”。

上述两种看法虽在双陆的起源方面相异，但均以汉魏之际作为在中国出现的始发点，表明双陆这一棋戏于三国时已在中国流行了。

宋人洪遵著有《谱双》一书，其中将双陆分为北双陆、南双陆、大食双陆、真腊双陆等多种制式，其棋盘刻线均不相同。从这一点来分析，双陆当是舶来之品。传入日久，才化入民族文化之中，成为中华古游戏。

［唐］周昉《内人双陆图》

双陆传入中国后，流行于曹魏，盛于南北朝、隋、唐以迄宋、元时期。但隋以前的史籍中，谈及双陆者鲜见；到了唐朝，记载才多起来。

《旧唐书·后妃传》记载：武三思进入宫中，被升为御床。有一次和韦后打双陆，唐中宗就在一旁为他们点筹进行娱乐游戏。

唐代张读的《宣室志》里还记述了这样一个故事：

有个秀才一天在洛阳城内的一处空宅中借宿，睡梦中看见堂中走出道士、和尚各 15 人，排作 6 行；另有两个怪物出现，各有 21 个洞眼，其中四眼闪动着红光。道士和和尚在怪物的指挥下或奔或走，分布四方，聚散无常。每当一人单行时，常被对方的人众击倒而离开。

第二天，秀才在堂上寻找，结果从壁角中发现双陆子 30 枚、骰子 1 对，才明白了原委。

从这则故事中，我们看出流行于唐时双陆的大略形制。

在日本，现存有一部叫作《双陆锦囊钞》的书，书中简要地述说了双陆的玩法。日本的双陆是唐朝时传入的，因此，其格式和行棋方法完全照搬唐式。

根据书中所述，一套双陆主要包括棋盘，黑白棋子各 15 枚，骰子 2 枚。其中棋盘上面刻有对等的 12 竖线；骰子呈六面体，分别刻有从 1 到 6 的数值。

游戏开始时，首先掷出二骰，骰子顶面所显示的值是几，便行进几步。先将全部己方 15 枚棋子走进最后的 6 条刻线以内者，即获全胜。

由于这种棋戏进退幅度大，胜负转换易，因而带有极强的趣味性和偶然性。

宋代，双陆游艺在各地更为普及。

当时，北方的酒楼茶馆里，往往设有双陆盘，供人们边品茶边玩双陆。

城市中还出现了双陆的赌博组织，一般在双陆赌博时均设有筹，以筹之多少赌得钱财。外人入赌，还有优惠条件，如预先受饶 3~4 筹（胜一局双陆至多得 2 筹）等，可以想见赌博组织中高手的实力。

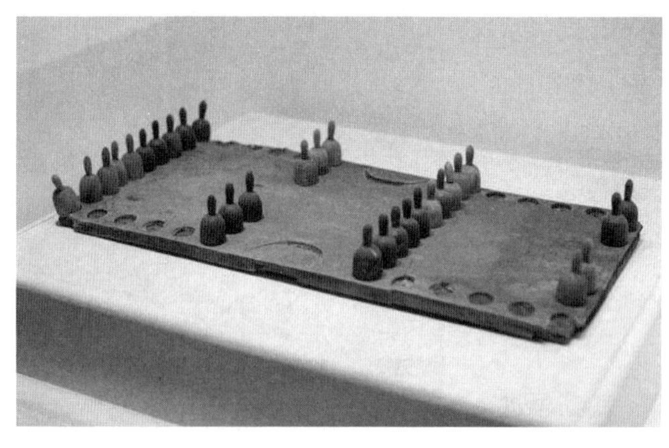

辽墓出土双陆棋具

这时的双陆形制与打法和唐代差别不大。宋末元初人陈元靓在《事林广记》一书中曾刻入了当时流行的“打双陆图”，对双陆的格式、布局有着形象的表现。

1974年，辽宁法库县叶茂台7号辽墓中出土了一副双陆棋具。其棋盘长52.8厘米，宽25.4厘米，左右两个长边各以骨片嵌制了12个圆形的“路”标和一个新月形的“门”标。棋子为尖顶平底，中有束腰，高4.6厘米、底径2.5厘米，共30枚，一半为白子，一半施黑漆为黑子。两枚骰子出土时已朽。

这副双陆棋具与《事林广记》中的“打双陆图”形制相一致，反映出当时北方的契丹人中也盛行双陆游戏。

双陆在元代属于一种“才子型”的游戏，为文人及风流子弟所喜爱，像诗人柳贯、曲家周德清、戏剧家关汉卿等均有咏颂双陆的佳作传世。及至明、清，双陆仍在上层贵族及仕女中间流传，不过已略呈衰势。在《金瓶梅》《镜花缘》及《风筝误》等小说、剧本中尚有提及。大概是由于象棋的盛行，双陆这一在中国古代流行了两千余年的博戏便逐渐地不那么时兴了，以致最终失传。

呼卢百万终不惜：樗蒲

樗蒲戏是一种比六博的兴起略晚一些的游艺形式，起始于汉末魏初。

晋人张华的《博物志》曾有“老子入胡，作樗蒲”的说法，说明樗蒲的出现比六博要晚几百年。

汉末繁钦的《威仪箴》中曾有“营梢弄棋，文局樗蒲，言不及义，胜负是图”的描述，说明樗蒲问世不久就成了赌具的一种。

樗蒲是在“六博”基础上的改进与变异的结果。

这首先体现在掷具上的变化。樗蒲的掷具由六博的6枚改变为5枚，所以又叫五木、五投或五骰。

此外，掷具在制作上也由六博的六寸长的箭形，改变为小巧得多的一寸左右甚至更小，其形状为两头圆滑中间略长的椭圆形，更接近后来的骰子，掷出之后滚动灵活。

樗蒲掷具一般用樗木制作，所以叫樗蒲，呈两面体形状，用黑、白两种颜色来区别。有的还刻有牛犊和野鸡图案，可以组成更为丰富多样的掷采图案。

樗蒲掷采不在棋枰上，而在一种形状稍大的“杯”中投掷；加之樗蒲外形长圆小巧，掷出之后，圆转灵活，齿采变化万端，更提高了趣味性与偶然性。

樗蒲的棋枰仍然用木制作，但是棋枰上不再绘出行棋曲道，而是用筹码性质的 120 枚矢（或者 360 枚矢）排列成行棋的路线。不管用 120 枚矢也好，360 枚矢也好，都按三等分。

如果用 120 枚矢排列棋道，则每节（每组）应排 40 枚矢。节与节之间留出一定的空隙，这就是“关”。“关”前和“关”后的一枚矢就叫作“坑”，或者叫作“堑”。

这就是唐人李肇《国史补》中所说的“法三分其子为三百六十，限以两关（两个间隙），人执六马”的意思。所谓“马”，就是棋子。

玩樗蒲的人数一般不超过 5 人，每人分执一种颜色的棋子（马）4 至 20 枚。然后按一定的顺序，各人轮流掷采。

由于五木的掷具每个都有两面颜色或图案，这样可以出现 10 组不同的齿采。每种齿采对应着规定的“采数”，这就是自己的马（棋子）应当移动的步数。

齿采有王采（贵采，不太容易出现）、氓采（又叫珉采、杂采）的区别。凡是打马（吃掉别人的马）、越关、出坑，都必须要掷出王采才行。

由于参加人数可以达到 5 人，5 人所行之马就有可能在同一位置上相遇。假设是自己的马相遇在同一位置，可以重叠而行。如果遇上别人的马，自己又掷得贵采，就将别人的马打掉。

樗蒲游戏采用五木掷采行棋，齿采的变化多种多样，又在行棋中设置了“关”“坑”以及和敌方马相遇的种种可能，由此产生的“出关”“越坑”“打马”等名目，使樗蒲变得饶有兴味，乐趣无穷，确实能起到愉悦身心、启迪智慧的作用。

但是，五木后来的发展开始趋于简单化，舍弃行棋而只保留掷采了。参赛各方只凭手气相遇，只要能掷出王采来，就可以战胜对方。这样自然省却了出关、越关、跳坑、打马之类环节，但也导致游戏因素的弱化与娱乐成分的衰减，往往只被赌博之徒所偏爱。

据《太平御览》卷七五四中所记，不少人所玩的樗蒲已经没有行棋的内容而只有掷采来角胜负。

又如《晋书·刘毅传》中所记：“毅于东府聚樗蒲，大掷，一判，应至数百万。余人并黑犊以还，唯刘裕及毅在后。毅次掷得雉（野鸡），大喜，褰衣绕床，叫谓同座曰：‘非不能卢，不事此耳！’裕恶之，因援五木久之，曰：‘老兄试为卿答。’既而四子俱黑，其一子转跃未定，裕厉声喝之，即成卢焉。毅意殊不快。”他们之间的赌博显然只重齿采而不行棋了，并且赌注大得惊人。

据《世说新语》记载，桓温在樗蒲赌博中手气不好，输了很多钱，很不甘心，便请来了赌场神手袁耽为他捞本钱。这时袁耽虽然还在服丧，但也毫不在意，他本人原来就是嗜赌成性。袁耽立即脱下丧服，一同赶赴赌场。

对方赢得正来劲，看见袁耽与桓温一道赶来，他只听说过袁耽常胜将军的事迹，却未见过本人，于是对袁耽说：“你总比不上袁彦道（袁耽字）吧！”于是和袁耽展开一场竞赌。

袁耽和桓温一起大吼大叫，加强心理攻势，果然把桓温输的钱全部捞回来了，还倒赢了不少。

唐代时，西北地区屯住着大批军士，棋戏樗蒲又风行起来。

李白诗《少年行》云：“呼卢百万终不惜，报仇千里如咫尺。”

开元天宝年间，唐玄宗好樗蒲，杨国忠因善于樗蒲而大受宠幸。屯边兵士更是沉湎于此，甚至影响到了唐军的战斗力。

南宋时期，樗蒲逐渐没落下去，李清照《打马赋》云：“打马爰兴，樗蒲遂废。”南宋末，樗蒲就废而不兴了。

樗蒲，这种在中国古代流行时间不长的游艺形式，因后来纯粹沦为赌博的器具而逐渐消失在历史的长河之中。

闲敲棋子落灯花：围棋

在中国古代游戏史上，围棋、象棋等棋类游戏都是属于智力型的游戏形式，其中又以围棋的历史最为悠久。明谢肇淛云："古今之戏，流传最为久远者，莫如围棋。"

早在先秦时期，围棋已在社会上流行。到了汉魏唐宋时期，围棋得到了很大的发展。直至元明清几代，围棋还是一直盛行不衰。这种能够历时数千年而经久不衰、传承无数代而始终不绝的游戏形式，在中外游戏史上都是少见的。

围棋，亦作围綦或围碁，古称弈，是中国最古老的棋戏之一，相传为尧、舜所发明。晋人张华在《博物志》中就说："尧造围棋以教子丹朱；或曰舜以子商均愚，故作围棋以教之。"尧、舜为远古传说中的人物，约相当于我国的原始社会末期。这个说法虽然并不可信，但却反映了围棋的起源之早。

春秋战国时期，围棋在社会上已经相当普遍。如在《论语·阳货》中，孔子对他的弟子说："饱食终日，无所用心，难矣哉！不有博弈者乎，为之，犹贤乎已。"意思是说与其整天游手好闲，还不如去玩玩博戏、下下围棋。

当时，还涌现出了一些著名的棋手，如弈秋。据《孟子·告子上》记载："今夫弈之为数，小数也；不专心致志，则不得也。弈秋，通国之善弈者也。使弈秋诲二人弈，其一人专心致志，惟弈秋之为听。一人虽听之，一心以为有鸿鹄将至，思援弓缴而射之，虽与之俱学，弗若之矣。"这段记载反映了当时的围棋水平已经相当高，弈秋是人们所公认的围棋高手，大概也是专门教棋的棋师。

明万历黑漆棋桌

围棋理论发展也很快，《尹文子》说："以智力求者，喻如弈棋，进退取与，攻劫放舍，在我者也。""进退取与，攻劫放舍"是围棋术语，这说明当时已经形成围棋的基本术语与着法。

当时人们还喜欢以围棋来譬喻处世哲理，如《左传》襄公二十五年（前548年）记载太叔文批评宁喜说："今宁子视君不如弈棋，其何以免乎？弈者举棋不定，不胜其耦，而况置君弗定乎？必不免矣。""举棋不定"这个成语即来源于此。

到秦汉时期，围棋继续流行。汉代帝后宫人都非常喜欢下围棋。汉初戚夫人的侍女贾佩兰说：宫中流行于八月四日"出雕房北户，竹下围棋，胜者终年有福，负者终年疾病，取丝缕，就北辰星求长命乃免"。将下围棋与求祸福联系在一起，这也算是汉宫寂寞的宫人们苦中作乐的一大"发明"吧。汉景帝也喜欢围棋，在其阳陵南阙门遗址中曾发现过纵横十七道的陶制围棋盘，这说明西汉时期围棋形制已较为复杂。汉武帝也非常喜欢下围棋，传说他在甘泉宫时，有玉女降临，经常与他一起下围棋娱乐。

西汉时期的著名棋手为关中杜陵人杜夫子，号称"天下第一"。有人嘲笑他下棋浪费时日，他却说，精通棋道的人，足以对治道有很大的帮助。对围棋能有这样的见地，难怪他能够成为"天下第一"的高手。

东汉时期，围棋继续发展。桓谭在《新论》中说围棋手分上、中、下三等，说明在汉代喜欢围棋的人很多，并且经常举行围棋比赛，所以才会开始出现棋手的分级现象。

在现代考古中，也发现了许多有关东汉时期围棋的文物。如在河北望都东汉墓中出土的汉代石制围棋盘，纵横各十七道；在安徽亳州东汉墓出土的石制方形围棋子，与传统的圆形围棋子有所不同。

这一时期还涌现出了许多围棋专论，如著名史学家班固的《弈旨》中说："北方之人，谓棋为弈……局必方正，象地则也，道必正直，神明德也，棋有白黑，阴阳分也，骈罗列布，效天文也，四象既陈，行之在人，盖王政也。……上有天地之象，次有帝王之治，中有五霸之权，下有战国之事，览其得失，古今略备。"他把围棋的作用提高到可以借此理解宇宙与人事的高度，也只有文人士大夫才会生发出如此深奥的想法。

魏晋南北朝时期围棋取得了较大的发展，围棋活动更加普及，围棋高手不断涌现，围棋规则更为成熟，围棋著作层出不穷。这一时期由于玄学兴起并流行，围棋活动也因其格调高雅、奥妙无穷而被雅称为"手谈"或"坐隐"。

汉魏之际，弈风甚盛，涌现出了一批围棋高手。据晋人张华《博物志》记载："冯翊山子道、王九真、郭凯等善围棋，太祖（曹操）皆与埒能。"这说明曹操也是位弈林高手。魏文帝曹丕、任城王曹彰以及卞后也都喜欢弈棋。曹彰被曹丕毒死之前，还在卞太后房中与曹丕一起下棋。"建安七子"中有好几位精通棋道者，如应玚便是一位深明弈道的高手。他在其所著的《弈势》中曰："盖棋弈之制所尚矣，有像军戎战阵之纪。"他从历史上一些著名的军事家和战争实例来论述围棋阵势，指出弈道与用兵之道是有相通之处的，只有对围棋有着深刻理解的弈林高手才会有如此的领悟。

王粲也是一位围棋高手，而且记忆力超强。据《三国志》卷二十一《魏书·王粲传》记载："观人围棋，局坏，粲为覆之。棋者不信，以帕盖局，使更以他局为之。用相比较，不误一道。"他还作有《围棋赋序》，称赞围棋："清灵体道，稽谟玄神。"

当时儿童也有精通围棋者。据《魏氏春秋》记载：孔融被杀时，他的两个儿子年方八岁，"时方弈棋，融被收，端坐不起。左右曰：'而父见执，不起何也？'二子曰：'安有巢毁而卵不破者乎！'"结果二子也一起被害。成语"覆巢无完卵"就来源于这个故事。

两晋时期，也有许多围棋爱好者。如晋惠帝太子好弈棋，宠臣贾谧"常与太子弈棋争道"。军咨祭酒祖纳"好弈棋"，常以之为"忘忧"之道。当时名士经常聚饮围棋，如裴遐下棋非常专注，他曾因与人下棋而没有顾得上理睬敬酒者，结果被拽倒在地，居然面不改色，爬起身来，回到座位上，下棋如故。又如袁羌与人下围棋，殷仲堪前往观战时，"问袁《易》义，袁应答如流，围棋不辍。袁意傲然，殊有余地，殷撰辞致难，每有往复"。

东晋门阀士族中喜欢围棋的人也很多，其中以所谓的"王谢世家"为代表。如王导父子就爱好围棋，王导曾与其长子王悦弈棋争道；次子王恬的棋技更高，号称"中兴第一"。谢安、谢玄叔侄也爱好围棋。孝武帝太元八年（383 年），前秦主苻坚亲率大军南下伐晋，晋廷以谢安主持御敌大事。军机紧急之际，谢安却会集亲朋，与即将开赴前线的谢玄围棋赌别墅，并赢了棋艺比自己高的谢玄。谢玄破敌后，捷报飞送谢安。谢安正在与客人下围棋，看过捷报后，便不动声色地随手放在床上，若无其事地继续下棋。

两晋时期还流传着一则关于围棋的神仙故事：王质入山伐木，见二童子围棋，坐观之。及起，斧柯已烂尽。后人据此以“烂柯”为典创作出许多诗文。

到唐代，围棋进一步趋于科学、合理、定型，进入了成熟阶段。由于围棋是一项比赛智力和毅力的娱乐活动，变幻多端，高深莫测，竞技性和趣味性极强，所以成为唐代棋类活动中最为流行的一种，深受社会各阶层人们的喜爱。

唐宋时期，可以视为围棋游艺在历史上发生的第二次重大变化时期。由于帝王们的喜爱以及其他种种原因，围棋得到长足的发展，对弈之风遍及全国。这时的围棋，已不仅在于它的军事价值，而主要在于陶冶情操、愉悦身心、增长智慧。弈棋与弹琴、写诗、绘画被人们引为风雅之事，成为男女老少皆宜的游艺娱乐项目。

明清两代，棋艺水平得到了迅速的提高，流派纷起。明代正德、嘉靖年间，形成了三个著名的围棋流派：一是以鲍一中（永嘉人）为冠，李冲、周源、徐希圣附之的永嘉派；一是以程汝亮（新安人）为冠，汪曙、方子谦附之的新安派；一是以颜伦、李釜（北京人）为冠的京师派。这三派风格各异，布局攻守侧重不同，但皆为当时名手。在他们的带动下，长期为士大夫垄断的围棋，开始在市民阶层中发展起来，并涌现出了一批“里巷小人”的棋手。他们通过频繁的民间比赛活动，使得围棋游艺更进一步得到了普及。

随着围棋游艺活动的兴盛，一些民间棋艺家编撰的围棋谱也大量涌现，如《适情录》《石室仙机》《三才图会棋谱》《仙机武库》及《弈史》《弈问》等20余种明版本围棋谱，都是现存的颇有价值的著述，从中可以窥见当时围棋技艺及理论高度发展的情况。

清代早期围棋桌

清朝对汉族文化的吸收与提倡，也使围棋游艺活动在清代得到了高度发展，名手辈出，棋苑空前繁盛。清初，已有一批名手，以过柏龄、盛大有、吴瑞澄诸为最。尤其是过柏龄所著《四子谱》二卷，变化明代旧谱之着法，详加推阐以尽其意，成为杰作。

清康熙末到嘉庆初，弈学更盛，棋坛涌现出了一大批名家。其中梁魏今、程兰如、范西屏、施襄夏四人被称为“四大家”。四人中，梁魏今之棋风奇巧多变，使其后的施襄夏和范西屏受益良多。施、范二人皆浙江海宁人，并同于少年成名，人称“海昌二妙”。据说在施襄夏 30 岁、范西屏 31 岁时，二人对弈于当湖，经过 10 局交战，胜负相当。“当湖十局”下得惊心动魄，成为流传千古的精妙之作。

楚河汉界列阵云：象棋

中国象棋是一种很古老的二人对抗性棋类游戏，有着悠久的历史。由于用具简单，趣味性强，成为流行极为广泛的棋艺活动。

关于象棋的起源，历来众说纷纭，有人归纳了六种说法：舜创始说、周武王创始说、先秦创始说、汉代创始说、韩信创始说、印度传来说。

其中以“先秦创始说”的影响较大。这种观点认为：象棋棋局中的“将（帅）、车、马、士、卒（兵）”这几个子，显然是先秦时代的遗制。

战国以前，中原作战主要是使用战车；战国时是车、骑并重；同时春秋战国时代的军队中有甲士、徒卒（或徒兵）的编制。象棋正是形象当时兵制的一种游戏。

另外，在反映战国时代生活的文献中已出现了“象棋”之名。

如屈原《楚辞·招魂》说：“菎蔽象棋，有（又）六博些。分曹并进，相迫些。成枭而牟，呼五白些。”这里提到了“象棋”和“六博”两种游戏。汉代刘向在《说苑》中也说：“雍门周谓孟尝君，足下燕则斗象棋，亦战斗之事乎！”说明战国时期已有“象棋”之戏。但是，这种象棋与后来流行的象棋究竟是不是一回事，还不好轻易下结论。

不管怎样，在战国以后相当长的时期内象棋一直处于发展演变过程中，到宋代以后中国象棋才逐渐定型。

北周隋唐时期，出现了一种“象戏”，有人认为这种游戏就是后来中国象棋的雏形。

关于“象戏”，据说是北周武帝创立的。据《周书》卷五《武帝纪上》载：“天和四年（569年）五月己丑，帝制《象经》成，集百僚讲说。”

这部书在《隋书》卷三十四《经籍志三》著录为一卷，同时著录的还有王褒注的《象经》一卷、王裕注的《象经》三卷、何妥注的《象经》一卷以及佚名《象经发题义》一卷等。这些书都被列于子部兵家类，可见象戏与军事活动有密切关系。可惜的是这些书现在都已经失传了，只有王褒作的《象经序》和庾信作的《象戏赋》还能够见到。

但是这两篇序、赋所敷陈的都是象戏所象征的一些天文、地理、阴阳、四时、五行、律吕、八卦、忠孝、君臣、文武、礼仪、观德之类的内容，从中基本上看不出有关这种游戏的规制及其玩法。

另外，隋文帝杨坚在早年也曾提到过这种游戏。据《隋书》卷六十六《郎茂传》记载：“高祖（隋文帝杨坚）为亳州总管……时周武帝为《象经》，高祖从容谓茂曰：‘人主之所为也，感天地，动鬼神，而《象经》多纠法，将何以致治？’”从这段记载中也搞不清楚这种游戏的具体内容。

唐后期，象戏当更为流行。

大诗人白居易在《和春深》诗中就说：“何处春深好，春深博弈家……鼓应投棋马，兵冲象戏车。”在这首诗中提到象棋中的“兵、车、马、象”等几个棋子，说明这种象戏已经具有后代象棋的一些基本特征。

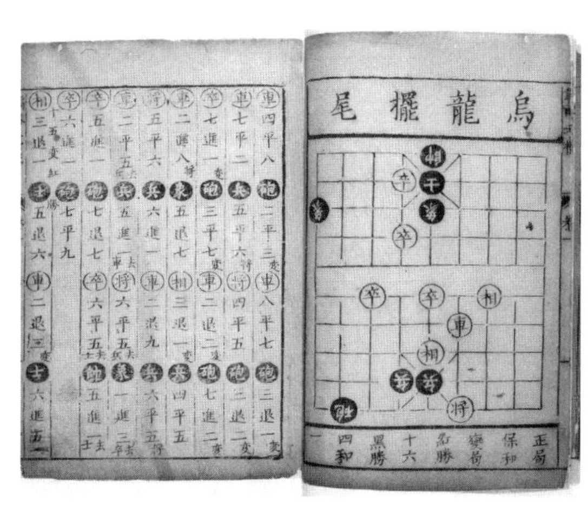

古代象棋谱

当时，在城市中已经出现了专门经营赌馆的店铺，而象戏显然也是这些赌馆供给赌徒们赌博所用的赌具之一。

柳宗元在《龟背戏》诗中也提到象棋云:“修门象棋不复贵。”这表明到唐中期,象棋已经成为一种颇受欢迎的棋类游戏。

宋代,中国象棋基本定型,除了因火药的发明增加了“炮”之外,还增加了“士”与“象”。即在使用带有九宫的棋盘基础上,吸收和借鉴其他棋类的棋子种类并将其中三个兵升级成一个士及两个炮,以符合当时人的趣味。

宋代晁无咎的“广象棋”有棋子 32 个,与现代象棋棋子总数相同,但是不知道棋盘上有没有河界。

宋、元期间的《事林广记》甚至刊载了两局象棋的全盘着法。

宋代是象棋广泛流行、形制大变革的时代。北宋时期,先后有司马光的《七国象戏》、尹洙的《象戏格》《棋势》、晁补之的《广象戏图》等著术问世。民间还流行一种“大象戏”。

明代,可能为了下棋和记忆的方便,才将一方的“将”改为“帅”。

明清时期,象棋有了很大的发展,并涌现出了不少象棋名手和论述象棋的专著。

明代象棋专著有《金鹏十八变》《梦入神机》《橘中秘》等,而由徐芝精选的《适情雅趣》是象棋古谱中最系统、完整、实用的一种。

《橘中秘》中的棋谱多为和棋,个别排局已经涉及古代象棋规则问题,利用规则当中的“将”“杀”等战术手段而达到和棋的目的。

不难看出,明代象棋技术水平和技术理论的发展已经开始趋向精细化,棋手和爱好者对象棋的要求也不再仅仅满足在排局构思巧妙和杀法精彩的层面,象棋的理论发展与技战术融合又迈进了重要的一步。

清代是中国象棋发展的全盛时期,名家辈出,名谱众多。

清代有关象棋著作有《梅花泉》《韬元机略》《心武残篇》《竹香斋象戏谱》《百变象棋谱》等。

其中王再越所著《梅花谱》是中国象棋史上一部带有划时代意义的棋谱,它以战例丰富、变化精微而著称,开创了迄今 300 余年“马炮争雄”的历史篇章。

不仅如此,象棋著名的四大排局“七星聚会、野马操田、千里独行和蚯蚓降龙”也都是在清代完成的。这四个排局各具特色，但都是围绕车、马、炮、兵相互配合而展开，迄今为止仍然是公认的难度最大、最为复杂的。

可以说，清代是古代象棋发展理论和技术战术水平达到巅峰的历史阶段。

雁行鱼贯妆奁戏：弹棋

弹棋是汉唐以来非常盛行的一种棋类游戏。

关于弹棋的起源，向来说法不一。

一说弹棋是神仙发明的。汉武帝好蹴鞠，群臣不能谏，侍臣东方朔进此戏，于是武帝舍蹴鞠而尚弹棋。

一说弹棋是西汉时人刘向发明的。晋葛洪在《西京杂记》中说，汉成帝好蹴鞠，“群臣以蹴鞠为劳体，非至尊所宜。帝曰：‘朕好之，可择似而不劳者奏之。’家君（指刘向）作弹棋以献。”

一说弹棋是源自曹魏时后宫宫人玩的一种“妆奁戏”。

这些说法都不足为凭。

综合多方面史料来看，弹棋在西汉时期就已经出现，在汉武帝时，成为宫中流行的一种游戏。到西汉末年，天下大乱，弹棋才从宫中流散到民间。

到东汉章帝时，弹棋盛极一时。东汉安帝时，乐成王在居丧期间，“弹棋为戏”，受到朝廷的责备。顺帝时，外戚梁冀喜好弹棋，“暑夏之月，露首袒体，惟在樗赭、弹棋，不离绮襦纨绔之侧”。但到冲帝、质帝以后，弹棋忽然一度中绝。

汉献帝时，曹操挟天子以令诸侯，对宫人的管束很严，所有博弈棋具一律不许进入宫中。宫人们便模仿弹棋之戏，以金钗玉梳戏于妆奁之上，人称“妆奁戏”。

到曹魏时期，魏文帝好弹棋。他曾在《典论·自叙》中说：“余于他戏弄之事少，所喜惟弹棋，略尽其巧，少为之赋。昔京师先工，有马合乡侯、东方安世、张公子，常恨不得与彼数子者对。”在他的提倡之下，弹棋之风又开始盛行。

据《弹棋经后序》说：“及魏文帝受禅，宫人所为，更习弹棋焉。当时朝臣名士，

弹棋棋盘

无不争能。”

魏文帝曹丕的弹棋技艺非常高超，别人弹棋用箭或手，他却能用手巾角。

还有比曹丕技艺更高的。据《世说新语·巧艺第二十一》记载：“弹棋始自魏宫内用妆奁戏。文帝于此戏特妙，用手巾角拂之，无不中。有客自云能，帝使为之。客着葛巾角，低头拂棋，妙逾于帝。”

弹棋与一般角智类的棋类游戏规则不太一样，关于早期弹棋的具体玩法，今已不能确知。但从以下这些文献记载，我们可以揣摩出这种游戏的大概样子。

东汉末年，蔡邕在《弹棋赋》中说：“夫张局陈棋，取法武备。因嬉戏以肆业，托欢娱以讲事。设兹矢石，其夷如破（砥）。采若锦缋，平若停水。肌理光泽，滑不可屦。乘色行巧，据险用智”，“荣华灼烁，萼不铧铧。于是列象、雕华、逞丽、丰腹、敛边，中隐四企，轻利调博。易使驰骋，然后筏掣。后棋夸惊，或风飘波动，若飞若浮。不迟不疾，如行如留。放一弊六，功无与俦。”

曹魏时人邯郸淳在《艺经》中也说：“弹棋，二人对局，黑白棋各六枚。先列棋相当。下呼，上击之。”

唐人段成式在《酉阳杂俎》续集卷四“贬误”中说：“《座右方》云：白黑各六棋，依六博棋形（一云“依大棋形”），颇似枕状。又魏戏法，先立一棋于局中，余者斗，白黑围绕之，十八筹成都。”

从这些记载中可以看出，这是一种双人棋类游戏。

弹棋的棋盘大约呈方形或长方形，是用非常光滑的石头制成的，中间隆起，四外低平，两端各有一个虬龙盘成的圆洞。棋子由硬木或象牙等物制成，共黑白 12 枚，每方各 6 枚。

下棋双方各占一边，将棋子摆好，并在棋盘上洒滑石粉，以加速棋子的运行。弹棋或用箭“击”（或“破”），或用手弹，根据对方所摆棋势，采用报、拔、捶、撇等技术，弹开对方的棋子，将自己的棋子弹入对方圆洞；同时调动自己的棋子，布下阵势，阻止对方棋子攻入。先将6枚棋子全部弹入对方洞中者为获胜方。

弹棋是一种非常高雅的游戏，它不同于樗蒲掷彩赌博游戏，“不游乎纷竞诋欺之间，淡薄自如，固趋名近利之人多不尚焉。盖道家所为，欲习其偃亚导引之法，击博腾掷之妙，以自畅耳”（《世说新语》）。

古人还赋予这种游戏以种种美德。如梁简文帝《弹棋论序》说：“故古人或言之礼乐，或比之仁让，或喻以修身，或齐诸道德，良有旨也。”

因此，在魏晋南北朝时期，弹棋在上层社会非常流行。

南朝刘宋人苑景达、孔琳之、杜道鞠等都“善弹棋”；南齐沈文季，“尤善簺及弹棋”；梁元帝还写过《谢东宫赐弹棋局启》。

北周王褒《弹棋》诗曰：“投壶生电影，六博值仙人。何如镜奁上，自有拂轻巾。”作者借用了魏宫典故，认为投壶与六博都不如弹棋精妙，可见当时士人对这种高雅的游戏颇为情有独钟。

到了宋代，也许是由于围棋、象棋的特别兴盛，流行了几百年的弹棋突然销声匿迹，其玩法也从此失传。到元明之时，就连博弈行家谈及弹棋，也要引经据典、费力考究了。

先天旧图编琼叶：叶子戏

叶子牌，是一种纸牌，又叫娘娘牌、祥和牌、邪符牌，是一种古老的博戏。

早在我国汉代就出现了一种叫作“叶子戏”的纸牌游戏。相传是大将军韩信为了减轻出门打仗的士兵的乡愁，在军中发明了“叶子戏”供士兵娱乐之用。因其牌面只有树叶大小，故称

叶子牌

之为叶子戏。

叶子牌有两个手指大小，长8厘米，宽2.5厘米，用丝绸及纸裱成，图案是用木刻版印而成的。

叶子戏的玩法是，大家依次抓牌，大可以捉小，与西方纸牌是一脉相通的。牌未出时都反扣为暗牌，不让他人看见；出叶子后一律仰放，由斗者从明牌去推算未出之牌，以施竞技，和扑克牌的打法相差无几。

叶子戏于元代传到西方，变化成了塔罗牌及现代扑克；而在中国，则逐渐变成麻将及牌九。

关于叶子戏的记载，最早见于唐人苏鹗的《同昌公主传》，内有“韦氏诸宗，好为时子戏”的记载。唐末一名叫叶子青的人还撰写了一部叶子戏专著《叶子格》，详细记载了叶子戏的玩法，说明纸牌发展到此时已相当成熟。

到了五代时期，记载纸牌戏的书已经大量涌现，著名的有《偏金子格》《小叶子格》《击蒙叶子格》等。

到了北宋，杨大年对此又做了进一步的改进，“取叶子彩名红鹤，别演为鹤格”。这种玩法一直延续到了明代，明人方以智的《通雅》云：“叶子格曰鹤格，犹今之纸牌也。”

到了明清时期，叶子戏已经成为社会上非常盛行的一种博戏形式，并逐渐形成一种饮茶时玩的纸牌游戏——马吊。

顾炎武《日知录》中说：“万历之来，太平无事，士大夫无所用心，间有相从赌博者，至天启中，始行马吊之戏。”

叶子戏图

马吊兴起于吴中，时称为“吴吊”。当时的马吊牌上绘有《水浒传》中的人物，如宋江等人。

行牌时，每人先取八张牌，剩余八张放在桌子中间。四人轮流出牌、取牌，出牌以大击小。打马吊牌有庄家、闲家之分。庄无定主，可轮流坐。三个闲家合力攻击庄家，使之下庄为胜。

明代的文人多热衷此道。王崇简《冬夜笺记》说："士大夫好之（马吊），穷日累夜，若痴若狂。"冯梦龙为此还专门写有《马吊牌经》。

吴伟业的《绥寇纪略》认为："万历末年，民间好叶子戏，图赵宋时山东群盗姓名于牌而斗之，至崇祯时大盛。"他甚至认为，"明之亡，亡于马吊"。

至清代，马吊牌又衍生出"斗虎""红楼叶戏""诗牌"等游戏。

在明末清初马吊牌盛行的同时，由马吊牌又派生出一种叫"纸牌"的戏娱用具。

纸牌也是供四人打，由纸制成的牌长二寸许，宽不到一寸。纸牌开始共有60张，分为文钱、索子、万贯三种花色，其三色都是一至九各两张，另有幺头三色（即麻将牌中的中、发、白）各两张。

打牌时，四人各先取十张，以后再依次取牌、打牌。三张连在一起的牌叫一副，有三副另加一对牌者为胜。赢牌的称谓叫"和"（音胡）。一家打出牌，两家乃至三家同时告知，以得牌在先者为胜。

这种牌戏在玩的过程中始终默不作声，所以又叫默和牌，作为马吊牌起源之地的昆山则称之为"闭口叶子"。

江苏吴县人冯梦龙曾著《马吊牌经》，强调打牌的人格："未角智，先练品。毋多言，毋舞机，毋使气，毋堕志，毋侥幸，毋阴嫉。得勿骄，失勿吝，大败勿恋，大胜勿劫。其争也君子，斯为美。"

其后，人们感到纸牌的张数太少，玩起来不能尽兴，于是把两副牌放在一起合成一副来玩，从此纸牌就变成120张。在玩法上，除了三张连在一起的牌可以

马吊牌

成为一副以外，三张相同的牌也可以成为一副。也就是说，上手出的牌，下手需要还可以吃、碰。这时牌的组合就有了“坎”（同门三张数字相连）、“碰”（三张相同）、“开杠”（四张相同）。此时的纸牌又叫“碰和牌”。

清代康熙年间，士大夫仍然喜欢玩马吊，并与赌博结合。尤侗著《戒赌文》载：“今有甚焉，打马斗虎。群居终日，一班水浒。势如劫盗，术比贪贾。口哆目张，足蹈手舞。”

清代马吊玩法承袭明制，乾隆时逐渐禁止马吊游戏，但此戏并未真正禁绝，反倒以马将（麻将）的形式在民间宴饮及其他娱乐活动中流行。

清末，纸牌增加了东、南、西、北四色风牌（每色四张），也即将牌，所以马吊牌又被称为马将牌；江南人称之为麻雀牌，把打马将称为“叉麻雀”。

清末著名学者、文学家俞樾《万年欢·题叶戏新谱》云：

小斗聪明。按先天旧图，编就琼叶。单折重交，仪象六爻排列。
漫费金钱暗掷，更不待、灵蓍重揲。聊随手、几片拈来，震龙坤虎都活。
零星凑来妙绝。看阴阳变化，相配无缺。取坎填离，便是道家丹诀。
吾辈寻常玩物，与世俗、酸咸全别。还只恐、画卦羲皇，太初无此奇点。

方城大战竹林戏：麻将

麻将，又称“麻雀牌”，也叫“雀牌”，是由马吊博戏变化、发展而来的一种牌游艺。

“麻”字可能是马吊牌之“马”字的音转，并直接从先于麻将的“麻雀纸牌”承续下来；“将”字是因为玩法规定，在一副牌中必须有两张同样的牌组成的一副对子，这副对子叫“将”牌。二者合之，遂有“麻将”之称。

关于麻将游艺出现的具体时间，近人杜亚泉先生在《博史》里曾有过这样的考证：“马（麻）将牌始于何时，不能确定，但当较默和牌略后。默和牌始于明之末造，则马（麻）将牌之改作当在明亡之后矣。相传谓马（麻）将牌先流行于闽粤濒海各地及海舶间，清光绪初，由宁波江厦延及津沪商埠。大约明亡以后，达官贵胄及其宗亲子弟，各奔于浙闽两粤之海上，故流传此牌……此时已改制骨牌，且加梅兰竹菊、琴棋书画等花张，称为花马麻将，逐渐流行，由津沪波及全国，盖已五十余年矣。”

由此可见，麻将牌的出现大约在明末清初。

麻将牌系用竹子、骨头或塑料制成的小长方块，上面刻有花纹或字样。

北方麻将每副 136 张牌。南方麻将一般为 144 张牌，添加了春、夏、秋、冬，与梅、竹、兰、菊八张花牌。也有一些地方的麻将，另再加上聚宝盆、财神、老鼠、猫各 1 张牌，与百搭 4 张牌，总计为 152 张牌。不同地区的游戏规则稍有不同。

麻将的牌式主要有“饼（文钱）”“条（索子）”“万（万贯）”等。在古代，麻将大都是以骨面竹背做成，可以说麻将牌实际上是一种纸牌与骨牌的结合体。

打麻将还需两枚骰子，用于定庄摸牌。

与其他骨牌形式相比，麻将的玩法最为复杂有趣，它的基本打法简单，容易

古代麻将

上手，但其中变化又极多，搭配组合因人而异，因此成为中国历史上一种最能吸引人的博戏形式之一。

麻将游艺在流传过程中，也留下了许许多多耐人寻味的故事。

清代，麻将游艺盛行于宫中。慈禧太后就是麻将桌上的常客，而陪同的桌友多是福晋（亲王或郡王之妻）和格格（皇族的小姐）们。

打牌时，西太后身后的两名宫女不时发出暗号，其余三家便争相送出她所需要的牌张。不久太后和了牌，三家照例离席庆贺，叩头递上所输的赌资求太后“赏收”；随即乘机跪求司、道的美缺，结果是一本万利。

一桌牌上的肮脏勾当，当然绝不止此。

清代社会上盛行方城大战后，麻将得了个“竹林戏”的佳名，打麻将又叫作“看竹”。原来，《世说新语》记王羲之的儿子王徽之爱竹，说“何可一日无此君”，借用到麻将上，意思就是一天都缺它不了。

拔拒俗练英雄志：拔河

古代的岁时节令游艺活动，是在长期的历史演进中，顺应着岁时节令的规律而逐渐形成的。因此，游戏活动与岁时节令之间有着必然的对应关系。

随着时代发展，游戏活动在古代不同的经济水平和民俗习惯相异的地区，都得到了不同程度的发展，并延续至今。

拔河便是其中一项历史非常悠久的群众性娱乐活动。

相传拔河起源于水战。早在春秋战国时期，南方的楚国与吴、越两国经常发生战争。当双方的水军交战时，为了更好地展开搏杀，就发明了一种叫“钩强”的战具，可以把对方的船只拖住或推开。

据《墨子·鲁问篇》载：

昔者楚人与越人舟战于江，楚人顺流而进，逆流而退，见利而进，见不利则其退难。越人迎流而进，顺流而退，见利而进，见不利则其退速。越人因此若执，亟败楚人。公输子自鲁南游楚焉，始为舟战之器，作为钩强之备，退则钩之，进则强之，量其钩强之长，而制为之兵。楚之兵节，越之兵不节，楚人因此若执，亟败越人。

而要用好“钩强”这种水战之具，需要军人有很大的力气。楚国为了训练水军士兵的这种能力，便仿照纤夫拉纤的做法，准备一条粗大的竹索，把军士分为两队，让他们各拉竹索的一端，互相较力。所以拔河在古代又称“牵钩”“拖钩”或“拔絙”。

据南朝梁宗懔《荆楚岁时记》说：

施钩之戏，以绠作篾缆，相罥，绵亘数里，鸣鼓牵之。求诸外典，未有前事。公输子游楚为舟战，其退则钩之，进则强之，名曰“钩强”，遂以胜越。以钩为戏，意起于此。

蹲 移 慶 騰

長繩置地上隊各執繩之一端東起曳則西蹲持之西起曳則東蹲持之繩東移則東勝西移則西勝曳畢勝者相慶歡呼之聲騰於場中

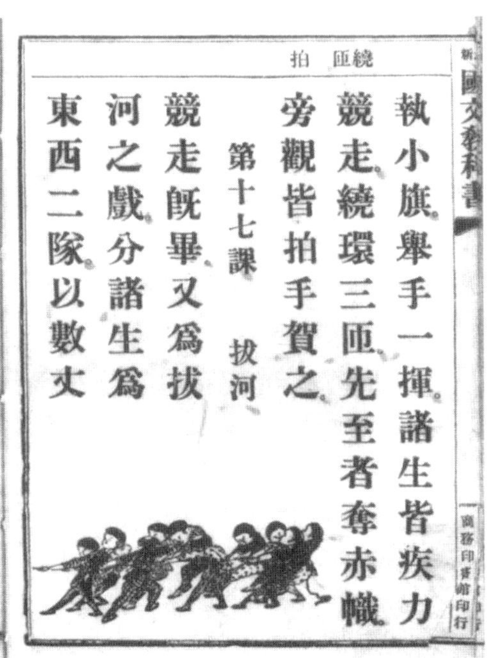

繞 匝 拍

執小旗舉手一揮諸生皆疾力競走繞環三匝先至者奪赤幟旁觀皆拍手賀之

第十七課 拔河

競走既畢又爲拔河之戲分諸生爲東西二隊以數丈

商務印書館印行

拔河记载与图录

由此可见，早在春秋战国时期，就出现了拔河活动，不过那时的拔河主要不是为了娱乐游戏，而是用于军事训练。后来，这种活动才逐渐演化为民间的一种游戏，并被赋予了禳灾祈福以求丰年等特殊的含义。

《隋书》卷三十一《地理志下》也说：

牵钩之戏，云从讲武所出，楚将伐吴，以为教战，流迁不改，习以相传。钩初发动，皆有鼓节，群噪歌谣，振惊远近，俗云以此厌胜，用致丰穰。

在南北朝时，牵钩游戏主要是在南郡、襄阳一带流行，还成为寒食节前后民间广为流传的一种民俗游戏活动，同时也开始渐渐传入其他地区。

到了唐代，这种游戏才开始称为拔河，并且迅速成为一种在社会上广为流行的娱乐活动。

据《封氏闻见记》卷六《拔河》称：

拔河，古谓之牵钩。襄、汉风俗，常以正月望日为之。相传楚将伐吴，以为教战。梁简文临雍部，禁之而不能绝。古用篾缆，今民则以大麻絙，长四五十丈，两头分系小索数百条，挂于胸前。分二朋，两向齐挽。当大缰之中，立大旗为界，震鼓叫噪，使相牵引。以却者为胜，就者为输，名曰“拔河”。

拔河是襄、汉地区的传统娱乐活动，不但在寒食节时开展，而且每年的正月十五上元节也要举行盛大的拔河比赛。拔河用的绳索也由原来的竹索改用四五十丈长的大麻绳，在绳索的两头还分别系有数百条小绳套。拔河的人挂绳套于胸前，就像拉纤一样两向牵挽——这与现代拔河直接用手对挽还稍微有些区别。在大绳的中间还要立一大旗为界，以能把对方拉过一定的界线为赢。拔河开始后，还要鸣锣击鼓、呐喊助威，甚是壮观。

拔河在唐代宫廷及民间都极为流行。

唐中宗尤其喜欢观看拔河比赛。景龙三年（709年）二月己丑，他与皇后驾幸玄武门，“观宫女拔河，为宫市以嬉”。第二年的清明节，他又召集五品以上官员到皇宫中的梨园亭子球场，“命侍臣为拔河之戏”。

唐玄宗也多次在皇宫举行拔河比赛，参加者达千余人，“喧呼动地，蕃客士庶观者，莫不震骇”。进士薛胜曾亲眼看见了这种盛大的千人拔河场面，即兴写下了一篇文辞优美的《拔河赋》，一时之间成为人们竞相传诵的名篇。

在《拔河赋》中，薛胜对拔河的规则及当时的情状做了生动的描写：

伊有司兮，昼尔于麻，宵尔于纫，成巨索兮高轮囷，大合拱兮长千尺。尔其东西之首也，派别脉分，以挂人胸腋。各引而向，以牵乎强敌。载立长旗，居中作程，苟过差于所志，知胜负之攸平。

当拔河开始之后，“执金吾袒紫衣以亲鼓，伏柱史持白简以鉴绳，败无隐恶，强无蔽能”。

当双方相持不下时，“绳暴拽而将断，犹匍匐而不回”，“千人抃，万人咍，呀奔走，坌尘埃，超拔山兮力不竭，信大国之壮观哉”。

唐玄宗组织的这次拔河比赛不单纯是为了娱乐游戏，而且还具有极大的政治意义，即通过此类大型活动充分显示大唐帝国的强盛国力与奋发向上的精神面貌。据说这也确实达到了预期的目的，当时参观比赛的一位外交使节当场就惊吓得把筷子掉到了地上，并说：大唐如此强盛，恐怕我们的国家不久就要完蛋了。

唐代拔河仍然保留了祈求丰年的意义。

有一次，唐玄宗在观看了禁军举行的拔河比赛之后，诗兴大发，作有《观拔河俗戏》诗以助兴，诗曰：

壮徒恒贾勇，拔拒抵长河。
俗练英雄志，须明胜负多。
噪齐山岌嶪，气作水腾波。
预期年岁稔，先此乐时和。

他还在诗序中写道：“俗传此戏，必致丰年，故命北军，以求岁稔。”

由此可见，拔河比赛之所以在唐代如此盛行，还因为其中包含有祈求风调雨顺、五谷丰登的美好愿望。

唐以后，拔河在民间广为流行，但参加者一般只是十几人或几十人为一队，像唐代那样动辄千人的大型拔河比赛再也看不见了。

宋代，拔河活动也偶有记载。宋梅尧臣《江学士画鬼拔河篇》云：“分明八鬼拔河戏，中建二旗观却前。”

元代以后，关于拔河的记载便很少见到了，大概是拔河活动衰落所致。

晚清时期，拔河游戏在民间仍有流行，以后逐渐演变成今天的一项体育竞赛项目。

第五章

琴棋书画诗酒茶：古代士人的休闲生活

琴、棋、书、画、诗、酒、花、茶被誉为“人生八雅”。琴代表音乐，棋代表对弈，书、画代表书法与绘画，诗代表诗词文学，花代表园艺与插花，酒、茶代表饮酒与品茗。

善琴者通达从容，善棋者筹谋睿智；善书者至情至性，善画者至善至美；善诗者韵至心声，善酒者情逢知己；善花者品性怡然，善茶者陶冶情操。

岁月静好，古人尤其是士人阶层，也需要诗意地生活。

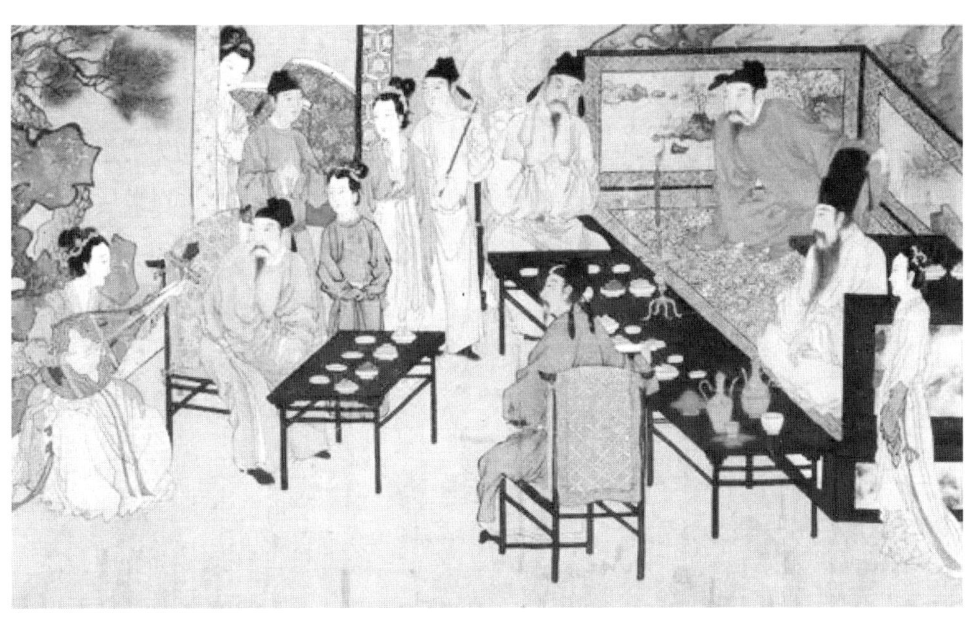

世间唯有读书高：士人阶层

“士人”是“士”的现代称谓。“士”是中国历史发展到一定阶段产生的一个特殊阶层，随着历史的演进，“士”的内涵也不断产生变化。

在两千多年的历史发展中，士人阶层尽管始终是文化的主要承担者，始终具有独立性、主体性与超越性，但他们在不同历史时期又有不同表现。

士人既是文化的继承者，更是文化的传播者。他们大多学贯古今，爱好广泛，并且有以天下为己任的胸襟。因此，士人这种只在中国才有的独特身份，在中国古代的发展中，起着不容忽视的作用。

1. 四民阶层：士农工商

古语有云：士、农、工、商，四民者，国之石民也。

这句话出自《管子》，意思是说，这四种行业以及从事这四种行业的人，其实是一个国家的基石。

士人阶级是由官员等人组成的，是社会中的上流阶级；农民（主要是地主），是封建社会构成的基础；工（手工业者和无地农耕者）是社会劳动力的组成；商人，本身没有创造新的社会物质价值，为统治阶级所轻视，因此排在最后。

其实，中国古代应该是贵、士、读、商、工、农的排序：

中国古代士人

贵指贵族，出身高门大户，天生自带光环；

士是官僚，掌握财权人事权兵权；

读指读书人，是官员的后备力量，官僚体系的生力军，考过秀才的读书人，身份仅次于官，可以见官不跪；

商人，是提供给社会物质文化的保证者，高质量的生活离不开商人提供的高质量的商品；

工人，是被商人训练生产商品的基层生产者；

农民，地位最为低下，被迫为以上阶层人士提供粮食和其他副食品，只能满足最基本的生存需求。

这样划分是因为从所需的知识水平来划分的：

农民，可以目不识丁，只要知道耕种收割节气和方法就行了；

工人，需要认识文字来进行产品生产；

商人，更要会写字、会计算、会从交易中寻找逐利的方法；

读书人，承担社会基础教育的责任，教会商人、工人、农民读书识字，传扬社会道德；

士人，是国家的掌舵人和领航员，只要这些人中出现文武全才的国之栋梁，国家就能不断进步；

贵族则负责稳定国家的统治基础，国家为一家一姓一族的江山，任何士人想要觊觎，都会被贵族反扑消灭，虽然有时候也会被反杀。

但按传统来说，一般还是按照士、农、工、商来划分社会阶层的。

2. 士人的构成

所谓士人，就是对中国古代知识分子的一种称谓，也叫儒生、文人。

在春秋战国时期，士有着非常广泛的含义，主要包括以下几种：

（1）指青年男子。《诗经·卫风·氓》："于嗟女兮，无与士耽！"《郑风·女曰鸡鸣》："女曰鸡鸣，士曰昧旦。"孔颖达疏："士者，男子之大号。"所以，士、女可以并称。《诗经》中不少爱情诗所提到的士就是指青年男子。

（2）军士，多指甲士。先秦时期，士所担任的职业主要为武士与各类职事官。春秋以前，战争多为车战。当时的每辆战车上都会配有甲士，《司马法》上说："长毂一乘，甲士三人。"驭手站在战车上的中间位置，左右两边分别有一名执弓矢或长矛的甲士，就是指武士；每辆战车后面跟随许多步兵，所以，武士也算得上是冲锋陷阵的基层军官。

（3）各级贵族的通称。《尚书·多士》:“用告商王士。”又“尔殷遗多士。”不过“士”更多的是指宗法分封制下的一个等级。按照分封制度，天子、诸侯、卿大夫都要把自己的庶子或宗族兄弟以另立小宗支庶的办法逐层分封出去，士便处于这一宗法贵族等级系列的最末一等。

汉人贾谊说:“古者圣王制为列等，内有公、卿、大夫、士，外有公、侯、伯、子、男……等级分明而天子加焉。”(《新书·阶级》)

士又可分为上士、中士、下士三等。许多士在王室和基层行政机构中担任各类职事官。据《周礼》记载，直接为王室服务的职事官达几十种之多，在诸侯公室中服务的士也为数不少。还有许多士在卿大夫的采邑内担任各种官职，其中地位较高者为邑宰、家臣，职责是管理采邑内的各种事务。

所以顾炎武在《日知录》卷七“士何事”条中总结说：春秋以前的士，“大抵皆有职之人”。

3. 士等分级

造成士等级分化的原因，从根本上讲是宗法分封制和等级制松动的结果，具体原因有以下几点：

第一，社会发展与变革对智能、知识的需求急剧增长。

为了富国强兵，各国都程度不同地进行改革，削弱世卿世禄制，提倡“选练举贤，任官使能”的用人方针，形成了“礼士”“贵士”“重士”的社会风尚，这就为士冲破等级制的束缚、施展才干创造了良好的环境。

第二，私学兴起，打破了传统官学的教育模式，使新型文士脱颖而出。

周代的教育制度是“学在官府”，只有士及贵族子弟享有受教育的权利，学校的培养目标是巩固贵族宗法等级制。

在春秋社会大变革中，“学在官府”的局面也发生了变化，私人可以讲学办教育。在孔子以前已有私人讲学的现象，孔子则把私人讲学推向新阶段。在孔子弟子中有各类人才，有的入仕做官；有的经商致富；也有的从事教育学术活动，在社会上产生了广泛的影响。

战国时期，士人在获得较多的人身自由的同时，思想也得到了解放。他们打破了思想禁区，竞相宣传自己的思想见解和政治主张，出现了儒、墨、道、法、阴阳、名、兵等众多的思想流派，并互相驳难，各立新说，形成了“百家争鸣”的局面，将我国思想文化的发展推向了高峰。

秦始皇

战国特定的历史环境，为士人提供了施展才华的大舞台。战国士人中涌现出一批杰出的政治家、思想家、军事家、文学家，他们为我国思想、文化、科技的发展做出了不可磨灭的贡献。

秦统一中国后，士人的情况发生了很大变化。此时，皇权凌驾于整个社会之上，并支配整个社会，专制的皇权与思想文化多样的发展不可避免地要发生冲突。

为解决这一矛盾，历代封建统治者采用各种手段规范、束缚文人的思想和行动。秦始皇的“焚书坑儒”和汉武帝的“罢黜百家，独尊儒术”，以及隋唐以后的科举取士制度，都是用不同形式对士人进行控制。

历代统治者还采取许多措施对士人进行防范，如汉初禁止游士活动，明清大兴文字狱等。与战国相比，秦汉以后文人的自由大大缩小了。

中国古代士人的构成极为复杂。士人并非独立阶级，而是位于官和民之间，他们在文化传播与活化社会关系方面起到承上启下的积极作用。

士人复杂的内部构成和士人多样化的社会职业不仅使他们的生活水平和生活方式存在较大差异，就是其品德、性格也存在很大的差异。士人中有正气凛然、胸怀坦荡的正人君子；有思想深邃、博闻多识的智囊人物；也有风流倜傥、多愁善感的才子佳人。当然，士人中也有一些为了荣华富贵出卖灵魂、丧失人性的败类。

因此，有关人士对中国古代士人及其社会生活的研究，将有助于我们对中国社会及中国古代文化的深入了解。

潇洒旷达贵适意：士人的生活品位

考察中国古代士人的生活会发现，古代士人的生活方式既受到社会制度和社会环境的制约，也与士人的品格和处境有直接的关系。

中国古代士人以天下为己任，具有强烈的参与意识和社会责任感。为实现理想和抱负，必须不断提高自己的知识水平，因此，古代士人几乎都有刻苦读书的经历，读书在士人生活中占有重要位置。当然，大多数士人是为入仕而读书，具有强烈的功利性。但是，他们刻苦学习、锲而不舍的精神一直鼓舞后人努力奋进，不断攀登。

在生活观念上，中国古代许多士人奉行“贵适意”的生活观。“贵适意”，即考虑问题、决定事情从是否符合自己的心愿出发；一旦不合己意，便毫不迟疑地另做打算。

竹林七贤

“贵适意”的生活观流行于魏晋时期。此时，社会动荡，政治斗争尖锐，社会现实的变化，促使士人个体意识觉醒。他们对儒家名教思想的认同感减弱，而信奉老庄自然无为思想，以“崇无”为特色的玄学风行一时，在生活上的表现便是“贵适意”。

“贵适意”生活观的特征是，儒家传统外在事功的追求让位于个体内在欲求的自足，生命价值取向偏向了自我。

魏晋士人喜欢任心适志的个性化生活方式，如和峤有“钱癖”，王济有“马癖”，杜预有“《左传》癖”，桓冲有“旧衣癖”，王羲之爱养鹅；张湛喜在房前种松柏、养鸲鹆，等等。这种种癖好，实际上都体现了我行我素的人生原则。

魏晋士人有些举动在常人看来不那么合乎情理，可他们却习以为常，就是因为适意。如孙统喜欢游山玩水，每到一地，非玩痛快不可，有时在回来的路上突然感到游兴未尽，便折返回去再欣赏一番。他们交友也是如此，“嵇康与吕安善，每一相思，千里命驾”。

“贵适意”的生活观对古代士人的生活方式影响很大。许多士人注重生活情趣，讲究生活品位，使生活个性化、多样化。

比如，古代士人喜欢饮酒，酒使士人的生活增添乐趣，可以调节情绪，畅快地宣泄情感，酒还可以消愁解忧；在特定条件下，酒还能使人躲避祸灾。酒有时还能激发创作灵感，酒后赋诗、写字、作画是士人生活的一大雅兴。“贵适意”的生活观在士人饮酒中得到了生动的体现。

游历山川也是古代士人生活中最惬意的事。士人通过观赏祖国秀丽的自然风光，调适身心，陶冶情操。他们写下了大量的游记和山水诗，至今为人们吟咏。

琴棋书画是古代士人生活中的四件雅事。悠闲的抚琴，紧张的对弈，闲适潇洒的写字、作画，是士人高雅的精神享受。士人在琴棋书画中尽展自己的才华和智慧，士人与琴棋书画的逸闻趣事，至今为人们津津乐道。

中国古代士人在生活中比较注重精神自由和文化品位的追求，所以他们的生活情趣多样、高雅、充实而且有意义。不过，也应看到，古代士人生活并非全是无忧无虑的“闲适之乐”。

不少士人生活并不如意，他们或因仕途不畅；或因在政治上遭受排挤；或因对社会现实不满。在这样的处境下，他们既不能实现政治抱负又不甘心就此沉沦、自暴自弃，于是只好寻找生活中的乐趣。

在士人潇洒、旷达、高雅生活的背后，往往是失意、愤懑和无奈。看看阮籍之饮，谢灵运之游，柳永之词，八大山人之画，会深刻地感受到古代士人内心世界的复杂。对于失意的文人而言，所谓“闲适之乐”不过是“苦中作乐”。

此曲只应天上有：对月抚琴

在中国古代社会，琴几乎是文人雅士人手必备的乐器之一。

琴，也泛指音乐。在士人的日常生活中，抚琴听曲可谓是极为美妙的精神盛宴，也是表达思想感情的重要方式之一。

早在春秋战国时期，人们就被乐器的表现力所深深吸引。荀子在《乐论》中说道："君子以钟鼓道志，以琴瑟乐心。"钟鼓能发出金石碰撞的声音，其声雄浑优美，适合表达自己的意志；琴瑟则更加平淡温和，不追求声音有多么响亮，不追求技巧有多么高超，适用于静养身心。悠扬的琴声能将人带入神奇美妙的意境当中去，使精神世界获得满足。

许多古人都赞美过琴。

西汉刘向在《琴说》中写道："凡鼓琴，有七利，一曰明道德；二曰感鬼神；三曰美风俗；四曰妙心察；五曰制声调；六曰流文雅；七曰善传授。"

桓谭在《新论》中说："八音之中，惟弦为最，而琴为之首。"

宋代朱长文说："天地之和，其先于乐。乐之趣，莫过于琴。"（《琴史》）

古代士人中有许多善弹琴的高手，他们以琴交友，以琴传情，以琴砺志，充分展示了音乐的魅力。

相传春秋时俞伯牙善弹琴，钟子期则善于听琴。当俞伯牙弹奏表现高山的乐

士人弹琴图

曲时，钟子期便赞美说："善哉，峨峨兮若泰山！"当伯牙弹奏表现流水的乐曲时，钟子期又赞扬道："善哉，洋洋兮若江河！"通过琴声，俞伯牙和钟子期结成知心好友。

钟子期死后，俞伯牙无比悲伤，"破琴绝弦，终身不复鼓琴，以为世无足复为鼓琴者"。(《吕氏春秋·本味篇》)

这就是流传久远的俞伯牙摔琴谢知音的故事。

西汉人司马相如长于词赋，善于弹琴。在临邛，他以优美的琴声赢得了才貌双全的卓文君的爱慕。二人私奔成都，卓文君不嫌相如"家徒四壁"，一贫如洗，借资开一小酒馆，沽酒当垆。(《吕氏春秋·本味篇》)

东汉人马融，"性好音乐，善鼓琴吹笛，笛声一发，感得蜻蛚出吟，有如相和。"(《续助谈》卷4《殷芸小说》)

东汉末年的蔡邕，博学多才，经史、书法、琴艺，无所不通，尤善弹琴，曾创作著名琴曲《游春》《渌水》《幽居》《坐愁》《秋思》，合称"蔡氏五弄"；还撰著《琴赋》等论述琴乐的文章。蔡邕深谙乐器制作之道。在南方一次听到吴人烧饭时一块木柴爆裂之声不同寻常，当即将其抢救出来，制作成琴，音质果然优美动听。因为琴尾部尚留炊火烧焦的痕迹，故称"焦尾琴"。

蔡邕的女儿蔡琰也极富音乐才华，"博学而有才辩，又妙于音律。"(《后汉书·列女传》)

魏晋是音乐理论和音乐演奏全面兴盛的时期。在音乐理论上，嵇康提出了《声无哀乐论》，对传统的儒家音乐观提出了挑战。

在中国古代，儒家一向强调音乐的政教功能，认为音乐中寓含着人民对政治得失的感受之情。

《礼记·乐记》说："治世之音安以乐，其政和；乱世之音怨以怒，其政乖；亡国之音哀以思，其民困。声音之道，与政通矣。"

儒家认为，统治者可以根据音乐中所反映的人民情绪来调节统治方法："是故审声以知音，审音以知乐，审乐以知政，而治道备矣。"这种审乐知政的音乐观，后来被进一步夸大，认为圣人能够从音乐声中推测出吉凶祸福等信息。

儒家的音乐观对音乐赋予了过多的政治伦理内容，不利于人们用音乐表达"自然之音”，抒发真实感情。这种音乐观对人有很强的束缚作用，以嵇康为代表的士人则反对儒家的音乐观。

知音一曲百年经，荡尽红尘留世名。
落雁平沙歌士志，鱼樵山水问心宁。

历代以来，操琴名手、传世琴曲不断涌现。

董庭兰，盛唐琴师。他从凤州参军陈怀古学得当时流行的“沈家声”“祝家声”，在唐代享有很高的声誉。今存《大胡笳》《小胡笳》《颐真》等琴曲相传为他的作品。

薛易简，唐代琴家。他 9 岁弹琴，12 岁能弹杂曲三十及《三峡流泉》等三弄，17 岁弹《胡笳》两本及《别鹤》《白雪》等名曲。他在讲究“用指轻利，取声温润，音韵不绝，句度流美”之外，更强调“声韵皆有所主”的内在表现，还指出了从弹琴姿势反映出的精神不集中的“七病”，为后世琴家所重视，从而引申出许多的弹琴规范。

徐天民，南宋琴师。他在为杨瓒门客时，由学江西谱改学郭楚望谱，并参与编辑《紫霞洞琴谱》。其祖孙四代皆是著名琴师，后人推崇为“徐门正传”。现存《神奇秘谱》中的《泽畔吟》为其作品。

徐上瀛，明末琴家，虞山派集大成者。他和严征同学艺于陈爱桐的弟子，但是琴风大不相同。他吸收《雉朝飞》《乌夜啼》等快节奏的琴曲，收入《大还阁琴谱》，琴风“徐疾咸备”，弥补了严征的不足。所著《溪山琴况》，对琴曲演奏的美学理论有系统而详尽的阐述。

吴虹，清代琴师，学琴于徐常遇之孙徐锦堂。当时是广陵派鼎盛时期，琴家云集，日夜弹奏，对他很有帮助。他致力学琴数十年，编琴曲 82 首，于 1802 年刊印《自远堂琴谱》，为广陵派集大成者。

张孔山，清代琴师，学琴于浙江人冯彤云，咸丰年间为四川青城山道士。1875 年，他协助唐彝铭编成《天闻阁琴谱》，所传诸曲如《流水》《醉渔唱晚》《普庵咒》都很有特点，经他发展加工的《流水》流传甚广。

琴，是中国古代文化地位最崇高的乐器，有“士无故不撤琴瑟”和“左琴右书”

之说，位列中国传统文化四艺“琴棋书画”之首，被士人视为高雅的代表，自古以来一直是许多士人必备的知识和必修的科目。

晚窗留客算残棋：石桌对弈

棋者，弈也。下棋者，艺也。黑白之间，楚河汉界内外，棋艺带来的启悟和内涵被无限拓展，棋盘之外的天地被融合为一，成为中国棋文化的最大特点之一。

“方寸之间人世梦，三思落子亦欣然”。方寸棋盘，还具有磨炼人的意志、陶冶人的情操、振奋民族精神的作用。

博弈是东方文化生活的重要组成部分，它不但不同于一般的消遣，还影响和陶冶着人们的道德观念、行为准则、审美趣味和思维方式。

这里主要再来谈一谈围棋，以作前文的补充。

围棋和琴一样，也是中国古代士人生活中一项重要的精神文化活动。琴是通过美妙动听的乐曲打动人心，使人获得精神上的享受；棋则是通过静默和沉思以调节情绪，并汲取生活智慧。

围棋也称“弈”，相传尧舜时期便有围棋了。

西晋张华所著《博物志》云：“尧造围棋以教子丹朱，或曰舜以子商均愚，故作围棋以教之。”此传说虽无可靠根据，但说明自古以来下围棋不仅是娱乐，还具有教育功能。

孟子也曾以下棋作比喻教育学生。有个棋艺高超的棋手叫弈秋，他教两个学生下棋，其中一个专心致志；另一个虽然听讲，心里却想着窗外将有大雁飞过，如何用箭射下来。两人虽然都跟弈秋学习，但效果却天差地别。

围棋所表现的是军事方面的智力游戏，不仅具有刺激性和挑战性，还包含着极丰富的艺术性和创造性的因素。

东汉人马融在《围棋赋》中说：“略观围棋，法于用兵；三尺之局，为战斗场。

隋代围棋盘，河南省博物馆

陈聚士卒，两敌相当；怯者无功，贪者先亡。”围棋以其巨大魅力深为古代文人士大夫所喜爱。

唐代，围棋活动更为普及，不少皇帝都喜欢围棋。

唐玄宗时，特设棋待诏官职，官阶九品，与画待诏、书待诏同属翰林院。棋待诏虽然官品不高，但这一制度却确立了围棋在中国古代文化史中的地位。

唐代著名的棋待诏有王积薪、顾师言、王叔文等人。王积薪棋艺高超。开元初，围棋高手冯汪号称天下无敌，在太原尉陈九言府邸“金谷园”摆下擂台，连续击败各路名将。王积薪也来应战，他与冯汪大战九局，最终取得胜利。

王积薪把这九局棋都记录下来并加以评注，名为《金谷园九局谱》。这部棋谱在唐代棋界影响很大，惜于宋代后亡佚。

唐末诗人韩偓在一首诗中写道：“手风慵写八行书，眼暗休看九局棋。”可见这九盘棋棋势复杂，眼花的人不容易看清楚。

王积薪还著有《棋势图》《风池图》《棋诀》等棋书。他精深的棋艺来自平日的勤奋，每次出游总是带着围棋，一路上以棋会友，即使平民百姓与他对弈，他也不推辞。由于他手不离棋，勤于思考，棋艺不断提高，“为唐时第一人”。

宋代围棋更加普及，许多政治家、文学家、科学家都是围棋爱好者。

欧阳修喜欢下围棋，晚年尤甚，成为他生活中不可缺少的内容。

他的《梦中作》诗曰：

夜凉吹笛千山月，路暗迷人百种花。
棋罢不知人换世，酒阑无奈客思家。

欧阳修最钟情的五件事是琴、棋、书、酒和金石遗文，这五样给他带来了艺术享受和精神愉悦。对此，他深有感触地说："吾之乐可胜道哉！方其得意于五物也，泰山在前而不见，疾雷破柱而不惊。虽响九奏于洞庭之野，阅大战于涿鹿之原，未足喻其乐且适也。"（《六一居士传》）

宋代著名的政治家和文学家王安石将下棋作为一种休息方式，以此调适自己的情绪。他在《棋》诗中写道：

莫将戏事扰真情，且可随缘道我赢。
战罢两奁收黑白，一枰何处有亏成。

在王安石看来，下棋最终的结果还是要将棋子放回原来的盒子中，因此，胜负并无得失，大可不必"扰真情"。透过王安石对围棋的看法，不难发现作者旷达通脱的人生态度。

宋代著名诗人黄庭坚也是一个围棋迷，他有《弈棋两首呈任公渐》（其一），诗曰：

偶无公事负朝暄，三百枯棋共一樽。
坐隐不知岩穴乐，手谈胜与俗人言。
薄书堆积尘生案，车马淹留客在门。
战胜将骄疑必败，果然终取敌兵翻。

从此诗可见诗人着迷围棋到何等程度：公文上已积满了灰尘，车马在门外滞留已久，可是他全然不顾，定要在棋盘上拼个高低。

在此诗其二，黄庭坚写道：

偶无公事客休时，席上谈兵校两棋。
心似蛛丝游碧落，身如蜩甲化枯枝。

这里表现了诗人下棋精神集中，已达到忘我境界。若不精通围棋，是不会有此体验的。

陆游也酷爱围棋，写下了许多咏棋的优美诗句，如：

畦地闲栽药，留僧静对棋。(《用短》)
午枕为儿哦旧句，晚窗留客算残棋。(《闲中书事》)
消日剧棋疏竹下，送春烂醉乱花中。(《书怀》)
懒爱举杯成美睡，静嫌对弈动机心。(《幽居》)

透过这些诗句，可以看到下棋为陆游的生活增添了许多乐趣。

明清时期，由于商品经济的发展，城市日益繁荣，商人和市民阶层发展壮大，围棋也进入了市民文化，受到了他们的喜爱。而文人士大夫阶层擅长下围棋的人更是不可胜数，弈棋、观棋、评棋成为士人生活的重要内容，是表现他们才智的重要方式。

清代是中国围棋史上的鼎盛时期。此时，新老棋手交相竞逐，围棋高手不断涌现，棋苑空前繁盛。

清初，已有一批名手，以过柏龄、盛大有、吴瑞澄等为最。尤其是过柏龄所著《四子谱》二卷，变化明代旧谱之着法，详加推阐以尽其意，成为杰作。

士人对弈

继过百龄之后，黄龙士又成为一代新棋王。黄龙士，名虬，又名霞，字月天，江苏泰县人。自幼天资过人，16岁便成为国手。他可称天才棋手，曾与誉满棋坛的围棋高手盛大有鏖战七局，连战皆捷，震惊棋坛。其后他又战胜各路高手，威震棋坛。

围棋起源于中国是毋庸置疑的，从最早的发明创造经过各个时代不同的人群去不断研究发展，有遇到过凋零的基础发展时期，也有因为社会上层统治者的推崇而繁荣过的快速发展时期，也经历了重大的变革进化时期，最终普及到普通群众之中，也造就了一大批名家高手，这些名手也同时引导推动了更多人的参与围棋对弈的活动中来，并一度形成社会良好风气，千百年来的起起伏伏沉淀下来很多历史故事和名人佳作，也有很多经典棋书棋谱流传于后世。

龙飞凤舞名帖传：肆意挥毫

自古以来，中国人就有着浓厚的“文字情结”和“书写情结”，这充分地体现在殷商时期大量的龟甲、兽骨上，也体现在商周时期的青铜器上，还体现在春秋战国以来的缣帛、竹木简牍、符节、石刻、兵器、货币、纸张上。各种各样的载体，都留下了我们祖先精美的书迹。

正是基于这样的一种情结，先贤才逐渐将书写升华为世界上独一无二的艺术。书法以它独特的艺术魅力，为我们留下了丰富的艺术遗产，供我们学习和欣赏。

1. 书法发展简史

书法是中国所特有的艺术珍宝，有着悠久的历史。

中国最早的书法是商代中后期的甲骨文和金文。

甲骨文又称为“甲骨卜辞”“殷墟文字”或者“龟甲兽骨文”，主要是指商代晚期皇室用于占卜记事而在龟甲或兽骨上契刻的一种最古老的文字。

金文是指铸造在殷商时期与周朝青铜器上的铭文，又称为钟鼎文。

春秋战国时期，诸侯割据，各国的汉字并不统一。直到秦始皇统一六国之后，由丞相李斯大力推行秦篆，这是中国古代汉字的重要里程碑之一。所谓的秦篆，即在大篆籀文的基础上，进行简化统一的古代汉字书写形式。秦篆字形非常优美，一直从秦朝流行到西汉末年，才逐渐被隶书所取代。

隶书的出现可以说是中国古代书法史上的一次伟大革命，不但汉字趋于方正，而且也为以后各种书体的流派产生打下了坚实的基础。

魏晋南北朝时期是中国书体演变的重要历史阶段，此时的篆书、隶书、行书、楷书、草书等都已经发展完善。

这一书法史上最为辉煌的时代，也造就了一些著名的文坛书法大家，如钟繇、王羲之、王献之等，堪称中国古代书法史上最优秀的学习典范。

隋唐时代是中国封建文化的最高峰，书法艺术也在此时大力发展。大唐盛世之下也涌现出一批德才兼备的大书法家，如虞世南、欧阳询、褚遂良、薛稷、张旭、颜真卿、柳公权、怀素等人。他们的传世之作在那个时代也十分突出，对后世的影响远远超过了以往任何一个历史时代。

宋代书法，不仅仅是继承前朝的艺术成就，更是开创了一代新风。为后世所推崇的书法大家有苏轼、黄庭坚、米芾和蔡襄四大家。另外，宋徽宗赵佶，他在艺术方面也表现出极高的天分，是历史上少有的帝王艺术家，他自创的“瘦金体”在书法界也称得上独树一帜。

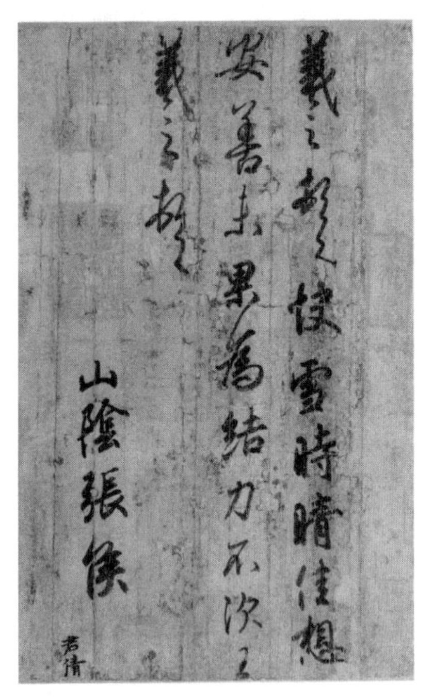

王羲之《快雪时晴帖》

元代书法比较崇尚复古风格，少有自己的创新思想。但是赵孟頫、鲜于枢等名家的出现，使得元代书法一度再现兴盛的局面。尤其赵孟頫对元代文坛的贡献不仅仅是书法方面，还有绘画艺术方面。

明代许多皇帝都很喜欢书法，上行下效，涌现了一批大书法家，如董其昌、文徵明、祝允明、唐伯虎、宋克等。另外，明代帖学十分盛行，其中《真赏斋帖》为明代法帖的代表。

清代初期，上层阶级大力发展经济和艺术文化，使得书法艺术得以传承和弘扬，而且开创了碑学，当时也呈现出一派兴盛局面。当时著名的帖学大家有刘墉、梁同书、赵之谦、康有为、吴昌硕等人，他们成功地完成了变革创新，使得碑学书派迅速发展。

中国书法应用广泛，具有生活化、实用化乃至艺术化的整体生活功能，涵盖古人食、衣、住、行的方方面面。

2. 书法与饮食

饮食和书法有何关系呢？书法当然与人的营养胖瘦无关，但是许多盛名的书法作品却记录了饮食之有无的精神状态，有愉悦，也有悲伤，其悲喜却能令人感同身受，那正是饮食与书法的直接或间接的关系了。

譬如五代杨凝式的《韭花帖》，记述朋友在初秋早上馈赠他新鲜的韭菜，让他在醒来正感饥饿之时，即能尝到韭菜的美味，因此特别写短札致谢。文中充满浓郁的人情味，读来倍感温馨。

又如北宋苏轼的《寒食帖》，讲他到黄州的穷困潦倒，其中写到“空庖煮寒菜，破灶烧湿苇。那知是寒食，但见乌衔纸……”苏轼用“空庖煮寒菜，破灶烧湿苇”的饮食方式来说明他的穷困悲凉。这篇《寒食帖》被誉为天下三大行书之一，可见饮食的精神状态与书法的关系是密切的。

另如古代中国人的饮茶习惯，不独于茶有醒脑、提神、治病等药理作用之外，它还具有丰富的文化内涵。

茶坊之中除名人匾额外，以书写有关茶经、茶史、茶趣、禅茶相关的内容之书法挂幅最多；茶叶包装也以名家书法题字书写其上，更令人赏心悦目。

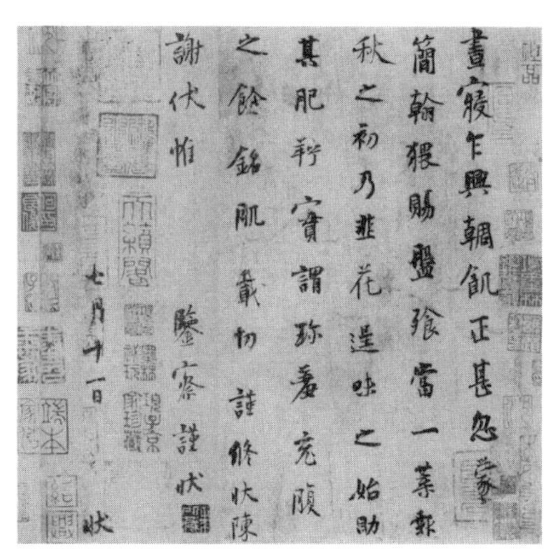

杨凝式《韭花帖》

古文字与酒及酒具关系最多最密

切的，当属殷商青铜器之酒器和铭文，如尊、方彝、壶、爵、觚、觥、盉等，书体象形意味浓厚，造型庄严中透露一种殷人的开阔气度。

以酒与书法、酒与书家名作的故事传颂最多、最脍炙人口的是东晋的王羲之书写的《兰亭序》，其中提及“曲水流觞”，便是修禊雅事、饮酒赋诗的例证。相传王羲之酒后乘兴所书，一挥而就，隔天再书已失其神。《兰亭序》甚至成为中国书史上的“天下第一行书”，可以说，是酒间接成就了这份佳缘。

书史上记载唐代书家张旭、怀素亦好饮酒，他们都善于狂草，张旭的《千字文》、怀素的《自叙帖》都是在酒酣之际、酩酊之后所作。

怀素被称为“醉僧”，其书法被称为“醉素体”，自言“饮酒以养性，草书以畅志”，特别是书写恣意放怀、驰骋狂狷的狂草书法。

另外，有关酒的包装、酒名的书题，通常都是名家书法展现的重要舞台。

3. 书法与居住文化

汉字书法在中国人的住屋生活空间中关系最为密切，传统的宫殿建筑、寺庙建筑、祠堂建筑，乃至一般民宅或园林，或多或少都能看到书法无所不在的倩影。由屋外进到室内的第一印象，通常都是门联与匾额，室内则有厅、堂、殿、阁、楼等的书题，商店或其他经营场所也都流行以汉字为主的市招，甚至是请名家书写或镌刻的牌匾。

（1）书法与建筑题字。

汉字书法表现在建筑物中的，主要是以包括匾额题署、楹联及部分建筑附属物的装饰性书法文字。

最早的建筑装饰性书法文字，应属瓦当文字。而汉字书法在传统建筑物中，作为一种视觉辨识与装饰美的功能，最醒目的还是宫殿建筑中的殿、堂、厅、阁、门面上的巨大匾额。如明清故宫建筑，自午门、端门至太和殿，再到其他各宫各馆，最后通向神武门止，一路都题有牌匾，洋洋大观，且以金色边框为主调，其装饰性效果尤其强烈。

除古代传统宫殿建筑多以书法配饰之外，其他一些古代建筑也多喜用汉字书法作为命名书题的匾额和楹联等，甚至在厅堂或室内或公共空间，挂上字轴作为装饰，以增加该空间的书香气质。

另外，在我们的居住环境中，尤其是传统老城区，经常会看见牌坊、纪念碑、界碑等特殊形式的建筑物。这些牌坊、纪念碑所纪念的人物或事件可能都不尽相同，但中国式的牌坊绝对都以书法题写，所题写的书体也五花八门，在公共空间中极尽能事地施展着书法的魅力。

（2）书法与楹联装饰。

传统建筑内，无论宫廷、寺庙、民居等地方，都有书法楹联装饰，不同的地位、名望、知识水平都显示其不同的内容与表现手法。可以说楹联是传统中国建筑文化或是书法文化中非常重要的形式。

胡林翼楹联作品

楹联少者两字，多者数十字，单行不够时，还可折为双行、三行乃至更多行数，但必须左右对称平衡，分别由外而内书写，如双龙护门，故又称之为“龙门对”。

（3）书法与书斋斋名及堂号。

文人士大夫通常会给自己的书斋或住屋取个斋名或堂号，以表现自己的心志或喜好。有时是自己书写，有时是请朋友题写，也算是一种交情往来。

书斋斋名与堂号，以明代文人艺术家文彭最多，他又善于篆刻，所刻堂号、斋名都见于印章石上。

后来，文人兴起，为自己的书斋、堂馆命名，并书写匾额，此后，书斋堂号匾额大盛。

4. 书法与景观文化

讲到景观，可能和游乐有关，因为景观一般指户外山川的自然美景，那通常都是游乐赏景的所在。而在户外要和书法扯上关系，最有可能的就是摩崖石刻。在中华文化影响下的范围里，只要是名山大川，便少不了摩崖石刻，从东到西，从北到南，可说处处都有摩崖石刻。而谈及摩崖石刻和名山记录，使我们想到的是，在户外景观中，那是最大的书写表现空间。

泰山经石峪

摩崖石刻以山东邹县“四山摩崖”所书佛经最多，少数摩崖大字，达一人之高，气魄宏伟，摄人心魄。

而“泰山经石峪”的大字石刻，虽非摩崖，但是刻写在泰山之腹的平坡上，其石刻大字，每字一尺余，宽阔的字体所形成的空间感，辐射八方，显示出佛教撼人心魄的无边法力。

名山记录，多为名人随着旅游名山大泽，而题字石刻于开阔的山崖峭壁之上。较著名的有泰山大观峰唐代玄宗皇帝李隆基所书的《纪泰山铭》，其处另有碑铭刻纪林立，俨然一处巨大的摩崖碑林。身处其间仿若君临城下，摩崖刻石巍然矗立高山之上，气势恢宏。

5. 书法与艺术

中国书法是一门艺术，它与音乐、绘画、诗文有着十分密切的关系。

中国古代的音乐在宋代以后就呈式微之势，其中有很多原因。有人认为其中一个重要方面在于书法艺术在某种程度上代替了音乐的功能，而书法艺术在宋代与绘画、文学的深度结合并成为文人士大夫心灵的寄托，也证明了这种说法并非毫无道理。

人们都知道“诗中有画”“画中有诗”的说法，这是因为绘画与诗歌确实具有非常明显的内在联系，而且对这一问题的探讨由来已久，但是人们对于书法与诗歌的关系却明显关注不够。

《宣和书谱》卷三“元稹”条下云:“所长惟歌诗,歆艳一时,天下称‘元和体’。其诗名与白居易相上下，人目之为‘元白’。及其在越，与诗人窦群赓酬，又称兰亭绝唱。每一词出，往往播之乐府。其楷字盖自有风流蕴藉，挟才子之气而动人眉睫也。要之，诗中有笔，笔中有诗，而心画使之然耳。”

“诗中有笔，笔中有诗”实际上是北宋人对书法与诗歌关系的理论概括，其理论背景是北宋出现的诗文书画一体论。《宣和书谱》卷三“薛道衡”条下云:“盖文章字画，同出一道，特源同而派异耳。但要时以古今浇之，不尔，则尘生其间，下笔作字处，便同众人。”

中唐以后，由于禅宗思想的渗透，传统儒学开始转型，“天地之心”一变而成为“人心”，整个文化思潮由雄阔开放而变为精致内敛。

北宋中叶，儒学接纳禅学，从而形成理学，对“心性”问题的探讨成为时代的主要课题，传达心之微妙成为诗文书画的共同选择。就传达主体情思的精微程度而言，诗书画各有所宜。

苏轼的说法最能代表宋人所达到的理论高度：“诗不能尽，溢而为书，变而为画，皆诗之余。”

在苏轼看来，诗书画的排列次序是不能颠倒的，绘画因其有再现功能的限制，在传达人性本真的一面远没有书法来得简易；书画对比诗而言，皆属“有形”之迹，在苏轼看来，“有形则有弊”，因此，书画的传达功能也不及诗。于是在宋代，两种趋势得到了强调：一是画向书靠拢，更加强调用笔，有所谓绘画书法化的倾向；二是书画向诗靠拢，形成“笔中有诗”“画中有诗”的倾向，“笔中有诗”与“画中有诗”一起，共同成为书画最终与诗相结合的标志。

绘画的书法化，使得书画在用笔这一点上统一起来，而且这一趋向在文人画家的笔下得到充分的强调。这就使唐代以来张彦远的“书画同体”论向前迈进了一步，“书画同源”说已见端倪，诗文书画在表现人的内在本质和主观情思这一点上统一起来。

与绘画的书法化同时发生的还有另外一种倾向，就是书法也吸收了绘画的用笔方法，书画最终成为一对须臾不可分的孪生兄弟。正如赵孟頫所言：

石如飞白木如籀，写竹还与八法通。

若是有人能会此，方知书画本来同。

丹朱炫彩绘春秋：泼墨丹青

中国绘画艺术历史悠久，源远流长。经过数千年的不断丰富、革新和发展，以汉族为主、包括少数民族在内的画家和匠师，创造了具有鲜明民族风格和丰富多彩的形式手法，形成了独具中国意味的绘画语言体系，在东方以至世界艺术中都具有重要的地位与影响。

1. 中国绘画简史

中国绘画发端久远，大约在公元前五六千年的新石器时代，人们就开始用红、黑、白颜料来涂抹各种纹饰了。从西安半坡遗址中发现的人面纹、鱼形纹彩陶盆中，就可以窥见上古时期萌芽中的绘画痕迹。

近世纪的考古发掘，在长沙陈家大山的战国楚墓中出土了《人物龙凤帛画》和《人物驭龙帛画》，显示了先秦时代人物绘画所达到的水准。

商、西周、春秋时期，绘画艺术主要体现在青铜器的纹饰上，包括动物纹、波浪、三角、方格、虺、象、风、鹤等，表明绘画已从简单逐渐转为精细。

战国时，人物画已经见诸帛上，之后还出现了墓室壁画及画像石、画像砖，表明汉代的绘画艺术有了更进一步的发展。

秦代的绘画，虽无实物可考，但从秦始皇兵马俑上残留的色彩和咸阳秦宫遗址发掘出的壁画残片上显见的粗犷笔线，可以得窥秦风金碧辉煌的色彩和壮美恢宏的气度。

汉代的绘画延续秦风，色彩浓烈而魄力雄浑，形象变形而夸张，禽鸟、奔鹿、彩幔、祥云，线条劲利而飞扬。从长沙马王堆出土的西汉帛画中，即可得见汉时绘画繁缛烂漫的构思，妍丽豪华的色彩，匀劲细健的线条和传神如生的形象。

魏晋南北朝时期，文人士大夫积极参与到绘画创作中来，便于展玩的卷轴画也开始流行，绘画逐渐成为独立的艺术欣赏品。

从传世顾恺之的《洛神赋图》和《女史箴图》卷中看，此时的人物画已经相当成熟，绘画题材虽然多以佛教及历史人物故事为主，但是，作为人物画衬景的初期山水画已经萌芽。

马王堆三号汉墓出土的T型帛画的墓主人形象

隋代的绘画成就主要见之于山水画，突破了魏晋以来山水画只作为人物画衬景的附庸地位，解决了早期山水“人大于山，水不容泛”的稚拙比例，嬗变演进成为一个独立的画科。展子虔的《游春图》是传世山水画中最早的实物，这幅被誉为“唐画之祖”的青绿山水，对初唐李思训、李昭道的山水画影响重大。

唐代，在书画史上是一个辉煌灿烂的时代。

唐代人物画无论表现技法到题材内容都得到了长足的进步和充实。盛唐以后，表现贵族妇女现实生活的作品不断涌现，突破了汉魏以来人物画多表现列女、圣贤、道释人物的局限。著名的人物画家有阎立本、吴道子、张萱、周昉和孙位。

唐时的花鸟画也独立成科，边鸾、殷仲容等人都以花鸟擅长，时推高手；鞍马名家也不乏其人，曹霸、韩幹、韩滉皆是一代名师。

初唐的山水画，在隋代青绿山水的基础上，进一步发展，李思训、李昭道的大青绿山水仍是这一时期的代表风格。

中唐以后，诗人王维的水墨渲染山水的出现，使中国山水画的表现形式又进入了一个新的纪元。

水墨山水的出现，显示着审美情趣的进一步提高，标志着审美倾向已由早期错彩镂金般的雄阔华贵之美，日趋向水墨渲染的平淡朴实之美过渡，绘画逐渐成为文人士大夫阶层直抒胸臆、遣兴抒怀的一种表现形式。

五代十国虽然处在战乱纷争阶段，但绘画创作仍在前人的基础上继续发展创新，不管是人物、山水，还是花鸟画，都在前代的基础上有了新的变化和发展。此期的花鸟画显得格外精致，黄筌与黄居宝、黄居寀父子不断完善花鸟画并将它发扬光大。

北宋继承了前朝的旧制，并在宫廷中设立了“翰林书画院”，对宋代绘画的发展起到了推动作用，也培养和教育了大批的绘画人才。

宋徽宗赵佶时的画院日趋完备，“画学”也被正式列入科举之中，天下的画家可以通过应试而入宫为官。这是中国历史上宫廷绘画最为兴盛的时期。

北宋在山水画方面的创作最为突出，花鸟画在宫廷绘画中占有主要地位；在风俗画和人物画的创作上，代表人物有张择端。

南宋的山水画的代表人物主要是号称“南宋四大家”的李唐、刘松年、马远、夏圭，他们各自在继承前代的基础上有所创造。

文人画中，米友仁的“云山墨戏”、扬无咎的墨梅、赵孟坚的水仙兰花都被世人所看重。被称为“四君子”的梅、兰、竹、菊，在南宋已基本成为文人画的固定题材。

元代文人画勃兴，水墨山水特别兴盛。在赵孟頫的倡导下，师古之风大行，一味刚劲外露的南宋院体山水受到了时人的摒弃，山水技法继而转向师法五代、北宋，文人士大夫表情达意的披麻皴山水得到了大力的拓展。

以黄公望、王蒙、吴镇、倪云林为代表的“元四家”，在山水画的表现形式到绘画材料上完成了一次重大的变革。他们纳书法于绘画，同源并驾；意境的追求，又造成了众多题画诗的出现。诗、书、画、印的有机结合，使文人画艺术特

赵孟頫《秋郊饮马图》

有的表现形式更加丰富和完善起来。

花鸟画坛以钱选、陈琳、王渊为巨擘，他们一变宋人设色浓丽精细的传统，多着以水墨或淡彩，画格工整但不精细，体貌清新雅逸。

元代的人物画，虽不及山水、花鸟画发达，但赵孟頫、刘贯道、张渥和王振鹏的人物画在李公麟的脉络影响下，仍然得到了相应的发展。擅画梅、竹的名家有李衎、柯九思、顾安、吴镇、管道升和王冕等人。其中王冕的梅花，在扬无咎的传统基础上，又创以胭脂或墨笔点写，画作繁花密蕊，生意盎然。

明代是中国书画艺术史上的一个重要阶段。这一时期的绘画，是在沿着宋元传统的基础上继续演变发展。因为社会政治经济的逐渐稳定，文化艺术就变得发达起来，出现了一些以地区为中心的名家与流派。

绘画方面，如以戴进为代表的浙派，以沈周、文徵明为首的吴门画派，以张宏为首的晚明吴派等，流派纷繁，各成一体。各个画科全面发展，题材广泛，山水、花鸟的成就最为显著，表现手法有所创新。

清代画坛由文人画占主导地位，山水画和水墨写意画法盛行。更多画家追求笔墨情趣，在艺术形式上翻新出奇，并涌现出诸多不同风格的流派。

清代绘画发展的历史进程与整个社会的发展变迁相联系，可分为早、中、晚三个时期。

清代早期，“四王”画派占据画坛的主体地位，江南则有以“四僧”和“金陵八家”

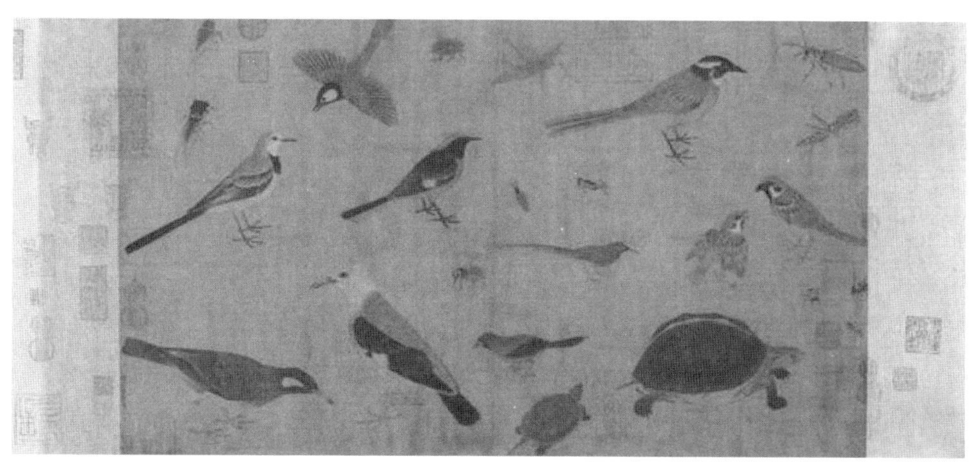

黄筌《写生珍禽图》

为代表的创新派。

清代中期，因为社会的繁荣稳定以及皇帝对书画的喜爱，宫廷绘画也有所发展；而在扬州，则出现了以扬州八怪为代表的文人画派，主张创新。

晚清时期，上海的海上画派和广州的岭南画派逐渐成为影响最大的画派，涌现出大批的画家和作品，影响着近现代的绘画创作。

此外，在明清时期壁画的创作渐趋衰败，便于传播的版画和年画在明代中期以后却得到了极大的发展，直至晚清，在民间出现了众多的版画流派和年画生产中心。

2. 画家的人品和画品

中国绘画的强大生命力，首先在于历史上优秀的画家（包括民间劳动者出身的工匠）适应本民族的审美要求，不断创作出反映时代精神风貌的作品。

汉代以前的作者多数是地位卑下的工匠，但其作品（如画像石、画像砖）手法之活泼纯朴、生活场景之巧妙生动，至今仍散发出强烈的艺术魅力。

魏晋隋唐石窟壁画（如敦煌莫高窟壁画）也是工匠的集体创作，他们不仅以高超的技艺，也凭借对生活的观察、概括及丰富的想象，塑造了无数栩栩如生的形象和广阔的社会生活场面。

魏晋以后，出现了有文化素养和优越条件的专业画家，但多数作者仍在一定程度上与社会大众保持着联系。

唐代周昉画章明寺壁画，起稿时士庶观者以万数，他倾听大家的意见随时改定，历经月余，最后众人无不叹其神妙。

宋代一些花鸟画家，为了创作不仅亲自莳花养鸟和深入自然，而且向园丁请教，虚怀若谷。

中国传统绘画不仅注重画品，而且注重人品德行，不少画家表现了高尚的情操，其画不以势利动、不以金钱换取。

明代陈洪绶尤喜为贫不得志的人作画，若豪贵有势力者索之，虽千金不为搦笔。

郑燮画竹，声称以慰天下之劳人，他又题诗谓“衙斋卧听萧萧竹，疑是民间疾苦声”。

不少画家在民族危难之际，大义凛然。

宋代李公麟家小史赵广，虽画名不显，但靖康之难，金兵迫令其画所掳妇人，赵广宁肯被割断手指也决不胁从。

宋末龚开画宋江36人像，从忠义角度对起义英雄赞颂。

徐渭以乱头粗服的风格画荷蟹葡萄，表示对怀才不遇的不平遭遇的抗议。

陈洪绶画《九歌图》《西厢记图》，表现对国家命运的关切及对自由爱情的赞许。

朱耷画怪鸟白眼看天，流露对清王朝的不合作态度。

他们用画笔或赞颂正义、歌颂自由，或在不同程度上发泄对腐败黑暗势力的不满，或歌颂大自然的壮美或秀丽，或借描绘花鸟虫鱼表达对生活的热爱和高尚的情操。

3. 诗、书、画的完美结合

中国传统绘画既要求画家重视修养，读万卷书；同时又要重视丰富生活的体验和感受，行万里路；更要求诗、书、画的完美结合，具备诗一般凝练而富有感情色彩的形象和意境。

元代以后，中国绘画更注重书画题跋，以诗文抒发情感，唤起观者的联想和共鸣，使画面境界因诗而丰富提高。如：

王冕题画："吾家洗砚池头树，个个花开淡墨痕，不要人夸好颜色，只留清气满乾坤。"

徐渭题墨葡萄："半生落魄已成翁，独立书斋啸晚风，笔底明珠无处卖，闲抛闲掷野藤中。"

这些都达到了借物抒情言志、诗画珠联璧合的境地。诗、书、画多种艺术形式的聚合，是中国传统绘画独具的又一特色。

落笔才思随梦远：作诗填词

南朝钟嵘《诗品》云："若乃春风春鸟，秋月秋蝉，夏云暑雨，冬月祁寒，斯四候之感诸诗者也。"

古往今来，春夏秋冬，雨雪霜雷，名山大川，家长里短，无不可入诗词，用以表达作者的不同情感。

1. 文人的旷达与风流

在中国古代漫长的历史进程中，敏感的文人最先感受到心灵的苦难和煎熬、生命的神奇和始终：

"悠悠苍天，此何人哉？"（《诗经·黍离》）

"曼余目以流观兮，冀一反之何时？"（楚辞《哀郢》）

"生年不满百，常怀千岁忧。"（《古诗十九首》）

作为时代代言人的诗人，他们问天问地又问己，忧时忧世又忧心：

"短生旅长世，恒觉白日欹。览镜睨颓容，华容岂久期。"（谢灵运《豫章行》）

"人情有感慨，荡漾焉能排？"（阮籍《咏怀诗》其三十七）

短生长世，日出日落，荡漾徘徊，对镜沉思，有限的人生究竟有什么意义？

"人生良自剧，天道与何人？"（鲍照《代嵩里行》）

"惟彼穷途恸，知余行路难。"（庾信《拟咏二十七首》其四）

战乱频仍，人祸不断，天道到底与何人？末日穷途，生存艰难，文人究竟该怎样活着？

"青苔寺里无马迹，绿水桥边多酒楼。大抵南朝皆旷达，可怜东晋最风流。"（杜牧《润州二首》）

苦难深重的时代，在中国古代文人们的心灵上刻下了深深的创伤。他们那脆弱而又徘徊不安的灵魂，在苦苦寻觅着解决的方式、超脱的路径。

沈德潜说："晋人多尚旷达。"他说的虽然都是六朝文人，但可谓以一当十，画龙点睛，恰当地概括了中国古代文人的人生方式和诗学特色。

所谓“旷达”,《晋书·张翰传》云:“翰任心自适,不求当世……时人贵其旷达。”可见，旷达就是一种任心自适的“乐”。

所谓“风流”，除指文采斐然、文学思想异彩纷呈外，还指丰富的个人情感生活。

自孔子感慨“逝者如斯”、屈原呼喊“上下求索”开始，中国古代文人就一直在关注生命的价值和意义。他们有着十分强烈的主体意识,热爱生活,渴望自由。他们思想活跃而深沉,利用敏锐的悟性,把自己及社会的、民众的潜意识心理内容、把历史所发生的重大变革，通过心灵的感受而用文章优美地表现出来。

唯其如此，他们才比一般人更深切地体会到人生的悲剧性质，有着更深沉的痛苦。

2. 诗酒唱酬

作为一名古代文人，吟诗作对、填词谱曲乃日常必不可少的活动。文人齐聚的地方比如宴会或者集会之类的，也会有即兴写诗作文来活跃气氛。

王勃著名的《滕王阁序》便是在宴会上做出，虽说是即兴而为，却文采斐然，从字里行间都能感受到年轻王勃意气风发的潇洒与才情。

如果要说专门为了作诗而集会的“诗词大会”,最有名的莫过于“曲水流觞”。王羲之一篇《兰亭集序》让兰亭闻名全国，也让“曲水流觞”这一形式为人们所熟知。

永和九年（353 年）三月初三上巳日，王羲之携亲朋好友共 42 人在兰亭修禊后，举行饮酒赋诗的“曲水流觞”活动。

修禊，是古代的基本祭祀之一，在某个月中的“除”日进行，用以祈福、禳除灾疠。缘起于阴阳八卦中的十二建神：建、除、满、平、定、执、破、危、成、收、开、闭。正月建寅，除在卯日；二月建卯，除在辰日；三月建辰，除在巳日。

王羲之将众人的诗赋编册成集，慷慨激昂地作序一篇，写下了“天下第一行书”，传为千古佳话。

永和九年，岁在癸丑，暮春之初，会于会稽山阴之兰亭，修禊事也。群贤毕至，少长咸集。此地有崇山峻岭，茂林修竹，又有清流激湍，映带左右，引以为流觞曲水，列坐其次。虽无丝竹管弦之盛，一觞一咏，亦足以畅叙幽情。

《兰亭集序》开头这一段细致描写了当时文人们在山下修禊之后兴之所至，在会稽山上行酒和令，意气风发，尽显魏晋风度。

其实，“曲水流觞”这个活动，最早可以追溯到西周初年，主要有两大作用：一是欢庆和娱乐，二是祈福免灾。

人们一般在上巳日于水边举行祭礼，洗濯去垢，净化身体，消除不祥。

等仪式之后，大家就会坐在河渠的两旁，在河的上流放置酒杯，然后酒杯顺流而下，停在谁的面前，谁就取杯饮酒，意为除去灾祸和不吉。

后来这个活动逐渐发展为文人墨客诗酒唱和的雅事。同样是将酒杯置于上流，让酒杯随波而下。溪流弯弯曲曲，水流急缓不一，酒杯停在谁面前或者是打转，谁就要即兴赋诗并饮酒；如果没能作出诗，就要自罚三杯。

兰亭曲水流觞

参加这个活动需要极高的文化素养和灵活的思维，如果总是对答不上，免不了会遭人嘲笑。

魏晋时期，名士尤好清谈风流，经常聚在一起畅谈玄学。而“曲水流觞”这样的雅士，在这样安逸腐化的生活中，逐渐也被他们的奢靡风气污染了。所以，后世的有识之士往往会对“曲水流觞”敬而远之。

除了著名的曲水流觞，历史上还有一次有名的诗会，叫旗亭赛诗。这是唐代三位著名的边塞诗人的角逐，不过这次不是作诗，而是唱诗。这件事记载在《集异记》之中，又叫旗亭画壁。

鹳雀楼内《旗亭画壁》壁画

古代的诗歌很多都可以谱曲唱词，也由此广泛流传。当年高适、王昌龄和王之涣三位诗人在长安听到歌女演唱他们写的诗歌时，兴之所至，便想比一比谁的诗最受欢迎。当天歌女唱谁的歌曲多，谁就更受认可。

歌女首先唱了《芙蓉楼送辛渐》，王昌龄十分得意，在墙上画了一个圆，意思是我先得一分。

随后高适的《哭单父梁九少府》也被歌女悲戚地演唱出来，高适也画了一个圈。

下一名歌女又唱了《长信秋词》，王昌龄两票领先。

二人都得意地看着王之涣。

王之涣却神情自若地说，之前的歌女都自艾自怜，唱的均是悲戚之歌，不成大器。而若是最后一名气质不凡的歌女唱的是自己的歌，另外两位便拜他为师；如果不是，自己则甘拜下风。

结果最后一名歌女上场，果然唱的是王之涣的《凉州词》：

黄河远上白云间，一片孤城万仞山。
羌笛何须怨杨柳，春风不度玉门关。

一首歌曲慷慨激昂，意境苍凉，令人动容。

王之涣见此哈哈大笑。

此外，唐代的“飞花令”在宴会酒席上也随处可见。

飞花令，原本是古人行酒令时的一个文字游戏，源自古人的诗词之趣，得名于唐代诗人韩翃《寒食》中的名句“春城无处不飞花”。行飞花令时可选用诗词曲中的句子，但选择的句子一般不超过七个字。

在两宋时期，文人雅趣更加丰富。他们除了相聚山林，也会集会在勾栏瓦舍，在那里填词作曲、吟诗作对。著名词人柳永就是其中的佼佼者。而“曲水流觞”就由山林溪水之上，被搬到了酒桌上，各种各样的酒桌雅趣也随之诞生。“曲水流觞”也就逐渐地被大众化了，不再是文人雅士的专属活动。

宋代的“唱酬”活动有著名的“西园雅集”，并有名画存世。画中以写实的方式描绘了驸马都尉王诜与众多文人雅士——包括苏东坡、黄庭坚、米芾、蔡襄、秦观等名流，在王诜私家花园西园里做客聚会的情景，乃著名画家李公麟乘兴之作。画中之人或挥毫用墨吟诗赋词，或抚琴唱和，或打坐问禅，尽显文人雅致。

［清］丁观鹏《西园雅集图》轴（局部）

在曹雪芹《红楼梦》里，就有姑娘们组织的“海棠诗社”。诗社成立目的旨在“宴集诗人于风庭月榭；醉飞吟盏于帘杏溪桃，作诗吟辞以显大观园众姊妹之文采不让桃李须眉”。

诗社成员有林黛玉、薛宝钗、史湘云、贾迎春、贾探春、贾惜春、贾宝玉及李纨。稻香老农（李纨）为社长，菱洲（迎春）、藕榭（惜春）为副社长，一人出题，一人监场。

可见，吟诗作对也是当时文人雅士们的一项娱乐活动。

万丈豪情一杯酒：推杯换盏

我国是酒的故乡，也是酒文化的发源地，是世界上酿酒最早的国家之一。酒文化作为一种特殊的文化形式，在传统的中国文化中有其独特的地位。在几千年的文明史中，酒几乎渗透到社会生活中的各个领域。

1. 酒的起源和演变

我国是被世界上公认为发明用酒曲酿酒的最早的国家。

我国酒的历史可以追溯到上古时期。《史记·殷本纪》关于纣王“以酒为池，悬肉为林”“为长夜之饮”的记载，表明我国酒之兴起距今已有3000多年的历史。

江统是我国历史上第一个提出谷物自然发酵酿酒学说的人，他在《酒诰》中写道：“酒之所兴，肇自上皇，或云仪狄，又曰杜康。有饭不尽，委之空桑，郁积成味，久蓄气芳，本出于此，不由奇方。”

在农业出现前后，贮藏谷物的方法粗放。天然谷物受潮后会发霉和发芽，吃剩的熟谷物也会发霉，这些发霉发芽的谷粒，就是上古时期的天然曲糵，将之浸入水中，便发酵成酒，即天然酒。

人们不断接触天然曲糵和天然酒，并逐渐接受了天然酒这种饮料，久而久之，就发明了人工曲糵和人工酒。

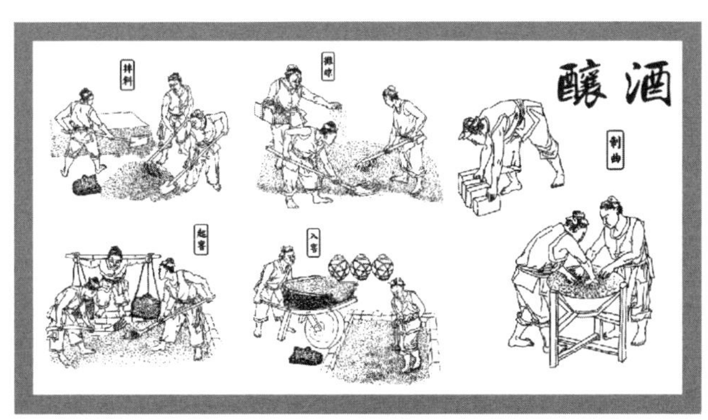

古代酿酒图

现代科学对这一问题

的解释是：剩饭中的淀粉在自然界存在的微生物所分泌的酶的作用下，逐步分解成糖分、酒精，自然转变成了酒香浓郁的酒。

在远古时代人们的食物中，采集的野果含糖分高，无须经过液化和糖化，最易发酵成酒。

据考古发现证明，在出土的新石器时代的陶器制品中，已有了专用的酒器，说明在原始社会，我国酿酒已很盛行。

以后经过夏、商两代，饮酒的器具也越来越多。在出土的殷商文物中，青铜酒器占相当大的比重，说明当时饮酒的风气很盛。

自夏之后，经商周，历秦汉，以至于唐，皆是以果实、粮食蒸煮，加曲发酵，压榨而后才出酒的。

随着社会生产的进一步发展，酿酒工艺也进一步改进，由原来的蒸煮、曲酵、压榨改为蒸煮、曲酵、蒸馏，最大的突破就是对酒精的提纯。

在几千年漫长的历史过程中，中国传统酒的演变经历了复杂的变革，工艺更精熟，技艺更精湛，而酒亦更醇香、更醉人，在各个不同的发展时期又呈现出各自的特色。

2. 古代士人与酒

一般讲，中国古代士人在日常生活中对饮食不那么讲究。孔子云："君子谋道不谋食。"提倡"食无求饱，居无求安"，追求的是高尚的精神境界和道德的完善。

但是，士人对酒却情有独钟。没有酒，便没有诗；没有酒，士人的生活将毫无生气，一片苍白。

酒是人们生活中不可缺少的一部分。《汉书·食货志下》载："酒者，天之美禄。帝王所以颐养天下，享祀祈福，扶衰养疾，百礼之会，非酒不行。"

对于古代士人来说，酒还有许多妙用。由于饮酒后可麻痹中枢神经，使人身心放松，暂时忘却忧愁烦恼，并可以尽情宣泄内心的喜怒哀乐，于是饮酒便成了士人解脱忧愁和烦恼的最好办法。

士人饮酒之风盛行于汉末魏晋时期。此时，战争频仍，社会动荡，疾疫流行，人口大量死亡。残酷的现实使人们感到生命短暂易逝，加之此时道家思想抬头而带来的对生命的悲观，于是忧生成为一种社会思潮，在诗文中处处可见。

如何才能解脱这无尽的忧愁，充分享受短暂的人生呢？人们不禁想到了酒，酒无疑是解忧浇愁的最好饮品了。

汉末魏晋时期，许多士人都将饮酒视为生活中高于一切的事。如建安七子之一的孔融说："坐上客恒满，樽中酒不空，吾无忧矣！"（《后汉书·孔融传》）

促成此时饮酒成风的另一个原因是，这时政治斗争尖锐复杂，卷入政治旋涡的士人稍有不慎便会丢掉性命；尤其在魏晋嬗代之际，司马氏为夺取政权，对士人实行高压政策，顺者昌、逆者亡，使士人感到万分恐怖。他们进退维谷，如履薄冰，为保全自己，便拼命喝酒，以酒解愁，以酒避祸。

著名的竹林七贤个个都是饮酒的高手。性格刚烈的嵇康不愿与司马氏合作，声称"浊酒一杯，弹琴一曲，志愿毕矣"！

酒有优劣之分，君子亦有真伪之别。魏晋时期，有识之士常用酒解忧避祸，而那些放荡之士则借酒遮丑，一味享乐，二者不可同日而语。

正如晋代隐士戴逵所说："竹林之为放，有疾而为颦者也，元康之为放，无德而折巾者也。"

古代士人中真正能领略到饮酒之乐的是陶渊明。他弃官隐居后，终日以酒做伴。

恬静闲散的乡村生活，使他得以从品味酒的甘苦中来感悟人生。在宁静的夜晚，陶渊明常常看着墙上自己的影子独自斟酌，醉酒后便作诗抒怀，酒在陶诗中几乎处处可见。

饮酒使陶渊明的心境更加平和、自然，体验到人生的乐趣。

唐宋以后，酿酒技术较前有所提高，各地都有名酒，士人饮酒之风更盛。

为了喝到适合自己口味的酒，唐代有的士人在家自己酿酒。

唐代壁画《宴饮图》（甘肃敦煌莫高窟）

如诗人王绩雇人“春秋酿酒”，还向善酿酒的焦革学习酿酒法。

唐太宗时的名臣魏征向西域胡人学习酿酒法，酿成的美酒用金瓮贮盛10年，味道醇美。唐太宗在魏征家饮用此酒，十分欣赏，写诗称赞道：“千日醉不醒，十年味不败。”

宋代大文豪苏轼也喜欢自己酿酒。他能根据不同地方的不同原料来酿酒。谪居黄州时，他自酿蜜酒招待客人；在定州时，酿松酒；在惠州，作桂酒、真一酒等。

苏轼对桂酒特别欣赏，在诗、赋、颂、尺牍中多处提到桂酒。桂酒是用桂皮酿成的酒，“酿成玉色，香味超然”，常饮桂酒可以抗瘴毒，养生延寿。苏轼还作《桂酒颂》，称赞桂酒的妙用：

甘终不坏醉不醒，辅安五神伐三彭。
肌肤渥丹身毛轻，泠然风水周水行。

苏轼性情豪爽，是至性之人，不善饮却喜饮，不能饮却喜见人饮，他喝酒喝的是一份性情。

苏轼还写过一篇《醉乡记》，描绘了他在醉中向往的胜地：

旷然无涯，无丘陵阪险，其气和平一揆，无晦明寒暑；其俗大同，无邑居聚落；其人甚精，无爱憎喜怒。吸风饮露，不食五谷。其寝于于，其行徐徐。鸟兽龟鳖杂居，不知有舟车器械之用。

苏轼的醉乡游，不仅是酒后的幻觉，更是他的理想追求。

如果说苏轼的《醉乡游》对饮酒之趣的描绘有些缥纱，而善豪饮的李白在《醉吟诗》中对酒中之趣就说得明白透彻了。

天若不爱酒，酒星不在天。
地若不爱酒，地应无酒泉。
天地既爱酒，爱酒不愧天。

已闻清比圣，复道浊如贤。
圣贤既已饮，何必求神仙？
三杯通大道，一斗合自然。
但得酒中趣，勿为醒者传。

在李白看来，酒中之趣在于通大道合自然，这是只能意会不能言传的。

宋代文学家欧阳修也是爱酒之人，号称“醉翁”。他也和苏轼相似，不善酒，“饮少辄醉”，但深知饮酒之趣，即爱酒之心实在酒外，“醉翁之意不在酒，在乎山水之间也。山水之乐，得之心而寓之酒也”。（《醉翁亭记》）

士人酒量大小各异，但饮酒后所感受到的精神愉悦则是相同的。正如元好问在《后饮酒》中所说：

酒中有胜地，名流所同归。
人若不解饮，俗病从何医？

元好问所说的饮酒能免“俗病”，不与世俗合流，是指饮酒微醉时，可以暂时摆脱现实的束缚，返璞归真，求得身心的放松和精神的自由，这是士人饮酒的最大乐趣所在。饮酒后，人常有直率、自然的表现，能展示真实的自我。

苏轼认为，即使生活贫寒，有一瓢酒也不愿自己享用，因为独饮缺乏趣味。如常言所说，“茶宜静，酒宜喧”，“喧”即指饮酒应有一定气氛。许多士人都愿与好友、家人相聚而饮，谈笑风生，其乐融融，会感到无比的畅快。

白居易有一首《问刘十九》，便是诗人向好朋友刘十九发出的热情邀请：

绿蚁新醅酒，红泥小火炉。
晚来天欲雪，能饮一杯无？

绿蚁指新酿的酒。酒在未滤清时，上面浮起酒渣，色微绿细如蚁，故称“绿蚁”。在欲雪的寒天，与好友坐在通红的小火炉旁，共饮一壶好酒，推心置腹地交谈，无拘无束，暖意融融，这充满生活情趣的场面，多么令人惬意！

唐代，长安的士人还喜欢到有胡姬的酒肆聚会畅饮。

唐代对外贸易发达，长安城内居住着许多胡商。在胡人开设的店肆中，有不少酒肆，酒肆中的侍者多是擅长歌舞的胡女，故称胡姬酒肆。胡姬酒肆具有独特的异国情调，文人墨客大都喜欢到这里饮酒聚会。

李白在《少年行》中写道：

五陵少年金市东，银鞍白马度春风。
落花踏尽游何处？笑入胡姬酒肆中。

士人爱到胡姬酒肆聚饮，一是因为这里的酒都是西域名酒，味道醇美；二是胡姬容貌亮丽，打扮入时，善解人意。

李白对胡姬酒肆兴趣浓厚，经常前去饮酒，“细雨春风花落时，挥鞭直就胡姬饮”。边饮酒，边欣赏胡姬歌舞，无比畅快，令人乐不思归。李白还有诗云：“胡姬貌如花，当垆笑春风。笑春风，舞罗衣，君今不醉将安归！”（《前有樽酒行》）

古代士人饮酒，无论是独饮还是对酌，无论是在花前月下还是在山林老泉，追求的是“酒中趣”。只要知趣，便悠然自得。

中国古代士人喜欢酒后作诗，酒助诗兴。因为酒后似醉非醉之时，身心格外放松，思路愈显敏捷，灵感容易闪现，于是佳句常常如信手拈来。

正如清人张潮在《幽梦影》中说：“有青山方有绿水，水惟借色于山；有美酒便有佳诗，诗亦乞灵于酒。”

陶渊明常常在饮酒后写诗，酒不仅使陶渊明远离了尘世的烦恼，还激发了他的创作灵感，写下许多篇佳作。正如梁萧统所说：“有疑陶渊明诗，篇篇有酒。”

3. 古代酒礼

（1）酒礼的产生。

中国素有“礼仪之邦”的美誉。礼是人们社会生活的总准则、总规范。古代的礼渗透到政治制度、伦理道德、婚丧嫁娶、风俗习惯等各个方面，酒行为自然也纳入了礼的轨道，这就产生了酒行为的礼节——酒礼，用以体现酒行为中的贵贱、尊卑、长幼，乃至各种不同场合的礼仪规范。

（2）酒礼的意义和作用。

酒礼有许多值得继承和发扬的精华，如尊敬父兄师长，行为要端庄，饮酒要有节制，酿酒、酤酒要讲质量、重信誉等。酒礼在酒席中处于非常重要的位置。在古代，敬酒礼仪非常烦琐、复杂，最讲究敬酒的次数、快慢、先后。由何人先敬酒、如何敬酒都有礼数，如有差错，重者撤职，轻者罚喝酒。还有“有礼之会，无酒不行”，更说明酒在筵席中往往起到“礼”的作用，同时也起到“乐”的作用，美妙之处尽在其中。酒在古代社会各项活动中不但讲礼数，也当作礼品，把“礼品”作为赏人、谢人的礼物。

（3）古代酒的内容礼。

古代饮酒的礼仪有四步：拜、祭、啐、卒爵。拜，就是先做拜的动作，表示敬意；接着把酒倒出一点点洒在地上，祭谢大地生养之德，此为祭；然后尝尝酒味并加以赞扬，令主人高兴，此为啐；最后举杯而尽，此为卒爵。

在酒宴上，主人要向客人敬酒，叫作“酬”；客人要回敬主人，叫作“酢”；敬酒时还要说上几句敬酒辞。客人之间也可相互敬酒，叫作“旅酬”。有时须依次向人敬酒，叫作“行酒”。敬酒时，敬酒的人和被敬酒的人都要“避席”起立。普通敬酒以三杯为度。

主人和宾客一起饮酒时，要相互跪拜。晚辈在长辈面前饮酒，叫作“侍饮”，通常要先行跪拜礼，然后坐入次席。长辈命晚辈饮酒，晚辈才可举杯；长辈酒杯中的酒尚未饮完，晚辈也不能先饮尽。

（4）古代酒道。

酒有酒道，茶有茶道，人有人道。凡事一旦有了道，便成了一种品位、一种情趣。

酒道是指有关酒和饮酒的事理。中国古代酒道的根本要求就是“中和”二字。“未发，谓之中”，也就是说，对酒无嗜饮，无酒不思酒，有酒不贪酒。

有酒，可饮，亦能饮，但饮酒不过，饮而不贪；饮似若未饮，绝不及乱，故谓之“和”。

和，是平和协调，不偏不倚，无过无不及。这就是说，酒要饮到不影响身心，不影响正常生活和思维规范的程度为最好，要以不产生任何消极不良的身心影响与后果为度。

对酒道的理解，不仅着眼于既饮而后的效果，而且贯穿于酒事的始终。“庶民以为饮，君子以为礼”，合乎“礼”，就是酒道的基本原则。

4. 古代酒令

酒令，又称“行令”，是酒席上饮酒时助兴劝饮的一种游戏。酒令的产生可以上溯至东周时代，但酒令的真正兴盛却在唐代。可将酒令分为以下两大类。

（1）雅令。

见于史籍的雅令有四书令、花枝令、诗令、谜语令、改字令、典故令、牙牌令、人名令、快乐令、对字令、筹令、彩云令等。

雅令的行令方法是：先推一人为令官，或出诗句，或出对子，其他人按首令之意续令，所续之令必在内容与形式上与先令相符，不然则被罚饮酒。行雅令时，必须引经据典，分韵联吟，当席构思，即席应对。这就要求行酒令者既要有文采和才华，又要敏捷和机智，所以雅令是最能展示饮酒者才华的酒令。

四书令，是以《大学》《中庸》《论语》《孟子》四书的句子组合而成的一种酒令，在明清两代的文人宴会上，四书令大行其时，用以检测文人的学识与机敏程度。

花枝令，是一种击鼓传花或抛彩球等物来行令饮酒的方式。

筹令，是唐代一种筹令饮酒的方式，如“安雅堂酒令”等，安雅堂酒令有50种酒令筹，上面各写有各种不同的劝酒、酌酒、饮酒方式，并与古代文人的典故相吻合，既能活跃酒席气氛，又能使人掌握许多典故。

古代酒筹

（2）通令。

通令的行令方法主要有掷骰、抽签、划拳、猜枚、骨牌、游艺、抓阄等。通令很容易造成酒宴中的热闹气氛，因此较为流行。但通令时的揎拳攘臂、叫号喧争，则有失风度，显得粗俗、单调、嘈杂。

民间流行的“划拳”，唐代时称为“拇战”“招手令”“打令”等。划拳中拆字、联诗较少，说吉庆语言较多。由于猜拳之戏形式简单，通俗易学，又带有很强的刺激性，因此深得广大人民群众的喜爱，中国古代一些较为普通的民间家宴中，用得最多的就是这种酒令方式。

只留清气满乾坤：花香四季

古人对于鲜花、花卉的需求，在某种程度上一点也不次于现代人。对于生活细致讲究的上流阶层，花卉是生活中再好不过的调味品。

1. 中国花卉简史

花是从什么时候出现在我们的生活中的？

先秦时期是中国花卉文化的萌芽时期。这个阶段人们的生产能力较为低下，人们对花朵的发现还是处于偶发状态，但同时也已经会利用身边的植物，注重它们的实用性，可食用部分被人们用以饱腹。

从文物出土的情况来看，从石器时代开始，古人就逐渐留意身边的花卉了。他们会在粗糙的石器上刻绘着“细腻”的花朵纹样，表达对这些自然之物的喜爱。如在河姆渡遗址中就曾出土过有植物枝叶图案的陶器与陶片，并且还发现过荷花花粉的化石。

到了西周时期，在青铜器“毛公鼎”中记录的铭文里的“华”字，就意为草木开花。

在中国古代第一部诗歌总集《诗经》中的一首诗《国风·郑风·有女同车》

中就写道："有女同车，颜如舜华。""舜华"就是木槿花，即芙蓉花。

除了"舜华"，《诗经》中还记载了其他不同的植物种类。

秦汉至盛唐的时期，花卉文化进入渐盛阶段，人们对花卉逐渐有了自发欣赏的能动性，让花卉事业不断发展起来。那时的皇家林苑内就有上千种名花草木可赏，可谓"奇树异草，靡不培植"。

到了魏晋时期，人们对于花卉草木之美有了更为热忱的追求。在北魏人杨衒之创作的《洛阳伽蓝记》中便描写过这种景象："高台芳榭，家家而筑；花林曲池，园园而有，莫不桃李夏绿，竹柏冬青。"

与此同时，花卉在文人作品中运用次数也不断增多，如咏花赋就有《菊花赋》《芸香赋》《石榴赋》《桃赋》；东汉末年的"古诗十九首"中有以花卉起兴的作品《涉江采芙蓉》《冉冉孤生竹》等，以及各类以花卉为主题的诗歌。

隋唐时期，花卉更是进入寻常百姓家，人们在欣赏花卉的同时，已融进了自己的感性情怀。

宋、元、明、清时期，花卉文化迎来了它的繁盛期。无论是花卉种植的普遍性还是花卉相关的文化体系，都在前代的基础更往前发展，满足了当时的人们对物质和精神世界的追求。

随着私家园林的发展，许多文人士大夫创作了许多花木艺植相关的作品，如宋朝苏轼的《和文与可洋州园池三十首》、北宋李格非《洛阳名园记》、明朝刘侗《帝京景物略》、清朝李斗《扬州画舫录》等，皆有桃李竹林、菊花牡丹之类，描绘着美丽的花卉风景。

古代花市

除了这些，当时还有关于花卉的科普书籍，记载的花卉种类十分丰富。据历史考究，宋人著写的园艺书多达几十种，许多当今知名的花卉也被记录在其中。

这个阶段，人们游赏花市的风习日渐兴盛，花卉发展更加产业化和规模化。人们在市井生活中就可以游乐赏花。在北宋张邦基的作品《墨庄漫录》就记载了“西京牡丹闻于天下，花盛时，太守作万花会，宴集之所，以花作屏帐，至于梁栋柱拱，悉以竹筒贮水，簪花钉挂，举目皆花也”的花会盛况。

当然，这个时期花卉文化如此发达，也有文学艺术创作的加持。此时，诗词文学作品数量浩瀚，花鸟画类作品繁多。其中刻画的花卉品格与人的精气神相契合，寄托了人性的情感和理想信仰，从花卉的外在美表达逐渐深入人的品质、民族的文化符号象征表达等，使花卉文化更具深度，展现其丰富灿烂的面貌。

2. 万紫千红总是春

在古代，特别会种花的人，被人称为“花师”，相当于职业园艺师，往往是全职的。花师一般是带有家族继承性质的，特别类似于今天流行的“匠人”概念。

古代的花卉栽培技术相当先进，很多在今天仍需要依靠现代设备和大量数据控制才能实现的技术，在古代已臻成熟。比如，催花技术，让植物反季节开花，在特殊的时间里群体开放以达到观赏效果。

《酉阳杂俎》中记载：“常有不时之花，然皆藏于土窖中，四周以火逼之，故隆冬时即有牡丹花。”

到了明清时代，小规模的温室已经不能满足需求，于是有了更加规模化的做法，即将大批的花卉自运河搬运至南方，利用温差条件催花，待销售时再运回北方。

由此可见，花卉种植已经成为相当成熟的大宗交易。

3. 数白记红花月令

相传农历二月十二日是百花生日，在这一天民间有一个“花朝”之庆。

所谓花月令，即将一年四季中一些主要花卉的开花、生长状况，以诗歌或者经文的形式记录下来，读之朗朗上口，便于记忆，同时利于花事农事。

历史上的花月令有好几种，最早的始于夏代，但多数已与如今的现实不甚符合。现介绍明代程羽文的花月令，至今仍有很好的实用价值。

程羽文《花历》云：

花有开落凉燠，不可无历。秘集《月令》，颇与叶舛，余更辑之，以代挈壶之位，数白记红，谁谓山中无历日也！

正月：兰蕙芳。瑞香烈。樱桃始葩。径草绿。望春初放。百花萌动。

二月：桃始夭。玉兰解。紫荆繁。杏花饰其靥。梨花溶。李花白。

三月：蔷薇蔓。木笔书空。棣萼韡韡。杨入大水为萍。海棠睡。绣球落。

花月令插图

四月：牡丹王。芍药相于阶。罂粟满。木香上升。杜鹃归。荼蘼香梦。

五月：榴花照眼。萱北乡。夜合始交。薝匐有香。锦葵开。山丹赪。

六月：桐花馥。菡萏为莲。茉莉来宾。凌霄结。凤仙绛于庭。鸡冠环户。

七月：葵倾赤。玉簪搔头。紫薇浸月。木槿朝荣。蓼花红。菱花乃实。

八月：槐花黄。桂香飘。断肠始娇。白苹开。金钱夜落。丁香紫。

九月：菊有英。芙蓉冷。汉宫秋老。芰荷化为衣。橙橘登。山药乳。

十月：木叶落。芳草化为薪。苔枯萎。芦始荻。朝菌歇。花藏不见。

十一月：蕉花红。枇杷蕊。松柏秀。蜂蝶蛰。剪彩时行。花信风至。

十二月：蜡梅坼。茗花发。水仙负冰。梅香绽。山茶灼。雪花六出。

4. 人面桃花相映红

历史上因花结缘的故事不少，“桃花缘”的故事大家更是耳熟能详。

唐代书生崔护，有一年进京赶考名落孙山，归家途中路过城南一户庄园，在一片灼灼的桃花林中遇到了一位妙龄少女，就此情根深种。崔护对此念念不忘，来年故地再寻，少女却不见了踪影。悲伤之余，崔护就在朱红大门上写下了千古名句：

去年今日此门中，人面桃花相映红。
人面不知何处去，桃花依旧笑春风。

《开元天宝遗事》中记载，学士许慎选喜欢在自家花圃摆设露天“赏花宴”。但他从不放置坐具，而是收集落花铺于地上，让客人就座其上。客人问其何故，他十分洒脱地说：“我有天然‘花茵’，何必再要那坐具？”

更有那爱花之人，于日常宴饮、杯盏碗碟之外，以四面鲜花瓶插，家中日常所备芭蕉、桃、杏、松、竹、梅，缺一不可。

元明之际文学家陶宗仪《元氏掖庭记》中写道：

饮宴不常，名色亦异：碧桃盛开，举杯相赏，名曰“爱娇之宴”；红梅初发，携尊对酌，名曰“浇红之宴”；海棠谓之“暖妆”，瑞香谓之“拨寒”，牡丹谓之“惜香”。至于落花之饮，名为“恋春”；催花之设，名为“夺秀”。其或缯楼幔阁，清暑回阳，佩兰采莲，则随其所事而名之也。

5. 只留清气满乾坤

古人与花卉数千年来便结下深缘，入圃、入室，或栽播入园，或剪插入瓶，朝夕相伴。许多诗文画作名篇，都由花卉萌生灵感，得以传之千古。

古有俗语，花有“十友”——兰梅菊莲栀桂，蜡梅瑞香海棠荼蘼；花卉草本亦有“岁寒三友”松竹梅，更有四君子“梅兰竹菊”。

读懂花卉，便知花卉亦解人语。无论碧桃、红梅、白荷、紫棠，或者一束兰花草，都可与人对语，寄托人的情感与思绪。

（1）兰花。

兰花是我国十大名花之一，因其淡雅的花香、独立淡雅的气质，有“花中君子”“空谷佳人”之称，深受人们的喜爱。

历代仁人志士也以兰喻志、以兰抒情、以兰赋墨，因而兰花也被称为国香、人格之花、民族之花。

许多文人墨客都爱以兰花抒情、立志、交友，在作品中留下自己的情感，表达高洁的情操。

如元朝余同麓的《咏兰》：

手培兰蕊两三栽，日暖风和次第天。
坐久不知香在室，推窗时有蝶飞来。

明朝刘伯温的《兰花》：

幽兰花，在空山，美人爱之不可见，裂素写之明窗间。
幽兰花，何菲菲，世方被佩资簏施，我欲纫之充佩韦，袅袅独立众所非。
幽兰花，为谁好，露冷风清香自老。

此外还有相关的兰花绘画作品多达几百幅，反映了古人对具有君子品格的兰花的欣赏之情。

此外，古人也爱以兰会友，举行以兰花为主题的花友会来展示自己的情操并

［南宋］赵孟坚《墨兰图》

且借此来找寻志同道合的朋友，由此可见兰花在古人中是相当受欢迎的。

（2）莲花。

莲花，在中国的栽培历史很长，可被称为“活化石”了，是古今人都喜爱的

水生花卉。关于莲花的文学作品也十分多，如我们十分熟悉的杨万里的作品《晓出净慈寺送林子方》：

毕竟西湖六月中，风光不与四时同。
接天莲叶无穷碧，映日荷花别样红。

古人常以荷花表达自己的高洁品质与洒脱的胸襟。如周敦颐的《爱莲说》：“予独爱莲之出淤泥而不染，濯清涟而不妖，中通外直，不蔓不枝，香远益清，亭亭净植，可远观而不可亵玩焉……”

文中赞美了荷花的不与世俗同流合污的坚贞品质，同时也表达了作者本人如同荷花一样洁身自好的高尚品质。所以荷花也是深受古人的喜爱。

（3）菊花。

陶渊明那句脍炙人口的“采菊东篱下，悠然见南山”流传至今，成为千古流传的名句。

秋天百花凋谢，而菊花却傲然挺立于秋霜之中。这句诗以菊花明志，表达了作者像菊花一样的高洁淡雅，不与世俗同流合污。

除了陶渊明，还有一首为人熟知的黄巢的《题菊花》：

待到秋来九月八，我花开后百花杀。
冲天香阵透长安，满城尽带黄金甲。

从此诗来看，与陶渊明大为不同，少了一股高洁豁然之气，多了一份大大的“杀气”。

在清代顾禄的作品《清嘉录・菊花山》中如此写苏州虎丘的赏菊境况：“畦菊乍放，虎阜花农已千盎百盂担入城市……或于广庭大厦，堆叠千百盆为玩者，绉纸为山，号为菊花山，而茶肆尤盛。”可谓是满城泛起菊香，市井皆有菊花赏。

（4）梅花。

梅花因其经冬不衰，傲雪而开，被称为“花中清友”“花中清客”，与松、竹亦并称“岁寒三友”。

严冬腊月，阴风肆虐大雪纷飞之际，也是梅花迎寒斗雪之时。所以，梅花从古至今一直是冰清玉洁、坚贞顽强的代表，更是深受文人士大夫的喜爱和赞扬。

王冕《墨梅图》

古代赞美梅花的诗句很多，如宋代卢梅坡的“梅须逊雪三分白，雪却输梅一段香”，唐代黄禅师的“不经一番寒彻骨，那得梅花扑鼻香”。

吾家洗砚池头树，个个花开淡墨痕。
不要人夸颜色好，只留清气满乾坤。

这是元代王冕题咏自己所画梅花的诗作，盛赞梅花的高风亮节，诗人也借物抒怀，借梅自喻，表明了自己的人生态度和高尚情操。

文人墨客赞赏梅花的品格与精神，强调其坚强的意志，曾赋予梅花十二韵：花早、质坚、格高、品鉴、枝俊、色雅、枝秀、香幽、魂忠、性犷、神清、名远，从而被人们称为“花中之魁”，推为榜首。

（5）牡丹

牡丹的花色鲜艳、堂皇富丽，常常用于室内装扮来显示自己的高贵地位，其花枝有妖娆华丽、风流倜傥的气质，深受欢迎。同时牡丹还有“花中之王”的美称，是我国的国花。

刘禹锡有诗曰：

庭前芍药妖无格，池上芙蕖净少情。
唯有牡丹真国色，花开时节动京城。

诗中写道牡丹花开时节惊动京城，可见其魅力动人，深受古人喜爱。

（6）桂花。

在我国的传说中，桂树是月宫仙树，古人常在中秋之时把酒赏桂。桂花则被称为“花中月老”和“花中仙客”，有吉祥友好、飞黄腾达、富贵满堂的寓意。

桂花四季常青，花开之时，浓香致远、飘香四溢、沁人肺腑，自古以来深受人们的喜爱。唐代的桂花美酒与桂花糕流传至今。

赞美桂花的诗句，有唐代王维的“人闲桂花落，夜静春山空”，唐代宋之问的“桂子月中落，天香云外飘”。

6. 插花走马落残红

传统插花，或者说古典插花，专指中国古代形成、流传至今的传统形式之插花。

插花既是艺术，又是技艺，非一般随意插摆可成。普通花朵在行家手里略经摆弄，便意趣横生。

经过千百年的不懈努力，插花成为与盆景、书法、绘画等并列的一种艺术形式。

“插花”一词，本意是在发髻上插花枝。如唐代张泌《浣溪沙》词句：“插花走马落残红，月明中。”后又指在容器内插上花枝的艺术形式，延续至今。如南宋吴自牧《梦粱录》有“插花”一词，列为四种艺术之一。《全宋诗》收有一位叫谮的诗人的“瓶胆插花时过蝶”之句。

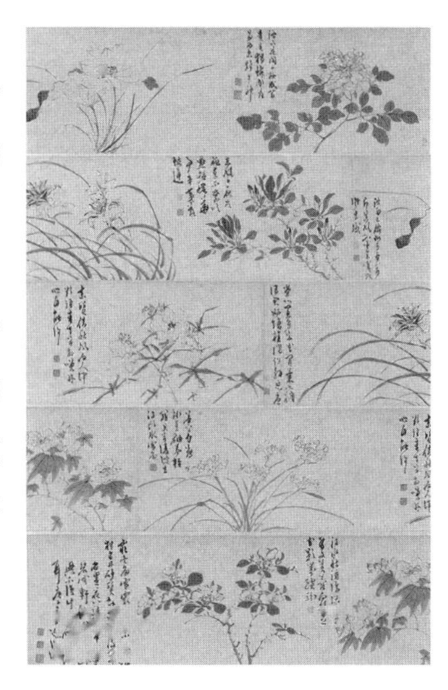

［明］陈淳《墨花八种图》

传统插花艺术，狭义上指花、叶、果等花材插贮于瓶、盆、篮等各类容器，构成造型优美的艺术。从广义说，还包括花束、花串、头花等花饰，以及多种室内装饰花、室外装饰花。

其实，插花里说的花卉，是广义的，不但指花朵，还包括从草本至木本、藤本等各种植物的叶片、枝条、果实等。所有这些材料，由插花艺术家兼收并蓄，加以传承，使得花卉文化更为多姿多彩。

中国传统插花历经3000多年的文化积淀，逐步形成情景交融，形神兼备，充满诗情画意，集自然美、意境美、线条美、整体美于一身的中国传统插花艺术。

7. 百花生日是良辰

民间关于花的传统节日有花朝节，俗称“花神节”。清代蔡云有诗云：

百花生日是良辰，未到花朝一半春。
红紫万千披锦绣，尚劳点缀贺花神。

诗中描述的正是百花盛开，人们为花神祝寿的景象。

历史上，花朝节由来已久，最早在春秋的《陶朱公书》中已有记载。

至于“花神”是谁，相传是指北魏夫人的女弟子女夷，传说她善于种花养花，被后人尊为“花神”，并把花朝节附会成她的节日。

花朝节经过不断发展，在唐朝时期成形，延续至今。

它的庆祝时间一般是农历二月（实际日期会随不同地区的习俗不同而不同），这个时候也正是春天——万物复苏、百花齐放的时节。

古人的花朝节日风俗有很多。人们可以在节日期间外出踏青，赏花市，到花神庙游玩。巧手的古人还会制作“花神灯”挂在花树上，寄托自己的心愿。

当然除了花神灯，古人还擅长做簪花，佩戴在头上。在宋朝的一篇文章《洛阳牡丹记》中这样写道：“洛阳之俗，大抵好花，春时，城中无贵贱皆插花。”展示了人们无论男女，无论贵贱都沉浸在这种“簪花”的快乐中。

另外，花朝节期间人们对吃什么也有讲究。人们会去挑野菜，也会运用花与

［唐］周昉《簪花仕女图》（局部）

米制作花糕来品食。花与谷物的混合带来全新的芬芳，使制作花糕的习俗在宫廷与民间都流行开来。

而关于具体的食花习俗，古人也有花馔文化，鲜花入馔的食方随着朝代的变化而不断增加。

最开始，古人食花的种类比较单调，以菊花为主。进入了唐宋时期后，花的种类变得丰盛，已经可以品尝"百花"了。宋朝时人们已经会用梅花、芙蓉花、栀子花等入馔，并且烹饪方法多样，或蒸或煮或焯。

在南宋林洪的《山家清供》中就记录过宋人以梅花为材料制作"梅粥"的方法："扫落梅英，拣净洗之，用雪水同上白米煮粥，候熟，入英同煮。"

到了明清时期，古人还会将花进行"拖面油炸"，变成一种香脆可口的美食。

除了油炸，鲜花还可以用来当馅食（即糕点之类）。如在清代饮食类著作《随息居饮食谱》中制作桂花馅食的方法："盐糖渍受，造点做馅，味皆香美悦口。"

且将新火试新茶：围炉夜话

中国是茶的故乡，是茶的原产地。中国人对茶很熟悉，上至帝王将相、文人墨客，下至挑夫贩夫、平民百姓，无不以茶为好。人们常说："开门七件事，柴米油盐酱醋茶。"由此可见茶已深入各阶层。

1. 茶的发展与传承

（1）周朝至西汉：茶饮初现。

中国是茶的故乡，中国人饮茶的历史可上溯到上古炎帝时期。

炎帝也叫神农氏，相传他教人们播种五谷，又教人们识别各种植物，茶也是他发现的。

《神农本草经》载："神农尝百草，日遇七十二毒，得茶而解之。""荼"与"茶"

字通。东晋郭璞《尔雅注》认为“荼”即为茶树，“树小如栀子。冬生叶，可煮作羹饮。今呼早采者为荼，晚取者为茗”。

据《华阳国志》载：约公元前1000年周武王伐纣时，巴蜀一带已用所产的茶叶作为“纳贡”珍品，这是茶作为贡品的最早记述。但这时的茶主要是祭祀用和药用。

茶有正式文献记载的可以追溯到汉代。

可以肯定的是，大约西汉时期，长江上游的巴蜀地区就有确切的饮茶记载。至三国时，也有更多的饮茶记事。

公元前59年汉人王褒所写《僮约》中，已有“烹茶尽具”“武阳买茶”的记载，这表明四川一带已有茶叶作为商品出现，是茶叶作为商品进行贸易的最早记载。

（2）两晋南北朝：茶文化的萌芽。

茶以文化面貌出现，是在两晋南北朝。随着文人饮茶风气之兴起，有关茶的诗词歌赋日渐问世，茶已经脱离作为一般形态的饮食走入文化圈，起着一定的精神、社会作用。

这时期儒家积极入世的思想开始渗入茶文化中。两晋南北朝时，一些有眼光的政治家便提出“以茶养廉”，以对抗当时的奢侈之风。魏晋以来，天下骚乱，文人无以匡世，渐兴清谈之风。这些人终日高谈阔论，必有助兴之物，于是多兴饮茶。

到南北朝时，茶几乎与每一个文化、思想领域都套上了关系，茶的文化、社会功用已超出了它的自然使用功能。由西汉到唐代中叶之间，茶饮经由尝试而进入肯定的推展时期。此一时期，茶仍是王公贵族的一种消遣，民间还很少饮用。

到东晋以后，茶叶在南方渐渐变成普遍的作物。文献中对茶的记载在此时期也明显增多。但此时的茶有很明显的地域局限性，北人饮酒，南人喝茶。

王褒《僮约》书影

（3）唐朝：茶文化的兴起。

随着隋唐南北统一的出现，南北文化再次出现大融合，生活习性互相影响，北方人和当时谓为“胡人”的西部诸族，也开始兴起饮茶之风。

渐渐地，茶成为一种大众化的饮

料并衍生出相关的文化，影响社会、经济、文化越来越深。

唐代茶文化的形成与禅教的兴起有关，因茶有提神益思、生津止渴功能，故寺庙崇尚饮茶，在寺院周围植茶树，制定茶礼、设茶堂、选茶头，专呈茶事活动。

“茶圣”陆羽可谓为“中国茶艺”的始祖，他将一生对茶的钟爱和所研究的有关知识，撰三卷《茶经》。

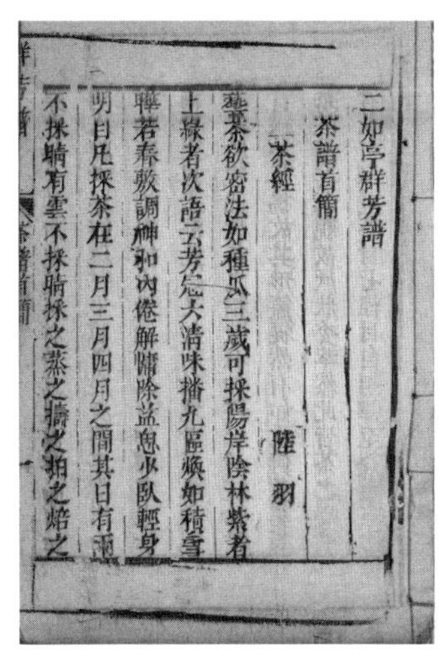

二如亭群芳譜
茶譜首簡
茶經 陸羽
藝茶欲密法如種瓜三歲可採陽崖陰林紫者
上綠者次語云芳忘大清味播九區煥如積雪
曄若春敷調神和內倦解慵除益思少臥輕身
明目凡採茶在二月三月四月之間其日有雨
不採晴有雲不採晴採之蒸之擣之拍之焙之

《茶经》书影

《茶经》是唐代茶文化形成的标志，第一次为茶注入了文化精神，提升了饮茶的精神内涵和层次，并使之成为中国传统精神文化的重要一环。

书中概括了茶的自然和人文科学双重内容，探讨了饮茶艺术，把儒、道、佛三教融入饮茶中，首创中国茶道精神。

《茶经》不仅述茶，而是把诸家精华及诗人的气质和艺术思想渗透其中，奠定了中国茶文化的理论基础。

《新唐书·陆羽传》说:“羽嗜茶，著《经》三篇，言茶之源、之法、之具尤备，天下益知茶矣。时鬻茶者，至（制）陶羽形置汤突间，祀为茶神。……其后尚茶成风。”

（4）宋代：茶文化的兴盛。

及至宋代，文风愈盛，有关茶的知识和文化随之得到了深入的发展和拓宽。

此时的饮茶文化大盛于世，饮茶风习深入社会的各个阶层，渗透到日常生活的各个角落，已成为普通人家不可一日或缺的开门七件事之一。

以竞赛来提升茶叶技艺的斗茶开始出现，茶器制作精良，种茶知识和制茶技艺得到长足进步，茶书茶诗在宋代时得到大力发扬，创作丰富。

文人们文化素养极高且各种生活科学知识也相对厚实，像苏轼、苏辙、欧阳修、王安石、朱熹、蔡襄、黄庭坚、梅尧臣等文学、宗教大家都与茶有深厚的文化因缘并留下大量茶诗、茶词。

宋朝人拓宽了茶文化的社会层面和文化形式，茶事十分兴旺，但茶艺走向繁复、琐碎、奢侈，失去了唐朝茶文化的思想精神。

（5）元明清时期：举世品茶。

宋以后至元、明两代，茶文化和茶经济得到继续发展，贡茶更是发展到极盛之势。

但此时由于胡汉文化的差异，贡茶制度十分严格，民间茶文化受到严重打压，与宋代茶书兴盛的状况相反，元代茶业迅速滑到了谷底。

元朝时，北方民族虽嗜茶，但对宋人烦琐的茶艺不耐烦。文人也无心以茶事表现自己的风流倜傥，而更多地希望在茶中表现自己的清节，磨炼自己的意志。在茶文化中这两种思潮却暗暗契合，即茶艺简约，返璞归真。由元到明朝中期的茶文化形式相近，一是茶艺简约化，二是茶文化精神与自然契合。

至明朝，与宋代茶艺崇尚奢华、烦琐的形式相反，明人继承了元朝贵族简约的茶风，去掉了很多的奢华形式，而刻意追求茶原有的特质香气和滋味。

明清时期，茶已成为中国人“一日不可无”的普及饮品和文化，茶书、茶事、茶诗不计其数。

2. 古代士人与茶

茶与酒一样，也是中国古代士人生活中的重要饮品。

最初，茶是作为药物为人利用的。从神农尝百草的传说中可知，早期人们饮茶主要用来解毒。同时茶还具有醒脑、提神的作用。

《神农本草经》说：“茶叶苦，饮之使人益思、少卧，轻身明目。”

晋人杜育在《荈赋》中说，茶可以“调神和内，倦解慵除”。

汉代时，茶已进入民众的日常生活中。魏晋时期饮茶的范围逐步扩大，上至官府、下至民间都有饮茶习惯。

《三国志·吴书·韦曜传》记载，东吴皇帝孙皓每与大臣宴饮，竟日不息。他让大臣每次至少喝七升酒，否则予以处罚。韦曜不善饮酒，孙皓照顾他，便密赐以茶水，允许他以茶代酒。

当时，家庭日常生活中饮茶也为常事。

晋代诗人左思的《娇女诗》就记述其女儿急于喝茶，“心为茶辩剧”，便对着煮茶的锅鼎吹火。

这时在市场上也可以买到茶。晋惠帝时太子司马通指使属下贩卖茶、菜等物，大臣江流曾上疏予以劝谏。

《南齐书·武帝记》载：南齐武帝萧赜临终前遗诏，说："我灵上慎勿以牲为祭，唯设饼、茶饮、干饭、酒脯而已。"可见江南饮茶风气之盛。这时北方还不习惯饮茶，他们喜欢酪浆，即经过加工的牛羊奶。

在北魏贾思勰所著《齐民要术》中，将茶列入"非中国物篇"，即不是北方所产，说茶以涪陵所产为最佳。

东晋初，一些南渡的士大夫尚不习惯饮茶。据《世说新语·纰漏》记载，晋室南渡之初，北方文士任瞻过江，在一次宴会上，主人请他喝茶。他问："这是茶还是茗？"在座者一听这外行的提问，都感到诧异，任瞻看到大家的神情不对，连忙改口说："我刚才问的是，喝的是冷的还是热的。"

由此可见，不懂喝茶，在士人圈子里是会被人看不起的。

唐代，士人常常以茶点会友，称"茶会""茶宴""汤社"。唐"大历十才子"之一的钱起，与好友赵莒相聚饮茶，写下著名的《与赵莒茶宴》，诗曰：

竹下忘言对紫茶，全胜羽客醉流霞。
尘心洗尽兴难尽，一树蝉声片影斜。

诗人以清新的笔调描述了饮茶的环境、气氛，表达了以茶会友的雅兴。

诗中"竹下忘言"，比喻朋友之间的亲密友好。此典出自《晋书·山涛传》："山涛与嵇康、吕安善，后遇阮籍，便结为竹林之交，著忘言之契。"

五代宋以后，文人聚会饮茶更为普遍。五代时，和凝与朝官共同组织"汤社"，"递日以茶相饮"，即轮流做东，请同僚饮茶，并规定"味劣者有罚"。从此"汤社"成为文人聚会饮茶的一种形式，开了宋代斗茶的先河。

宋代士人也喜欢到茶肆饮茶。茶肆也叫茶坊、茶铺、茶屋。北宋汴梁有许多茶肆，特别是在商店集中的潘家楼和马行街，茶肆最兴盛。

南宋临安商业发达，饮茶处甚多。据吴自牧《梦粱录》载：士人常去的茶肆有车二儿茶肆、蒋检阅茶肆等。《萍州可谈》记载“太学生每略有茶会，轮日于讲堂集茶，无不毕至者。”

元明清时期，茶肆称茶馆，士人饮茶注重雅兴，常常到那些干净整洁的茶馆饮茶。

明代著名的“吴中四杰”，即文徵明、祝枝山、唐伯虎、徐祯卿，多才多艺，琴棋书画无所不能，他们都喜爱饮茶。

文徵明、唐伯虎有多幅茶画流行于世。文徵明是明代山水画的宗师,他的茶画有《惠山茶会记》《品茶图》等。唐寅的茶画有《烹茶画卷》《品茶图》《琴士图卷》《事茗图》等。

这些画多以自然山水为背景，体现了饮茶人对自然脱俗生活的向往。

明代士人还写了大量的茶书。

明太祖朱元璋的儿子朱权，自幼聪慧，精于史学，对佛道教也有研究。但一生经历并不顺利，他与明成祖朱棣关系不好，后隐居南方，时常饮茶释怀，以茶明志。

朱权曾著《茶谱》，说饮茶可以使“鸾俦鹤侣，骚人羽客，皆能去绝尘境，栖神物外，不伍于世流，不污于时俗，或会于泉石之间，或处于松林之下，或对皓月清风，或坐明窗净牖，乃与客清淡款话，探虚玄而参造化，清心神而出尘表。”

可见，朱权饮茶是要让自己“栖神物外”“清心神而出尘表”，获得精神上的解脱。

除朱权外，明代有名的茶书还有顾元庆的《茶谱》、田艺蘅的《煮泉小品》，徐献忠的《水品全秩》等。这些著作是对自陆羽《茶记》以来历代茶学的总结，极大地丰富了古代的茶文化。

文徵明《品茶图》

清王朝建立之初，封建统治者加强了对士人的控制，许多士人失去了对社会的信心和理想，只能以茶寄托情思，显示雅趣。他们特别讲究茶汤之美，并喜欢在室内静静地品茶。

文震亨在《长物志》中说，他于居室之旁构一斗室，相傍书斋，内设茶具，教一童专主茶役，以供长日清谈，寒夜独坐。

清代士人饮茶，希望人越少越好。陆树声在《茶寮记》中说："独饮得神，二客为胜，三四为趣，五六日泛，七八人一起饮茶便是讨施舍了。"

清代士人饮茶不像明代士人那样喜欢到山间清泉之侧鸣琴烹茶，追求与大自然的契合，而喜欢独自静饮。这一转变，反映了他们在严酷的政治时局面前心灵世界的封闭和对理想追求的放弃。

3. 古代茶礼与茶道

（1）古代茶礼。

客来敬茶，这是我国汉族同胞最早重情好客的传统美德与礼节。直到现在，宾客至家，总要沏上一杯香茗。喜庆活动，也用茶点招待。开个茶话会，既简便经济，又典雅庄重。所谓"君子之交淡如水"，也是指清香宜人的茶水。

茶礼还是我国古代婚礼中一种隆重的礼节。古人结婚以茶为礼，认为茶树只能从种子萌芽成株，不宜移植，所以便有了以茶为礼的婚俗，寓意"爱情像茶一样忠贞不移"。女方接受男方聘礼，叫"下茶"或"茶定"，有的叫"受茶"，并有"一家女不吃两家茶"的谚语。同时，还把整个婚姻的礼仪总称为"三茶六礼"。

这些习俗现在已摒弃不用，但婚礼的敬茶之礼，仍沿用至今。

（2）古代茶道。

茶道是一种通过品茶活动来表现一定的礼节、人品、意境、美学观点和精神思想的饮茶艺术。它是茶艺与精神的结合，并通过茶艺表现精神。通过饮茶的方式，对人们进行礼法、道德修养等方面的教育。

认识茶道，首先要认识其历史背景，还要具备相关的传统文化基础。传统文化是茶道精神的基础，而"道、佛、儒"三家理论是正确认识茶道的基础。

茶道最早起源于民间，后来经士大夫的推崇，加上僧尼道观的宗教生活需要，作为一种高雅文化活动方式传播到宫廷，其影响也不断扩大。

4. 斗茶与分茶

在茶文化的发展过程中，斗茶以其丰富的文化内涵，为茶文化增添了灿烂的光彩。

［清］严泓曾《斗茶图轴》(局部)

斗茶又称“茗战”,就是品茗比赛，意为把茶叶质量的评比当作一场战斗来对待。

斗茶源于唐，而盛于宋。它是在茶宴基础上发展而来的一种风俗。茶宴的盛行，民间制茶和饮茶方式的日益创新，促进了品茗艺术的发展，于是斗茶应运而生。

五代词人和凝官至左仆射、太子太傅，封鲁国公。他嗜好饮茶，在朝时“牵同列递日以茶相饮，味劣者有罚，号为‘汤社’”(《清异录》)。“汤社”的创立，开了宋代斗茶之风的先河。

宋代，文人相聚饮茶，流行斗茶。宋人唐庚在《斗茶记》中说：“政和二年三月壬戌，二三君子相与斗茶于寄傲斋，予为取龙塘水烹之第其品，以某为上，某次之。”

斗茶强调的是“斗”即品评，茶之色、味俱佳，方能成为胜利者。

宋代士人斗茶之风提高了品茶技艺，也促进了制茶工艺的改进，为士人生活增添了许多乐趣。

不过，斗茶的产生，主要出自贡茶。一些地方官吏和权贵为了博得帝王的欢心，千方百计献上优质贡茶，为此先要比试茶的质量。

作为民俗的斗茶，常常是相约三五知己，各取所藏好茶，轮流品尝，决出名次，以分高下。

宋代还流行一种技巧性很高的烹茶游艺，叫作“分茶”。陆游《临安春雨初霁》诗“矮纸斜行闲作草，晴窗细乳戏分茶”，指的就是这种烹茶游艺。

玩这种游艺时，要碾茶为末，注之以汤，以筅击拂。这时盏面上的汤纹就会幻变出各种图样来，犹如一幅幅的水墨画，故有“水丹青”之称。

斗茶和分茶在点茶技艺方面因有若干相同之处，故此有人认为分茶也是一种斗茶。此说虽不无道理，但就其性质而言，斗茶是一种茶俗，分茶则主要是茶艺。

积善之家有余庆：古代家风家训

“积善之家，必有余庆；积不善之家，必有余殃。”注重家风是中华民族的优秀品格与优良传统，良好家风是中华文明的重要组成部分，是我们成长的营养剂。

“家之兴替，在于礼义，不在于富贵贫贱。”知礼仪、重家风是中华民族的优秀传统。

好的家风如同无声的教诲，助人立德立言、成人成才，让后人铭刻在心、代代受益。优良的家风传承是中华文明薪火相传、灿烂不熄的重要原因。

诗礼耕读传家远：古代家风

家风也称门风、家法，是一个家族传统的风尚，尤其是指其独特的家教风格，它不但关系着家族的兴衰，也与社会的风尚有关。诸如孔子诗礼传家的教育、石奋恭谨的门风、司马光俭朴的家风、包拯戒贪的家法，等等，不但影响着他们的子孙，也影响着社会上众多家庭对子孙的教育，其门风为当世及后世所啧啧称道。

孔子像

与文化的流传一样，家教也具有传承性的特点。良好家风的形成，不是一朝一夕的事情，需要经过几代人的努力，世代保持优良的家教传统，而良好的家风一经形成，它又是一种无形的家教，可以起到不教而化的效果，可以传衍后代，受惠无穷。这是使家族持久兴旺的重要因素之一，它不同于那些靠政治上的权势与经济上的暴富发达起来的家族，只能是一时的显赫。

西汉初年，追随刘邦打天下的开国勋臣们，封侯拜爵权势显赫的家族数以百计，不过百余年的时间就大多败落了。但一个出身于文墨小吏的杜陵人张汤的家族，却是数世兴旺。

张家自张汤起发达，后历汤子安世，安世子延寿，延寿子勃，勃子临，临子放，放子纯七代人，家族的显贵一直延续到东汉时期。《汉书》的作者班固感叹地说："汉兴以来，侯者百数，保国持宠，未有若富平者也！""富平"是指张汤的儿子、富平侯张安世。

为什么汉初那么多的封侯之家还不如源自一个文墨小吏的家族兴旺持久？这与自张汤的父亲以来就重视家教及其"满而不溢"的家风是分不开的。

张家的这种家风一是表现为对权势欲望的克制，一是表现为对待财利的节俭与淡漠。

张汤做官高至御史大夫，然身死之后，其家产不足五百金，这在三公的高官中是很少的，而且又多为皇帝所赐赏。

张安世也位列三公，还封为列侯，食邑万户，但他在生活上与父亲一样注重节俭，平时身着粗绨做的衣服，夫人亲自纺绩。

张安世的曾孙张临娶公主为妻，他常以桑弘羊、霍禹家族因骄奢以致败亡为例，不时告诫子孙要以此为覆车之鉴，处处警惕。他临死前将大部分财产分给宗族故旧，又遗嘱身后要薄葬，反对当时盛行的厚葬之风。

张家代代少有败子，正是由于这种“满而不溢”的家风，一直保持着持久的教育效果。

东汉中兴名臣邓禹重视家教，“闺门严谨”，他的子孙多能以此自律和教子，循而不改，形成“严谨”的家风。

邓禹的儿子邓训“于闺门甚严，兄弟莫不敬惮，诸子进见，未尝赐席接以温色”。

邓训的女儿邓绥自幼与兄长们一起读书，有很好的文化修养。她在成为皇太后以后，非常重视娘家家族子弟的文化教育，认为这是避免“面墙之讥”和祸败之患的根本，为此她常亲临邓氏子弟就读的学馆严格督促检查。

邓绥的长兄邓骘，遵行家门法度，以汉章帝外戚窦氏子弟居贵放纵终致败亡的教训为诫，“检敕宗族，阖门静居”，不许子弟依仗皇后亲族的身份去为非作歹。

在东汉时期权势炙手可热的外戚之中，邓家能做到自我约束，而且名声还很不错，可算是很难得了。

魏晋南北朝时期，出现了长久不衰的士族家族，他们拥有为官仕宦的特权，保持尊贵的社会地位，是其他普通家族远不能及的。一些名族高门香火旺盛，子孙发达，竟有延及数百年之久的。

士族的出现及其家道久远的原因，除去社会重视门第的因素外，就士族自身来说，也是其重视家学、家教，并形成了各自世代相传的门风家法的结果。

士族多有家族文化背景，他们以自己儒雅的门风和个人的文化修养，区别于其他家族的人们。史学家陈寅恪曾指出：“夫士族之特点，即在其门风之优美，不同于凡庶，而优美之门风，实基于学业之因袭，故士族家世相传之学业乃与当

时之政治社会有极重要之影响。”（《唐代政治史论稿》中篇）

这种不同凡庶的门风，来自家学与家教的影响，并造成了社会上家族门第间的差别。人们注重门风家声，标榜家教的优良，也成为一种社会风气，高门士族的风范常成为人们仿效的榜样。

南朝琅邪士族王弘，爵位尊至太保。他行事多遵礼法，其行为举止，甚至衣着、书法，都为人们所效仿，称他家的家风为“王太保家法”。

北齐太山（泰山）钜平人羊烈，是晋朝太仆卿羊琇的后人。其家族为汉魏以来著名的士族，史书称羊烈“家传素业，闺门修饰，为世所称”。他与同僚毕义云竞争兖州大中正之职时，不无自得地夸耀自家的门风说：“岂若我汉之河南尹、晋之太傅，名德学行，百代传美。且男清女贞，足以相冠，自外多可称也。”他又讥笑毕氏帷薄不修，家风秽乱腐化。

特有的家教风格决定了特有的家风，特有的家风又决定了家族的不同风尚，并且带有地区上的不同特色。

唐朝著名的家谱学者柳芳曾将南北朝以来各地著名士族的不同风尚特点作了概括，他说：“山东之人质，故尚婚娅，其信可与也。江左之人文，故尚人物，其智可与也。关中之人雄，故尚冠冕，其达可与也。代北之人武，故尚贵戚，其泰可与也。”（《新唐书·柳冲传》）

从各地士族的不同风尚中，也反映出其家教风格的不同，大体又可分成两类，一类文质，一类雄武。

文质者，强调道德人伦与文化学识的家教；雄武者，重视仕宦与武功，对子弟进行尚武精神的教育是其家教的重要特色。

雄武者求进取，多是北方少数民族或受其影响的汉人家族的家风，代北、关中地区受鲜卑族风俗影响较深，人们重视对子弟骑射的训练。

文质者知退让，多是汉人士族久远的家风。如为避战乱而侨居江南的著名的琅邪王氏家族门风是“持盈畏满”，王骞曾告诫儿子们说：“吾家门户，所谓素族（士族），自可随流平进，不须苟求也。”（《梁书·太宗王皇后列传》）

颜之推教导子孙要崇文戒武。他以颜氏祖先尚武者皆罗致祸败的教训，谆谆告诫他们：“此皆陷身灭族之本也，诫之哉！诫之哉！”（《颜氏家训·诫兵》）

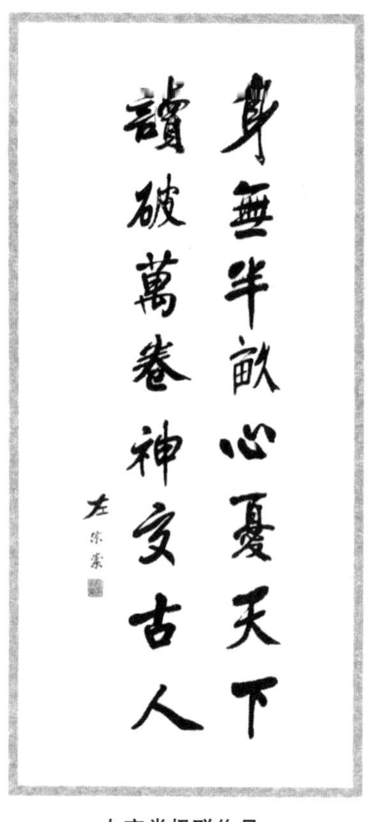

左宗棠楹联作品

知退让，可以避免过深地卷入政治而大起大落，使家道久远。

唐代以后，文化知识的传播日益庶民化，在家教中重视对子弟进行文化知识的教育，并与一贯的农家朴实的风气结合起来，形成中古士族社会以后比较普遍的家教主旨：耕读传家。这被人们视为最理想的遗惠后世的家风，不但农家如此，读书官僚家庭也多这样。

南宋大诗人陆游有《示子孙诗》说："为贫出仕退为农,二百年来世世同。富贵苟求终近祸，汝曹切勿坠家风。"（《剑南诗稿》）希望子孙能保持读书出仕、农耕守家两百年的家风。

清代大官僚左宗棠为家族祠堂撰写的对联是："纵读数千卷奇书无实行不为识字，要守六百年家法有善策还是耕田。"（《左文襄公集·联语》）告诫族人要真正懂得耕读传家的内在要旨，不能流于表面。

耕读并重这一家风的形成，不但如陆游所说的那样，进可以应科举出仕以求发展，退可以务农为生保家远祸，是一种稳妥的处世之道，而且更重要的是教会子弟们怎样做人，培养他们重人格修养与崇本务实的品性。

风流全在主人翁：古代家训

古代教育包括两大块，一是社会教育，二是家庭教育。社会教育由政府负责，首都有国学（后来称国子监），乡有乡校，州有州学，犹如网络遍布天下，负责对从基层选拔上来的精英进行经典教育。家庭教育是由民众自我完成的教育方式。

家庭是社会的细胞，只有每个细胞都健康，社会肌体才会正常。而治国平天下，则必须首先从家庭做起。

父母生育了孩子，除了从生活上抚养他们长大成人，还应该对他们的人生道路负责，这就需要教育。《三字经》说："养不教，父之过。"父母是孩子的第一任老师，也是对子女影响最大的老师。

因家风清廉质朴、善良守信、进取有为而赢得赞誉的古今名人不胜枚举。包拯严厉要求其后代不犯赃滥，不违其志，否则就不是包家子孙，死了也不得葬在包家祖坟。岳母姚氏在岳飞背上刺下"精忠报国"四个大字，岳飞又严格教育参战的儿子一心报国。清代名臣林则徐留给后辈的家训说："子孙若如我，留钱做什么？贤而多财，则损其志；子孙不如我，留钱做什么？愚而多财，益增其过。"

孟子说："天下之本在国，国之本在家。"家与国的命运息息相关。

中国历史上，历年最长的是殷商与周，前者三十一王，享祚近六百年，后者三十九王，享祚八百余年。适成鲜明对比的是秦，二世而亡，国祚仅三十多年。

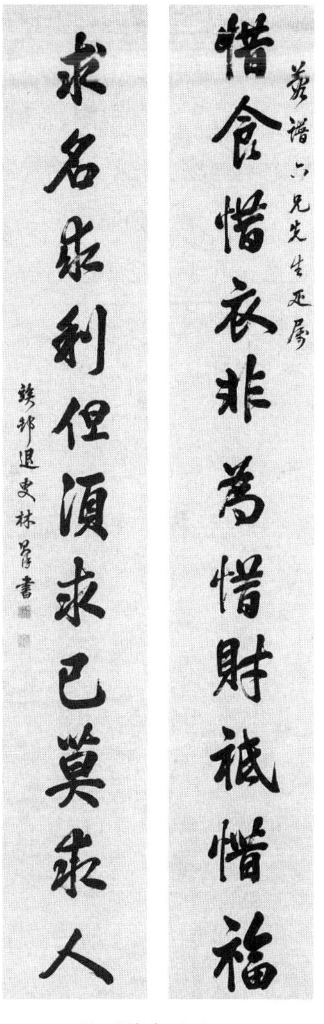

林则徐书法作品

意味深长的是，当时的思想家把"殷周有道之长"与"秦无道之暴"（暴是短促、暴亡）的缘由归结为对太子的教育。

读《大戴礼记》可知，周人对太子的教育分为婴儿、孩提、少年、弱冠等几个阶段，分别有不同的教育形式与目标，进行严格的、成体系的德性品行教育，要求他成为万民的楷模。因为太子是国家的接班人，所以要求极其严格，远非寻常人家可以比拟。

而秦对太子的教育则违背道德，反对礼义辞让，教之以告发、刑罚、杀戮，此后太子自然成为无道昏君，一朝暴亡。

社会对于子女的教育，也予以普遍关注。《管子》中《弟子职》一篇，《礼记》的《曲礼》与《内则》两篇，记载家庭生活的各项细节，重在培养孩子的良好习惯，对家庭文化具有指导意义。

到了南北朝时期，出现了我国第一部家庭教育的专著《颜氏家训》。作者颜之推是孔子高足颜渊的后代，身逢乱世，“三为亡国之人”，备受艰辛。他亲眼看见许多家庭一夜暴兴、一朝暴亡、大起大落的场景，深感有责任为家族垂范立训，“整齐门内，提撕子孙”，于是结合自己的生平见闻，讲论治家、为人、治学之道，详细谈及家庭中不同角色如何立身行事、和睦相处，使《颜氏家训》具有里程碑的意义，成为中国的“家训之祖”。

此后，各种家训犹如雨后春笋，比较出名的有《朱柏庐治家格言》、司马光的《家范》和《书仪》、朱熹的《朱子家训》，等等。

这些“家训”，没有空话废话，即使是文化程度不高的家庭，也多能背诵若干名言警句，作为人生秉持的原则。

家训是中国传统文化中的奇葩。家训是民间自发出现，又根植于民间，以儒家的仁义礼智作为思想核心，以修身做人作为立身之本，将与人为善、勤俭持家作为基本美德，以自我教育为主要形式，经过数代传承，即可形成优良的门风。家教不好、家风不正的家庭，会受到四邻八舍的轻视，甚至连媳妇都找不到。

家训的流行，解决了全社会的文化认同问题，在深层树立了民众的基础道德，减少了大量恶性事件的发生。

童蒙齐诵三字经：教子之道

中国古人对成才的概括是四个字：“修齐治平”，即修身、齐家、治国、平天下。中国古代至少从先秦时期以来，就非常重视儿童教育，基本特点就是注重孩子的德性和礼仪教育。

1. 修身教育

古代的教育，是从修身开始的。“君子务本，本立而道生。”修身，即做人之本；修身，即学习做人。那么，古人为什么要子弟学做人呢？做人，换个说法，就是不做禽兽。古人常说，“要自别于禽兽”，就是自觉地与禽兽相区别。要成为一个纯粹的人、真正的人，就需要修身，修炼自己的心灵，使自己的心变成一颗美好的心。

孔子说：“仁者爱人。”孟子在孔子的基础上进一步发挥说，人区别于禽兽的根本，在于人是万物之灵；人身上有仁义礼智等善端，禽兽没有。因此，人可以教育，成长为君子，而禽兽没有这种可能。

仁、义、礼、智四者，仁最重要，居于统领的地位。孟子说：一个孩子掉到井里，你听到他的哭喊声就会起恻隐怵惕之心，这种恻隐之心就是仁的起端，只要是人都会有的。所以，孟子说：“无恻隐之心，非人也。”

孩子的成长离不开环境，在某种程度上可以说，有什么样的环境，就会有什么样的孩子。“孟母三迁”是古人为孩子的成长创造良好环境的典型。孟子能成为儒家的杰出代表和一代宗师，被后世尊为“亚圣”，他的伟大是从他妈妈殚精竭虑地搬家开始的。

《大戴礼记·保傅》记载，周成王做太子的时候，周武王为了保证他的根性纯正，让周公等三位德高望重的老臣担任太师、太傅、太保，分别负责太子的身体、德义和知识技能教育。为了太子的健康成长，周武王从他周围逐去邪人，不让他看到恶行；又挑选天下品行端正、孝悌而有学问的人和太子一起生活，使太子见正事、闻正言、行正道，左视右视，前后都是正人。长期与正人相处，自己岂能不正！

周成王像

孔子说:“少成若性,习惯之为常。”太子上的小学,有东南西北四处,称为“四学”,所学的内容各有侧重:东学如何尊亲,南学如何尊老,西学如何尊贤贵德,北学如何尊重有爵位者,以此来树立太子良好的道德基础。

2. 知行合一,注重礼仪

古人把青少年教育分为小学和大学两个阶段。

八岁入小学,由于年龄小,理解不了大道理,所以着重培养良好的生活习惯,主要途径是学习礼仪。

例如,为了帮助孩子学习和践行孝道,古人制定了一整套生活礼仪:早起要向父母请安,美味可口的饭菜要先请父母品尝,要关心父母,父母外出子女要左右扶持,父母有所召唤要“唯而不诺”。

唯,是紧凑而明快的回答,表明很在意父母的招呼,如果正在看书、吃饭、玩耍,要立即停止,尽快跑到父母面前;诺,是拖腔拉调的回答,懒懒散散,不以为意。

通过这些生活细节来规范孩子的习性,纠正孩子的不良嗜好,培养他们的恭敬之心。

千里之行,始于足下。远大的抱负,必须从当下的点点滴滴做起。

东汉名士陈蕃,独居一室而龌龊不堪。他父亲的朋友薛勤问他:“为何不打扫干净来迎接宾客?”他回答说:“大丈夫处世,当扫除天下,怎么能只扫一间屋子?”薛勤反唇相讥:“一室不扫,何以扫天下?”

治国平天下的人,要勤政。勤劳的习惯要从小培养,因此,要求孩子“黎明即起,洒扫庭除”,做力所能及的家务。

3. 以身作则,率身垂范

人都有偶像,尤其是儿童。学习什么样的人,崇拜什么样的人,预示着他将成为什么样的人。古人深谙此道,并运用娴熟。古代的儿童读物总是把历代的忠臣良将作为重点来介绍。

京师的孔庙和国子监,是全国的最高学府,除了孔子和四配、十二哲之外,东西两庑还有历代先贤和先儒的牌位。凡是对国家和中华文化作出杰出贡献的人,

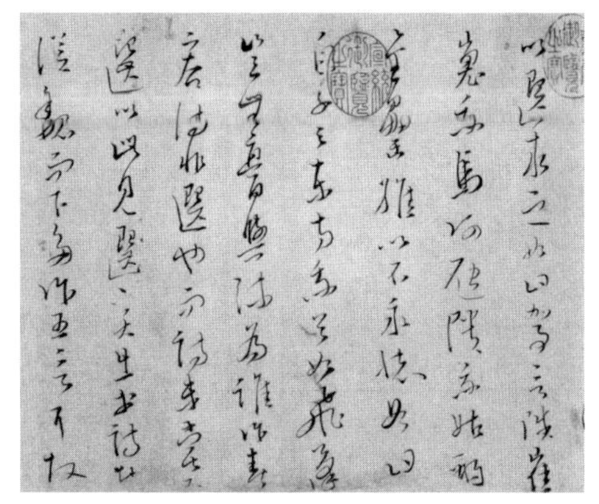
文天祥《木鸡集序卷》

例如岳飞、文天祥、陆秀夫、顾炎武等，都在这里受到人们的瞻仰和祭祀。

地方学宫一般还祭祀当地的乡贤，以此激励青年后学。

文天祥是江西吉水人，在儿童时代，看到学宫祭祀的欧阳修、杨邦乂、胡铨等人的像，谥号都有“忠”字，欣然慕之，立志要成为他们那样的人，于是发愤读书。他在衣带中写道：“读圣贤书，所学何事？而今而后，庶几无愧。”

古人特别重视正面人物对社会的垂范意义，因此，《二十四史》大多有《孝友传》《忠义传》，内容极为丰富。里面的杰出人物，都是后人学习的楷模。

青年将军霍去病，出生入死，打击匈奴，屡建奇功，皇帝要奖励他一栋豪宅，他不为所动，慨然道：“匈奴未灭，何以家为？！”

司马光是北宋著名的政治家，如今大家只知道“司马光砸缸”的故事，殊不知，他是一位清正、廉明、无私奉公、声望极高的政治家。另一位北宋的名相范仲淹也是如此，也有许多感人的事迹。类似的教材，对学生有非常正面的作用，应该很好地利用。

4. 童蒙养正，及早施教，教育要趁早

《易经》说：“童蒙养正。”儿童在开蒙的时期，一定要让他受到正确的教育与引导，这一点非常重要。童年时代，心思单纯，受外界的污染少，这时进行教育，成效最好；一旦犯了错误，也比较容易纠正。《大戴礼记》中引了一句民间的谚语“教妇初来，教儿婴孩”，非常有道理。

新娘初次来到婆家，公公婆婆要先告知家里的生活习惯以及相应的规范，这样她就能比较迅速地融入新的家庭生活。相反，一开始不做要求，等到矛盾激化了再去处理，就很被动了。

教育孩子也是如此。孩子的教育必须从婴孩时期开始，才最为理想。孩子的

教育，行胜于言。《弟子规》是一本非常适合于儿童行为教育的读本，与侧重于知识教育的《三字经》《千字文》不同，它的特色是教孩子怎么做，对于帮助孩子建立正确的、优良的习性，会有较大的帮助。

颜黄门学殊精博：颜氏教子法

颜之推是我国南北朝时北齐文学家，他身逢乱世，常年漂泊，经历了侯景之乱等大的社会动荡，经历了梁、北齐、北周、隋四朝，但依然能有所作为，官拜散骑侍郎、黄门侍郎、平原太守、隋东宫学士等，非常罕见，他把这一切归结于自己的门庭有缜密的风教，“吾家风教，素为严密”，教育有方，格局清高。他目睹太多大起大落的人物和事件，阅尽沧桑。他晚年最关心的事，是教导后人如何在乱离之世安身立命、保持节操。他以长辈的身份，将自己对人生的理解，以及如何治家、为人、为学等经验教训，著为七卷二十篇，这就是被后人誉为“家训之祖”的《颜氏家训》，对后世产生了非常大的影响。

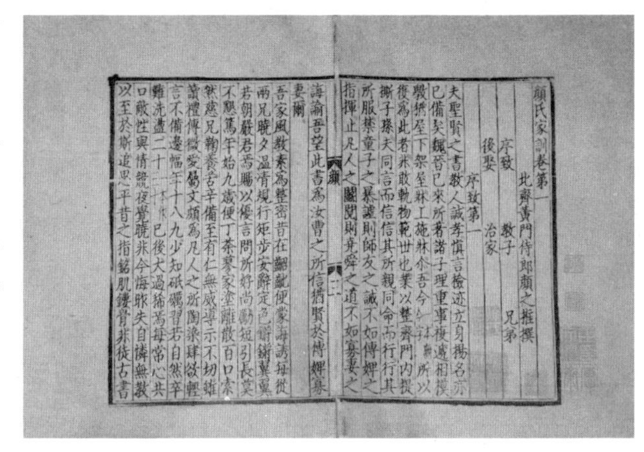
顏氏家訓卷第一
北齊黄門侍郎顏之推撰
序致 教子 兄弟
後娶 治家
序致第一
夫聖賢之書教人誠孝慎言檢迹立身揚名亦已備矣魏晉已來所著諸子理重事複遞相模斆猶屋下架屋牀上施牀耳吾今所以復爲此者非敢軌物範世也業以整齊門内提撕子孫夫同言而信信其所親同命而行行其所服禁童子之暴謔則師友之誡不如傅婢之指揮止凡人之鬬鬩則堯舜之道不如寡妻之誨諭吾望此書爲汝曹之所信猶賢於傅婢寡妻耳
吾家風教素爲整密昔在齠齔便蒙誘誨每從兩兄曉夕温凊規行矩步安辭定色鏘鏘翼翼若朝嚴君焉賜以優言問所好尚勵短引長莫不懇篤年始九歲便丁荼蓼家塗離散百口索然慈兄鞠養苦辛備至有仁無威導示不切雖讀禮傳微愛屬文頗爲凡人之所陶染肆欲輕言不備邊幅年十八九少知砥礪習若自然卒難洗盪二十已後大過稀焉每常心共口敵性與情競夜覺曉非今悔昨失自憐無教以至於斯追思平昔之指銘肌鏤骨非徒古書

《颜氏家训》（元刻本）书影

颜之推在家庭教育方面主要强调的几点是：

1. 宽猛相济，慈严结合

父子之间，既要有严格要求，不得狎昵；又要有骨肉之爱，不能隔膜。两者要处理得当，很不容易。

他认为，爱孩子，一定要严格要求，不能溺爱。

北齐武成帝的第三个儿子琅琊王，是太子的同母弟。武成帝和皇后都喜欢他，衣服饮食，与太子完全相同。武成帝还常常当面称赞他："这个聪明的孩子，将来一定会有所成！"

太子继位之后，他的待遇处处僭越，高于其他兄弟。10岁左右，就骄横恣意，没有节制，器物玩好，一定要与天子一样。只要有一件东西没满足，就勃然大怒。结果，年仅14岁就被人杀了。

颜之推认为，他实际上是被溺爱自己的父母害死的。

父母是孩子的第一任老师，也是影响最大的老师，两人分别承担不同的角色：严父与慈母，一个主管孩子的德行学艺是否达标，另一个负责给孩子亲情与温暖。

2. 风范与节操并重

颜之推说，在动荡的年代，找书很困难，但是，有些学问很好的君子，为了保持自己的道德与风范，便"自为节度，相承行之"，就是自己制定礼仪规范，传承推行。

世人仰慕他们，称之为"士大夫风操"。由于他们有操守，世局再乱，也能做到"蓬生麻中，不扶自直"。

颜之推以大量的篇幅，介绍士大夫的风范与节操，是当代家庭教育值得认真研究学习的重要思想。

3. 仰慕贤达之士

颜之推说：千年出一位圣人，五百年出一位贤人。圣贤之难得，可想而知。因此，如果遇到罕见的明达君子，怎么能不攀附景仰呢？我生于乱世，长于戎马之间，颠沛流离，闻见很广，但对于所遇到的明贤，没有不心醉神迷地向慕的。人在少年之时，神情未定，接触的人形形色色，即使无心去学他们，但是潜移默化，不知不觉之中，就随之发生了变化。所以说，与善人居，如入芝兰之室，久而自芳；与恶人居，如入鲍鱼之肆，久而自臭。墨子悲于染丝，是之谓也。君子必慎交游！

《颜氏家训》使该家族十几代都极为富贵荣耀，如颜真卿、颜师古，都是一时之选。颜氏族人在世所得家产最终往往散放社会，只留给后辈这本祖训，并训谕后人谨遵不违，这才有了颜家十几代的兴旺。

4. 礼仪为先

中国是礼仪之邦。礼是按照道德理性的要求制定出来的行为准则。《礼记》说："礼者，理也。"

古人把儿童教育的理念，例如孝顺、尊重、敬畏、谦退，乃至优雅、文静等，都糅进了礼仪规范之中，让孩子天天学习，天天实践，以求培养出君子的气象。

颜之推十分看重儿童的礼仪教育，他说："吾观《礼经》，圣人之教，箕帚匕箸、咳唾唯诺、执烛沃盥，皆有节文，亦为至矣。"每个仪节都经过精心设计，都有深刻内涵。

程颢像

司马光也说"治家莫如礼"，应"以义方训其子，以礼法齐其家"。

行为规范的学习，比理论容易得多，孩子容易接受。孩子在学习的过程中，逐步体会到礼的含义，并且逐步内化为自己的品格。

《颜氏家训》开启了家教与门风的传统，从南北朝到隋唐，知识界普遍重视制定家庭的礼仪规范，私家仪注屡见不鲜。宋代的程颢、程颐和张载等，在自己的家庭中施行儒家礼仪；司马光的《书仪》和《家范》，谈了很多立身处世、成家立业的道理，足称楷模，值得我们批判继承，发扬光大。

子承孙继万年泰：古代家谱

家谱在中国已经有3000多年的历史了，在这漫长的岁月中，我们的祖先编制了不计其数的家谱。这些家谱，在他们的时代，在他们的社会、政治、经济、文化活动中曾发挥过一定的作用。

1. 家谱的文化传承

家谱，是一种以表谱的形式记载一个以血缘关系为主链的家族世系繁衍及其重要人物事迹的特殊图书体裁。家谱产生于我国的远古时期，成熟于我国的封建时代。

在我国这片广袤的土地上，散居着大大小小许多的家族，他们有着共同的祖先，血缘关系将这些家族紧紧地联系在一起。

尽管经过了一场场历史洪流的洗礼，这些家族有了现在的贫富差异，但族人们依然共同安居在这一片土地之上，战争、瘟疫与各种自然灾害也不能将他们分离。

许许多多的家族构成了一个社会的基础，氏族是一个大家族，国家是一个最大家族。在我国古代，国王或皇帝就会是这个大家族的总族长，百姓则是这个家族的族人，总族长利用手段维护自己在这个氏族中的统治。

为了能使统治得到延续与稳定，权力更替和财产的继承能够平静实现，不致落入外人之手，无论是国家还是各个家庭都十分重视血统的纯净。为此，记录血缘关系和血统世系的谱牒就应运而生。

从商周时期至汉朝这段时间，证明血统、祭祀祖先、辨明世系是家谱的主要作用，并且，又是权力与财产继承的重要依据。

魏晋南北朝时期，家谱在政治、社会生活方面的作用大大增强，其主要作用为证明门第，做官、婚姻嫁娶、社会交往均是以家谱为重要依据，家谱在此期间逐渐成为一种统治阶级的政治工具。

隋唐时期，科举为取士的方式，家谱在选官方面的政治作用减弱，但在婚姻等方面的作用却增强。

宋朝以后，取士、婚嫁不重门第，各社会阶层的成员的升降变迁非常频繁，家谱的政治作用基本消失。编修家谱成了家族内部自己的事情，家谱的作用便随之发生了改变。

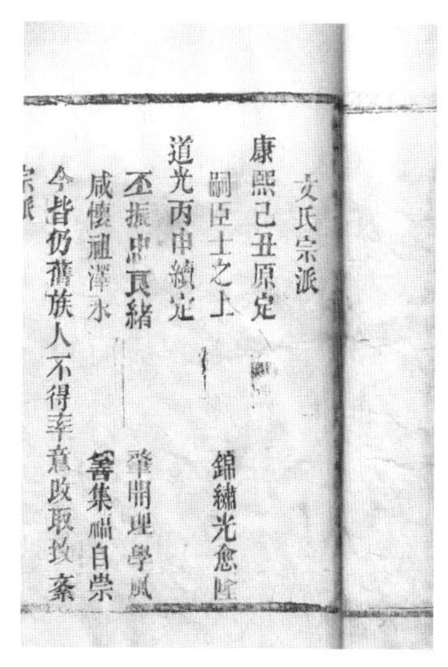
文氏宗派
康熙己丑原定
道光丙申續定
咸懷祖澤永

桃源文氏家谱（局部）

宋元明清时期，家谱的纂修主要作用是记录家族历史，纯洁家族血统，尊祖、睦族，团结、约束家族成员，教育后代，提高本家族在社会中的声望与地位。

家谱的教育作用加强，家谱中大量出现家族祖先的善举恩荣与各种家训、家箴，对于宣扬封建伦理，维持社会秩序产生了一定作用。因而，家谱的纂修无论是唐代之前还是宋代以后，通常都会得到朝廷的支持与鼓励。

另外，明清时期科举取士，每个地方的中举名额均有定数，一些考生往往冒移籍贯，以期被选拔，为此，经常引起诉讼，家谱此时又会发挥证明作用。清代旗人袭爵、出仕，均需要出示家谱作为凭据。

2. 家谱的一般分类

在浩瀚的历史中，“家谱”曾有很多种称呼，“家谱”仅仅是其中使用频率最高与最具代表性的一种。

自古以来，家谱类文献史料的名称还有以下这些称呼：族谱、族系录、族志、族姓昭穆记、宗谱、宗簿、宗系谱、家志、家乘、家牒、家记、家史、世录、世家、世本、世纪、世谱、世系录、世传、祠谱、谱录、坟谱、会谱、近谱、全谱、通谱、总谱、合谱、统谱、房谱、百家集谱、支谱、枝分谱、帝系、玉牒、本支世系、辨宗录、列姓谱牒、血脉谱、源派谱、系叶谱、述系谱、大同谱、大成谱、氏族要状、中表簿、房从谱、诸房略、维城录，等等。

（1）玉牒。

在众多的家谱之中，有一种高贵且特殊的家谱，那就是帝王的家谱——玉牒。

在封建社会时期，以皇家为代表的统治阶层享有政治、经济等方面的特权，而皇族身份则是他们享受特权的凭证。为了防止外人混入皇室，攫取不应得的权利，古代的帝王都会安排专门的机构来编纂皇家的族谱。到了唐朝，唐文宗正式把皇家族谱更名为“玉牒”。

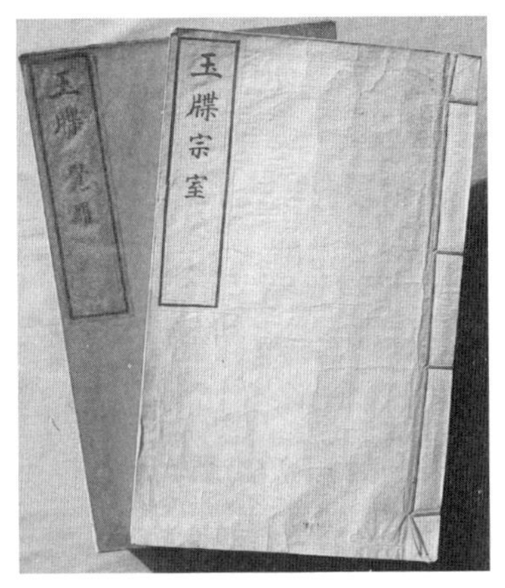

玉牒

在历史中，皇室玉牒的编纂是由皇家安排专

门机构来进行的。皇室成员中，一旦有孩子出生或老人去世，均要上报宗人府，宗人府要做好相关记录，以备编纂玉牒之时作为重要的参考资料。这些资料的积累均是玉牒编成的重要因素。

玉牒记载皇室宗亲的世系，体现了嫡庶之别与血缘亲疏。

早在奴隶制时期，王室就有了系统记载家族世系的家谱，夏、商、周也是如此。后人曾根据这些王室家谱编成了一部王室、诸侯世系总谱——《世本》。司马迁也据此在他的不朽著作《史记》中创作了本纪十二篇和有关世家、世表、年表。

帝王的家谱不管是在奴隶制社会，还是在封建社会都很受重视。

秦朝建立以后，首次设置宗正一职，专事负责管理皇族事务和掌修皇族谱牒。

汉朝建立之后，虽有变动，但大致还是沿袭了秦朝的制度，只是两汉宗正官员均由皇族成员担任。

三国、西晋时期沿袭汉制，东晋省宗正并入太常，南朝宋齐两代沿袭东晋的制度，梁代恢复宗正卿职位，可由普通的姓氏成员担任。

隋朝末年设宗正卿一职。唐朝设宗正寺。五代、宋朝一如唐朝。辽改宗正寺为大惕隐司，金为大宗正府，后因避睿宗名讳，改称大睦亲府。元代恢复为大宗正府。明初设大宗正院，后改为宗人府。清代沿袭明制，设宗人府，职掌一如前代。

历代皇室家谱，均为国家重要机密，极少流溢于民间。因此，历朝历代编纂玉牒的数量已无法统计，散见于后代文献记载的大致有以下几类：

汉《帝王诸侯世谱》二十卷，《宋谱》四卷，《齐梁帝谱》四卷，《齐梁宗簿》三卷，《梁帝谱》十三卷，《后魏皇帝宗族谱》四卷，《后魏谱》三卷，《齐高世谱》六卷，《后齐宗谱》一卷，后周有《皇帝谱》和《周宇文氏谱》一卷。

唐朝的皇族谱牒大致可以分为专记“帝籍”的玉牒，专记皇后的皇后谱牒，专记帝系的天潢源派谱，记载皇子皇女的谱牒和记载整个皇族的宗室谱等五种。五代后梁有《天潢源派》二种。宋代的皇族谱牒亦分为玉牒、属籍、宗藩庆系录、仙源积庆图、仙源类谱五种。金有《金重修玉牒》，明有《玉牒》《天潢玉牒》《明宗支》《明主婿》《大明宗谱》《大明谱系》等，清有《玉牒》和《星源集庆》。

《天潢玉牒》

但唐以前的所有玉牒均已散佚，宋代皇帝家谱《天潢下牒》《仙源类谱》《宗藩庆系录》仅有残册存世。明代玉牒也仅有《四库全书》“存目”中著录的《天潢玉牒》一卷，为明太祖历代世系，以编年为序，止于永乐年，专记皇室世系，包括皇后、太子、诸王的谥号、封爵、生卒等内容。

唐宋时期的玉牒的编纂更为完备，种类也较以前丰富。828 年，唐文宗把皇室谱牒赐名为玉牒。唐代出现了专为历代皇后、公主、王孙等编纂的专属谱牒。在宋代，玉牒不但记录皇帝世系，而且记载本朝的大事与皇后事迹等内容。明代还出现了专门记录驸马的《明主婿》。

清朝的皇室在编纂玉牒之时，有宗室玉牒与觉罗玉牒的区分。前者记录的是从清太祖努尔哈赤的父亲塔克世算起，直系子孙的后代为大宗，称为宗室。而塔克世的兄弟及叔伯兄弟的子孙即为小宗，称作觉罗。清代皇室的玉牒是保存得最为完整和最为系统的皇室家谱。据统计，中国第一历史档案馆现存清代各类玉牒达 2600 余册。

在清代初期，玉牒都是用满文来书写的。雍正时期，玉牒用满汉两种文字书写。嘉庆年间，横格玉牒只用汉文来书写。

玉牒修完后，要抄录三份，一份交由皇帝御览，并藏之皇宫，在另外两份中，一份交宗人府收藏，一份交礼部收藏。乾隆二十五年（1760 年）之后，玉牒只抄录两份，一份在皇宫珍藏，一份送回现在的沈阳故宫珍藏。

玉牒修成之后，清朝初年抄写三份，一份“进呈御览”，皇帝审阅之后，藏入宫内皇史宬，另两份则分送宗人府与礼部恭贮。乾隆二十五年（1760 年）改为抄写两份，一份仍存入皇史宬，另一份原送礼部的改为送回盛京故宫内敬典阁恭贮，每一份均是满汉两种文字，宗人府仅存稿本。

整个送贮过程是非常隆重的。钦天监择选吉日，玉牒馆官员在总裁带领下，身着朝服，对玉牒行三跪九叩首礼，然后由宗人府与礼部组成的仪仗队送至皇宫内，由皇帝亲自审阅，文武百官于午门外跪迎。皇帝审阅完毕后，由太监捧出，再由机要大臣护送至皇史宬。

清朝玉牒馆

送至盛京的玉牒，除出京时仍有上述这一套礼仪外，玉牒所经之处，各地方官员均要迎送。出山海关之后，由盛京的将军派人专程迎接。玉牒到达盛京，当地官员均须穿朝服出城跪迎，然后送至盛京故宫崇政殿陈设，再移至敬典阁恭贮。

（2）统谱。

统谱，又称统宗世谱、大成谱、总谱等，其包括同姓统谱与异姓统谱。

同姓统谱是记载某一姓氏世系流变的谱牒，如张氏统谱记载的就是张氏一姓的由来与传承。在明代，囊括各地宗支于一部谱牒的统谱开始出现。如，张宪、张辉阳二人就在明朝嘉靖年间编修有《张氏统宗世谱》，记录了张氏一姓的由来与变迁。

异姓统谱，又叫万姓统谱，是尽可能多地记载中华各姓氏的世系流变的谱牒。如明代凌迪知编修的《万姓统谱》即是异姓统谱的代表，谱中提出了中华万千姓氏都源于黄帝的说法。这一观念影响很大。明清时期，在编修家谱时，各家族都会从始迁祖开始上溯至黄帝。

（3）宗谱。

宗谱记载的是同一祖先之各支系的完全谱牒。为此我们也可以认为宗谱是同姓统谱的二级组成部分。例如，民间家谱之最的《孔子世家谱》即是宗谱的代表之一。它是唯一能使用“世家”这一诸侯才能使用的名号的宗谱。

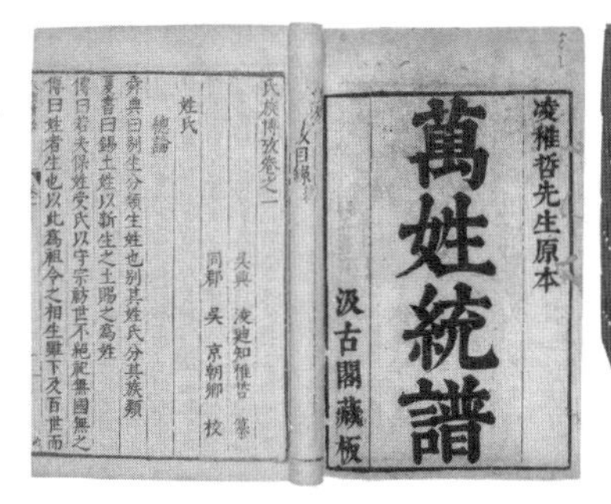

《万姓统谱》书影

孔子是殷商时期子姓的后裔。作为孔子后裔的孔家自称为

“内孔”或“真孔”。在非孔子后裔的孔氏中，既有企图混进圣裔获得免税等待遇者，也有衍圣公府奴仆孔末的后代。

提起孔末，就让我们想起“孔末之乱”。

这是一个发生在五代十国时期的跌宕起伏的故事。

孔末的先祖孔景，是南朝刘宋时期住在孔林附近的五户人家之一。公元442年，皇帝下令免去孔林附近五户人家的徭役，要求他们以打扫孔林代替徭役，孔景就在其中。

到了唐朝末年，孔子后裔人数逐渐增多，但大多居住在别处，定居在曲阜的人并不多。孔子第四十二代嫡长孙孔光嗣未能继承早就由唐玄宗设立的文宣公职位，只是被任命为泗水县令。

公元913年，孔末趁着天下大乱之时，带领歹徒将居住在阙里的孔氏家族全部杀害。之后，他又率领歹徒赶去泗水，将孔光嗣杀害，孔光嗣的家产与地位都落入了孔末之手。

此后，孔末便自称是孔子后裔，遂主持祭祀孔子的诸多事宜。孔光嗣的独生子孔仁玉因为被母亲带回娘家而幸免逃过此难，但孔末并不知道孔仁玉其人。

公元930年，有人向朝廷举报孔末杀害圣裔、夺取官爵的罪行，并称孔光嗣的独生子孔仁玉尚在人间。唐明宗李嗣源派人前往曲阜查证，发现那人举报属实，于是就处死了孔末。孔仁玉被任命为曲阜主簿，主持祭祀孔子。公元933年，孔仁玉袭封文宣公。

《孔子世家谱》书影

孔子家族历经磨难，又呈兴盛景象。为此，孔仁玉也被孔氏后裔尊称为“中兴祖”。

孔氏家族把编纂家谱视为一件重大的事情，“详世系、联疏亲、厚伦谊、严冒紊、序昭穆、备遗忘”是编纂家谱的目的。编纂家谱还可以清查与防止“外孔”乱宗之事。

北宋以前，《孔子世家谱》也叫《孔氏家乘》，上面只记载了世袭奉祀的宗子的名字。

公元1085年，孔子的第四十六代孙孔宗翰组织宗亲深入搜集资料，创修孔氏家谱。

这是孔氏家族的第一部家谱，此家谱将本族嫡系与支庶一并收入，正式刻版印刷。

后来，孔氏家族逐渐形成了“六十年一大修，三十年一小修”的续谱族规。

（4）支谱与房谱。

同一始迁祖到某地开基后，他的每个儿子的后裔都可以称为一支。支谱就是某一始祖的每个儿子之后裔世系流变的谱牒。支谱也可称房谱，二者差异不大。

以桃源文氏为例，共分为五房，分别是南大房、东二房、西三房、中四房、北五房。光绪年间续修桃源文氏家谱时，五房各自续修了本房的房谱，又共同续修了合族的家谱。

关于房谱、支谱与合族共谱的关系，文氏族人认为家谱记录了桃源文氏全族的大纲，而支谱则记录了某一房的详细情况。

支谱并非纠缠于细枝末节，而是详尽记录实际情况；而家谱也并非粗疏，而是努力探究本氏族人的源流。

3. 家谱的内容

古时的家谱在选官、袭爵、婚姻、社交、财产继承、睦族等方面都起着极其重要的作用。因此在编修家谱之时，都应将这些方面的内容收录其中，以传示时人与后人。

古时的家谱及其所书写的内容都是适应产生的那个时代的需要，具有社会实用价值，起着巩固社会政治制度、组织人们社会生活的作用。

自家谱产生 3000 多年来，由于时代不同，作用也不尽相同，因此记录的内容也不尽相同。上古时期的家谱仅为君王、诸侯与贵族所专有，家谱仅有证明血统的作用，同时也是为袭爵与财产继承服务的。

先秦时期的家谱尤为重视世系，家谱的内容也较为单一，仅为世系。

魏晋之后，入仕、婚姻、社会交往均依据门第，这样一来，家谱在政治生活、经济生活与社会生活中的作用就显得至关重要了，家谱的内容较之以往有所增加。

魏晋至唐时的家谱现已基本亡佚，从现存仅有的其他一些著作所引的资料与

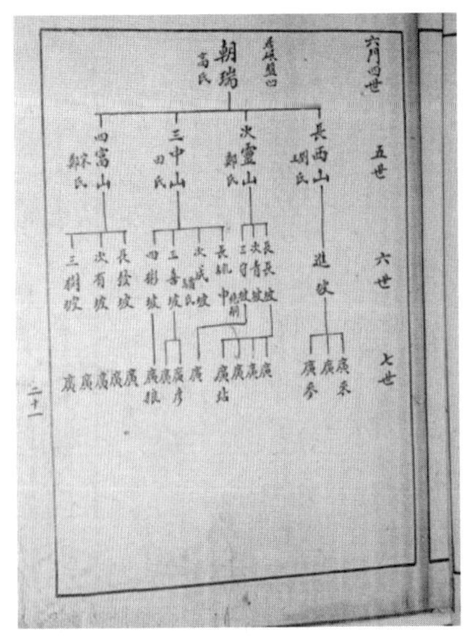

世系表

以正其本聯其支而為子孫無窮之計也我
漢晉隋唐以門地用人有古封建遺法而程
氏率居大姓之一自江以南稍經變故則程
氏必有保障之功故譜牒不罹于兵燹子孫
之世爵世官者後先相望而宗法未始不行
乎其間也宋紹聖中鄱陽都官祁著總譜歷
世因之分合本其族詳簡繫其人卒未有會
之者我
朝正統中歙處士文實嘗會之而未盡 敏政

《新安程氏统宗世谱》书影

后人再整理的资料来看，仍可了解到一些基本情况。

魏晋至唐代家谱的内容大致包括郡望、源流、家族世系，当然首先书写的还是姓名，姓名包括字、号，还包括别名、异名，然后记载生平，官爵，生卒年及特殊死亡原因，婚姻状况，兄弟姐妹及子女的做官、婚配的情况，著述，居住，迁徙，家族支系，坟墓等等。其中以家世，官爵，地位，自己及兄弟姐妹、子女的婚配等情况记录得较为详细。

宋代之后，家谱在政治上基本失去了作用，但在尊祖、敬宗、睦族方面却显示了其作用，因而，家谱的内容也随之发生了一些变化。

宋元时期的家谱留传极少，明时的家谱保存较多。这是因为，宋代以后家谱基本上去掉了关于岳家的内容，而把记录的重点移到有关祖先、世系、祠堂、恩荣、田产、居住、坟墓，以子嗣和与血统有关的内容记载特详。

宋代以后家谱内容，族姓的渊源一般可上溯至家族的始祖，大多上托帝王、名人，以表谱形式，列出家族流传世系，记录本家族列祖列宗的诸如科举、仕宦以及受到政府褒奖情况。即使没有做过官，也要写上处士；着实没有可书的，年长者则写上“耆寿”“寿妇”等字样，努力使自己的家族门楣生光。

对每一个入谱之人，尤其是家族的重要人物，一般都有传记，详细记录他的名字、号谥、婚姻、生死经历、登谱之年、妻妾、节孝。尤其对子嗣记录特别认真，严格掌握入谱标准，对诸如养子、女儿、私生子、幼殇（11岁以下死亡者）以及入赘等情况，特别慎重，以防出现“乱宗”“冒宗”之事，保证血统的纯净。

祖宅是先人们居住、生活过的地方，祠堂是祭奉祖先的场所，祖茔是列祖列宗长眠之地，尊崇祖宗对于团结族人，有着极大的意义，故对祠规、祠记、祠产、义田、义庄、家礼、家训及祖茔、祖屋的地形图等也记载较详。

最后是家传，一般收录有声望先人的墓志铭、行状、年谱、寿序、像赞等传记资料。一些家谱后还专列著述或艺文一节，收录家族先人的著述、诗文等。

4. 家谱的格式

家谱的格式在不同时期也有所不同。

商周甲骨、青铜家谱仅录世系，格式上为每人一行，说明关系即罢，内容较为简单。

汉代的家谱格式大致有三种：一为横格表制，分代分格，按时代顺序排列，《史记》中有关各表是其代表；二为以姓名为单位，先叙得姓起源，再述世系和官位；三为一贯连写，汉代流传至今的两块碑文《孙叔敖碑》与《赵宽碑》是其代表。

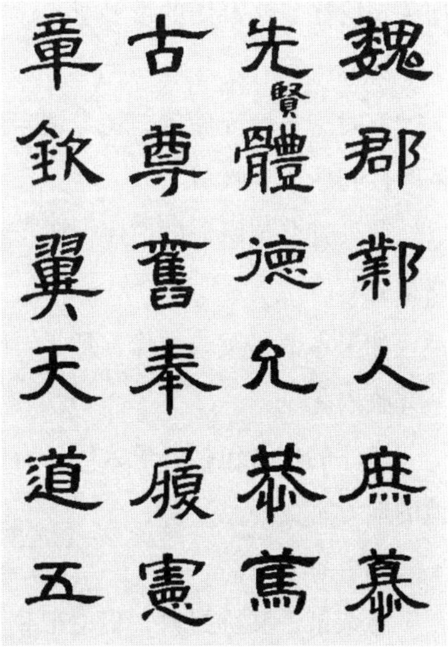

《孙叔敖碑》楷书碑文（局部）

魏晋南北朝时期，家谱的格式是分行或连行写，每代与上一代之间空一格，这从现存的北魏薛孝通贻后券、彭城王元勰妃李媛华墓志和刘宋临澧侯刘袭的墓志就可看出。不同的是后两块墓志不仅记述了本家世系，而且还详细记述了亲属的谱录，这在后代是为先创之举，但在南北朝时期却是司空见惯的。

唐朝的家谱大多为合谱，通常以姓为单位排列连写开来。宋代以后，又开始分代分格。明清时代的家谱，大多沿袭此法，卷首列世系总表，以备检查，然后每人的内容占据半页的篇幅。

家谱修撰，到了明清两代其结构已基本完善。明清两代家谱的格式大致排列如下：

（1）题辞。

并非每一部家谱都有题辞，多为前代皇帝或名人为本族或家谱所题，放置显著位置，旨在以此炫耀家世。

（2）谱序。

谱序，也称“谱说”“谱铭”“谱券”“引”“卷首语”等，包括新序、旧序、族外人的客序、目录与刻印人名，以及其他关于本族的记述。

谱序有自序和他序的区别，其内容为叙述修撰缘起，本谱的修撰历史、过程与内容大要及修订年月等，作用是宣扬本谱主旨，颂扬祖德，使子孙读来能敬祖向善；论述纂修家谱的重要意义、本族历次修谱的情形、本次修谱的缘起和本姓本族的源流等。

有时为了增光族望，还专请当代名人作序，并将以往名人为列谱所作的序也依时代先后排列收载。

而外姓名流所作的谱序，则注重儒家道德伦理的宣扬，强调敬祖宗、辨昭穆、孝祖先等。

如果本谱是续修之作，那么，除收载新写的序外，以往历次修谱的旧序，也一并收入。

谱序的作者包括各色人等，有的是本族之人，有的是社会名流，也有的是当地的地方官员。

（3）恩荣录。

恩荣录，又称封典，集中记载了历代帝王对本族或某些成员的恩泽，包括历代朝廷对本族中的官员及家属的敕书、诏命、赐匾、赐字、赐联、御谥文、御制碑文，以及地方官府的赠谕文字等，旨在通过重君恩来彰显祖德。

在所述的相关文字之中，能够体悟到后世子孙对祖先的尊崇，也能够看出历朝历代对勤政爱民、相夫教子等美好品德的推崇。

这些文字记录了先辈们的嘉言德行，皆为家族的骄傲，也是希望后世子孙效法的典范。因此，在家谱续修之时，此部分内容往往也会被收录在家谱之中。

（4）凡例。

凡例，也称谱例，主要声明本谱的纂修原则与体例、结构特点、收录范围、适用范围、各种著录规则、本谱中各类目的立类缘由、可入谱与不可入谱人物的标准，以及如何避讳等行文要求，以此定出若干条适合社会潮流与需要的规则，作为修谱时所遵循的重要原则。

在明清时期的家谱中，凡例为续谱必备之目。在《黄县太原王氏族谱》（宣统版）中，包括两种凡例。一种为乾隆年间修谱时所拟定的凡例；另一种为宣统年间修谱时所设立的凡例。

（5）图。

明清时代家谱的卷首多有图版，内容不尽相同，一般有祖庙、祖茔、祠堂及牧场、水源或住宅等图。

（6）像赞。

对家族中的重要人物，家谱往往会专置像赞来记录他们的影像，以求达到光大族望，德率后辈的目的。有些还刊载了一些先人遗作。正面为像、背面为像是赞像赞的大体格式。有的是本族人写的，有的是外族人写的。在像赞中，我们能够看到家族始祖的祖像，在古代的家谱中，往往还有族人或外族人对他们的赞语。他们之所以受到敬仰，不仅因为他们是先人，还因为他们的事业与道德值得后辈继承。

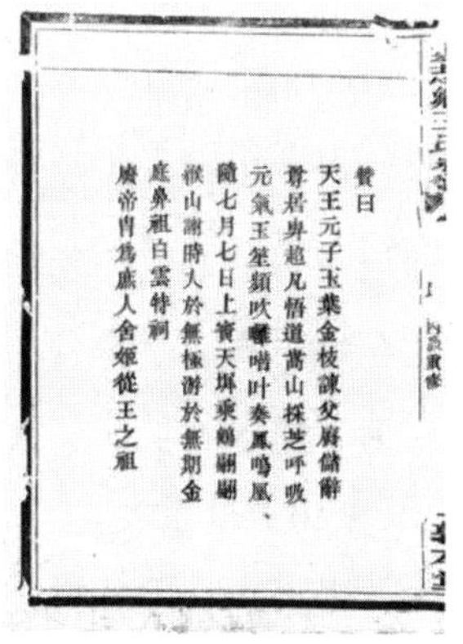
贊曰
天王元子玉葉金枝諫父廢儲僻
尊居身超凡悟道嵩山採芝呼吸
元氣玉笙頻吹聲喈叶奏鳳鳴鳳、
隨七月七日上賓天墀乘鶴翩翩
徵山謝時人於無極游於無期金
庭鼻祖白雲特祠
廣帝胄爲庶人舍姬從王之祖

周灵王太子晋公像与像赞

如周文王像赞：

于穆文王，纯一不已。
道接羲皇，重爻演义。
神化无迹，至德不形。

大哉乾元，穹然高明。

（7）节孝。

宋代至明清时期，重孝道，族中出了节妇孝子便会成为全家族的光荣，因此，这个时期的很多家谱在首卷都立节孝一章。

（8）派语。

派语，也称字辈，为记载族人的排行字语。封建时期的家族排行具有一定寓意，大多是为皇帝、名人、祖先确定，子孙后代一代一字以此作为排序。字辈原为汉人所用，清代以后也曾被满人采用。

如清代皇室起名原无字辈，康熙年代开始确定字辈，皇子名首字用“胤”，二字用“示”偏旁，皇孙名首字用“弘”，二字用“日”旁；乾隆、道光、咸丰三朝，又分别各增加四字，形成“胤、弘、永、绵、奕、载、溥、毓、恒、启、焘、闿、增、祺”14代字辈。

（9）世系录。

世系录，也称世序、世系考、传实、行实、世录。是对世系表的进一步解释，即记录一个人生、老、病、死、葬的情况，其内容包括父名、排行、名、字、号、生卒年月日时、享年、官职、功名、德行、葬地、葬向、妻妾的生卒年月日时、封诰、岳家、子女、女嫁之人及有无富贵外孙等，重生死、血统。

（10）世系表。

世系表，也称世表、世系表、世系图、根图，是以图表的形式反映家族成员血缘关系的，此为家谱的主要内容，常见的是五代为一表。

（11）考。

有疑则考。一个家族存在于世几百年、几千年，自然事不可尽细，可修谱之时又必须详明，因此只得考索。通常需要进行考证的，大体有以下内容：姓氏来源、迁徙过程与原因、某些世系、仕籍、先辈科名以及祠庙、祖茔等，一些家谱也将之称为谱撮、谱镜。

（12）人物传记。

人物传记，又称行述、行状、行实、事状、志略等，体裁有传记、行状、寿文、贺序、墓志、祭文以及抄自史传中的文章。

人物传记与世系录作用有些相似，不同的是世系录是本家族每个男性成员所有，而传记类则是有功名贤能、名可行世的族人方可入传。传记分为内传与外传两种，内传为有懿行的女子传记，外传为男子传记，可由后人代写，也可请当时的名人撰写。

在世系考和世系表之外，人物传记会对家族中的重要人物加以更为细致的说明，以期收到凝聚家族、激励后人的功效。在人物传记中，我们往往能够看到对于孝悌忠信、勤政爱民、乐善好施、立志守节等品德的表彰，还能够看到对于续修家谱等促进家族发展的人物的表彰。

（13）宗规家训。

宗规家训，可称为家规、家训、家箴、族规、祠规、规约。所涉内容之广，可分为修身、齐家、忠君、敬祖、守教等方面。其中一部分为规约，族人必须遵守，如有违者，则当以家法制裁。另一些则为训语，主要为劝戒的内容，即教族人为人行世之理，这部分通常称为家教。还有一部分为庙规，也叫家礼，即家族祭祀的礼仪，如祖庙、祠堂组成，祭祀规矩、程序，婚丧之礼等。该部分是封建伦理道德在家谱中的集中表现。

孔府

（14）祠堂、祠产、坊墓。

记录家族祠堂的历史与现状、规制、神位、世次，以及祠产、义庄、义田、祭田的管理与祖茔及墓地的分布和方位等。

（15）先世考辨。

先世考辨主要叙述的是家族的历史沿革，如获姓始末，始祖、支派、迁徙、分布等情况。尤其是本支的迁徙、定居的历史与各支的外迁史，以及一些同氏、同宗的考辨等。

（16）志。

家谱中另一项较为重要的内容，多为家族中专门资料的汇集，如科名、节孝、仕宦、封赠、宗才、宗行、宗寿、族内学校、学产、历代祖屋、祖茔、祖产分布等等。此为明清家谱取法于史书中之“志”。

（17）杂记。

其他类不收或遗漏的内容均在此处阐明，多为本族的一些专门资料，如男女高年、争讼、田产、茔地的契约、合约、合同、诉讼文书等，范围非常广，内容却很杂。

（18）艺文。

艺文，也称为文苑、文献、著述，收载的均为本族前人的著述，其内容包括各种家规、家训、家范、行状、墓志、诗、文、简、帖、奏疏等内容。有的全部收入，有的仅列其目录。

有的时候，人们也把族外之人与本族人士往来的文字收入家谱。

墓表、墓志铭与行状的内容极为相似，在记述逝者的祖先、妻妾与子女的同时，还赞颂死者的事迹、品德等。

把家族中重要人物的影像、文字、事迹等内容收入家谱，一方面可以让后世追忆前辈的音容笑貌与不朽的功业，另一方面也可以为后世树立效法的楷模。

（19）五服图。

五服是封建社会家族法规的一大重要依据，许多家谱后附有五服图，旨在让族人了解与重视。

（20）修谱姓氏。

修谱姓氏包括两个方面的内容，即领衔编纂人姓名与捐献经费人姓名，这些人名均列在谱末。

（21）余庆录。

家谱修成之后，末尾会按例留几页空白，上书“余庆录”，有子孙绵延之意。这既是为了方便

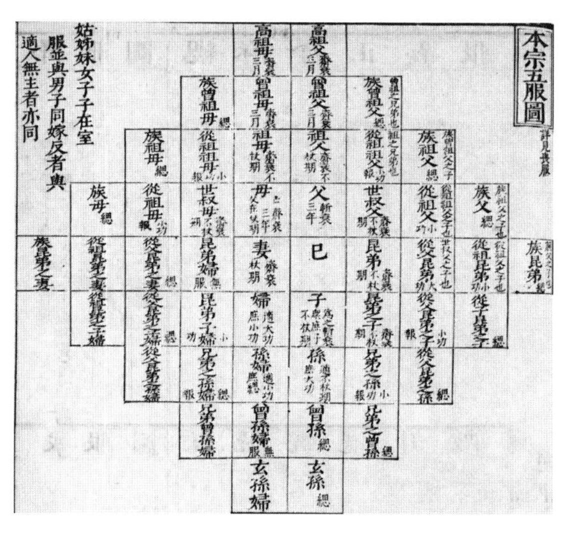

五服图

新生的族中孩童可及时被录入家谱，更多的则是象征子孙绵延不绝之意。

（22）领谱字号。

领谱字号的设定是为了以防家谱外传，通常家谱后面都有顺序号，然后登记注册，某人领某号，定期抽查。领谱字号专门记载家谱的编号、印谱的总数、分发各房谱数及领谱人的名字。

领谱字号与字辈排行不同。有的家族摘录《千字文》中的文字作为领谱字号。

如徽州环川詹氏璁公房的领谱字号为“大清光绪皇帝著，雍阉茂之年，创修璁公支谱，旧章敬率，前贤所愿，人文蔚起，丁族繁盛，重镌”。其中，“大清光绪皇帝著”几字为平石公、景芳公、柏山公、大川公、前川公、洪源公、孟英公几家祠堂领取。其余字号分别对应56家领取记录。这个领谱字号表明詹氏支谱共发出36副62本。

也有一些家族选用诗词作为领谱字号。例如，有某家谱就用“春游芳草地，夏赏绿荷池，秋饮黄花酒，冬咏白雪诗”作为领谱字号。

此外，还有一些家族在散谱之时，会加盖防伪标记。

以《孔子世家谱》为例，衍圣公府在散谱之时，有严格的规程，交回旧谱之时，本族的族长要在其上加盖印章。《孔子世家谱》的印刷颜色也有所不同，朱印本由衍圣公等珍藏，墨印谱则分发给众人。在分发族谱之时，还要在谱本上加盖印章。衍圣公、族长、县令等人都可以领谱，孔氏后辈每户一本。

（23）谱名。

家谱命名通常是在家谱之前加上姓氏、地名、修次、郡望等内容，如《汾湖柳氏第三次纂修家谱》，谱名上就有地名、姓氏、修次。

以《黄县太原王氏族谱》（宣统版）为例，其封面上写明本谱由发源于太原的黄县王氏族人续修，重修时间为宣统己酉年（1909年）。其中，黄县是地名，太原王氏则是堂号。而合阳刘氏于民国三年（1914年）重修的族谱直接将其取名为《刘氏族谱》，也在封面上写明了重修时间，还写明了此为宗祠藏版。

此外，一些家谱在修成之后采用了一些特殊的、有一定寓意的名称。

如清代初年容华渚修成华氏家谱五十四卷之后，并没有按照一般的惯例来命名，而称《华氏本书》。看了此书的义例才知道，取此名称是为了正本溯源。

清光绪年间，钱日煦修成家谱十卷，名曰《吴越钱氏清芬志》，此名取义于两晋时陆机《文赋》中“诵先人之清芬”之意。

此外，一些家谱之中还有一些特殊的内容。如某些家谱专设义谱一类，收入族内各支所收异姓养子、义子的世系。有些家谱中收录有家族中重要人物的年谱资料等等。

以上所说的为家谱的各种格式，并非每部家谱都完全具备。由于时代、地域、家族的差别，所修家谱的详略程度也会不同。

5. 避讳与谱禁

人们对避讳的意识，最早出现在两三千年前的周代，秦朝时正式被确定下来。

避讳之举盛行于唐代，最严格的是清朝的康雍乾时期，读书临文，皆须避讳，若有违犯，定严惩不贷。

除君王名讳的本字及读音相同或字形相近的字须避讳之外，外戚、异国主与大成至圣先师孔子的名字以及父祖等尊者的名字等也须避讳。

避讳的方式通常是改字、改音、缺笔、空字与写“讳”字代替等。

这种特殊的文化现象，一直贯穿在古代人们的日常生活与历代流传的文献之中。

作为古代文献之一的家谱当然也不能例外。

东汉时期的《孙叔敖碑》和《赵宽碑》，在行文中对所叙人物，大部分称字而不称名，这是汉代人避尊者讳常用的一种方式。

汉代以后的一千多年里，修谱时一般需要注意技术处理的仅仅是避讳问题。但到了清代，情况有所改变。修谱时，不仅需要注意避讳，而且政府还对谱书的内容、格式有了一些具体的要求，一些内容被严格禁止，不容违背。这就是人们通常所说的“谱禁”。

对私人纂修的家谱进行干预，最早发生在清乾隆二十九年（1764年）。

这一时期，江西境内大量出现合族建祠的现象，几个原本没有关系或关系不大的同姓家族，在省城或府城合资建立一座祠堂，供奉他们认为的共同的祖先，借以敛财，致使祠产纠纷不断。

同时，受当时风气影响，各家族在纂修家谱时大多远攀古代君主作为本族的祖先，人人以华族帝胄自居，行文中时常出现一些僭越之词。

此情况引起了江西巡抚辅德的注意，根据他的表奏，乾隆皇帝要求各地地方官员对所辖地区的家谱内容进行审查，并明令禁止不准在省城、府城内合族建祠。

原本清朝初年的顺治、康熙、雍正三代帝王出于维护封建统治的需要，均是鼓励各家族纂修家谱的，他们想通过以弘扬宗族伦理来与宗睦族、联络疏远，达到稳定社会秩序的目的。但最终出现的一些危害竟到了不得不采用政治力量进行干涉的地步。

清代谱禁的内容主要表现在以下几个方面：

第一，祖先名字若犯了庙号、御名、亲王名直至孔子名讳的，皆改用同音字以避之。当然，避讳也不是仅仅针对一般人家的，即使是皇帝家谱玉牒，写到皇帝名字时也要避讳，或用一块黄绫盖住名字，或仅写庙号、谥号。

第二，在追考祖先之时，不准妄自攀援，只能以五世祖为始祖，或以带领全家或全族迁至当地的祖先为始祖。清朝只有皇家是最为高贵的，其他百姓均为治下子民。如果攀附到几十代上百代之外的祖先也是皇帝，以帝族自称，岂不扰乱秩序，引起混乱？有了这项规定，一切普通人家最多也只能是豪门世家。祖先也是子民，现在仍为子民，安然处世，不生邪念。

第三，谱书结构上不能出现“传赞”“世表”之类的名目，以符合庶民身份。世表、传赞等是史书体例，世表在史书中只能用于皇亲国戚、达官显贵，传赞也不是庶民之家所能使用的。为此，“世表”一律改为“世谱”，“传赞”取消。同时，谱中还不准刊载祖先的画像。此外，对于明代以来家谱中经常采用的只用以形容古代帝王诸侯的词语，如“始迁”为“开基”，“置业”称“创业”，“造屋”称“启宇”，“复兴”称“中兴”等僭越之词，一律恢复原称。

第四，谱书的行文中如果出现清代的年号，须换行抬一格写，有时考虑到不断换行，太浪费纸张，也可采用在本行空一格再写，以示尊崇。行文中若出现晚明的年号，一律删去，换算成清朝年号或明唐王某年或桂王某年。

此外，文人惹祸全在笔端，因此，对于家谱中艺文类的文章要严格审查，只要出现违碍文字，一律抽改，更有许多在此时新修的家谱，干脆取消这方面的内容，以保万全。

在谱禁严格的年代，许多家族在家谱修成后，不顾家谱不外传的规定，恭敬地送交地方官府审查。

嘉庆、道光之后，封建统治者对思想文化方面控制逐渐松懈，再加上全国新修家谱数量的激增，朝廷已经没有精力或不可能再一部一部地审查所有的家谱了，清代的谱禁也随之取消。

泽及后世典万古：古代家法族规

所谓“国有国法，家有家规”，就是指一个国家有一个国家的法律，一个家庭有一个家庭的规矩；这个家庭的规矩就相当于国家的法律。

孟子曰：“不以规矩，不成方圆。”一个家庭要想兴旺发达，做人做事都要懂得讲规矩，家人违背家规就要像国民触犯法律一样受到处罚。

1. 家族兴盛的护身符

古代任何稍具规模的家谱中，家法族规是必不可少的。

在家谱中，家法族规的名目繁多，常见的有宗约、家法、家规、家训、族规、族范、祠规、祠约等。虽然名称各异，但所包含的内容不外乎族人做人行事的基本道理和行为准则，以及当族人违反这些基本道理和行为准则时的惩罚措施。

总而言之，家谱中的家法族规，将道德说教和人的悟性结合起来，把社会伦理同宗族信仰结为一体。在叙述伦理的真谛、风习和法规时，族规将这三者寓于其中，使之成为浑然一体的约束工具。

家法族规进入家谱，有一个逐渐发展的过程。

“家法”一词始见于汉代，不过是源于经学，与后世家谱中的家法族规没什么关系。

到南北朝时期，“家法”一词被赋予了调整家庭内部关系规范的新含义。如刘宋时官至太保的王弘，曾制订家法，时人称为“王太保家法”。这里的家法与后世的家法族规含义基本是一致的。

南北朝时期最有名的家法当属颜之推的《颜氏家训》，洋洋洒洒共二十篇，成为古代家族教育的范本。

在此之后，出现了一大批为后人称道的家训类专著，如陆游的《放翁家训》、袁采的《范氏示范》、司马光的《家范》等。但这些家训类的作品，基本上都是单独行世的，还没有成为家谱的组成部分。

宋代，欧阳修、苏洵创建了修谱的欧、苏体例，带动了民间编修家谱的热潮。有些家族修谱时在“谱例”中订入了一些族人在日常生活中应该遵守的规定，从而使部分谱例有了某种规范功能，可以被视为家谱中家法族规的雏形。

家法族规正式出现在家谱中大约是在元代，不过，被普遍列入则是在明代。明太祖朱元璋曾亲自订立了六条规范百姓日常行为的“圣训”。

上行下效，民间制订家法族规的家族逐渐增多，其内容和形式也渐趋成熟，成为家谱中重要的组成部分。

古人之所以要在家谱中列入家法族规，在《毗陵城南张氏宗谱》中说得相当清楚：“王者以一人治天下则有纪纲，君子以一身教家人则有家训，纪纲不立天下不平矣，家训不设家人不齐矣。”换而言之，制订家法族规的目的就是要统一族人的思想，规范族人的行为。

一般来说，家谱中的家法族规内容非常繁细、具体，大至财产继承、婚姻立继、祭祖祀宗，小至日常生活的琐事，无不包容。如江州义门陈氏家谱中仅吃饭问题就列有6条，而被朱元璋称为“江南第一家”的浙江浦江郑氏家谱中的《郑氏规范》竟多达168条。

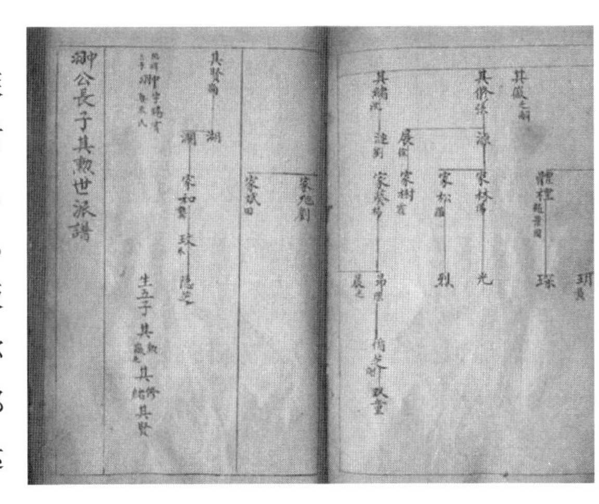

《许氏统宗世谱》书影

家谱中制定如此细密的家法族规，可以说是在全方位地规范族人的行为。这么做的目的，其实是出于家族生存与发展的考虑。

然而，对于实现家族兴旺的目的来说，仅仅靠保障家族的安全是远远不够的，兴旺的家族因子孙不肖而瞬间衰落的例子实在太多。因此，如何规范家族子弟的行为，使他们能够继承与振兴家业，便是家法族规必须解决的重要问题。

康有为在《大同书》中讲述了一个家资巨万的富翁的故事：

富翁有儿子、儿媳 20 人，孙子、孙女 20 余人，还有几个曾孙，但这些子孙都是些纨绔子弟，只知道吃喝玩乐，全靠富翁养活。

富翁年纪大了以后，再也无力经营，便只能靠变卖家产维持生活。结果等到富翁贫困潦倒而死时，连裹尸的草席也没有。

这样的结局令人触目惊心，当然谁也不愿看到，因此在有的家训中便要求子孙要自立，不能靠吃祖宗老本过日子。《温氏母训》称：“岂有子孙专靠祖宗过活？天生一人，自料一人衣禄，若有高低，各执一业，大小自成结果。”

由于害怕后世子孙怠惰奢侈而造成家道中断，许多家法族规都强调要勤劳节俭。《曾文正公家训》称：“无论大家小家，勤苦俭约，未有不兴；骄奢倦怠，未有不败。”

为了培养子女的勤劳习惯，有的家法族规还制定了具体的规定。如于成龙在《治家规范》中对家族内的经商者提出要求：“或开店，或行商，俱要早起晚睡，不可偷安。”

有些甚至提出了非常具体的量化要求，如《庞氏家训》规定：女子 6 岁以上，每年给 10 斤棉、1 斤麻；8 岁以上，每年给 20 斤棉、2 斤麻；10 岁以上，每年给 30 年棉、5 斤麻，令其纺织，产品贮存起来以备将来出嫁时做嫁衣用；新媳妇进门，每年给 30 斤棉、5 斤麻，必须亲自纺织，丈夫的麻布衣服，都要由妻子亲自做。

勤俭持家被认为是家族兴旺的基础，许多家法族规要求族人联勤俭节约，不要奢侈浪费，所谓“一粥一饭，当思来之不易；半丝半缕，恒念物力维艰”。《白苎朱氏宗谱》规定：“子孙年幼，不得衣罗缎衣服。至冠方做与时衣一袭。婚娶之时做与冬夏衣各一袭，不得过奢。”

明代礼部尚书霍韬在家训中亦规定："凡床帐，不许用纱、绢；凡衾褥，不许用绸、缎、绫、绮、织绣；凡小侄出入不许乘马，不许独雇一舟；凡非官员、举人，不许雇人撑大雨伞；凡娶妇，不许接受各种银器和描金漆器为嫁妆等。"

某地王氏卷轴式家谱

与此同时，许多家法族规还严禁族人游手好闲、奢侈无度、沾染吃喝嫖赌等恶习，有些编修于晚清或民国的家谱中，其家法族规还特别规定禁止族人吸鸦片烟。

家族子弟的择业是家法族规关心的又一个热点，这也是关系到家族发展的重要问题。清代张履祥曾说："士、农、工、商无一业，酒、色、财、气有一好，亡家丧身有余矣。"因此，众多的家法族规都要求子弟务正业，也就是要从事正当的职业。

士、农、工、商是古代四大正业，其中又以士、农为上，工、商为下，因此当时的书香门第大多要求以耕读为本。《宋泽吴氏宗谱》在《家训》中规定："除耕读外无一事可为，商贾近利易坏心术，工技役于人，流于卑贱。"

当然，择业限制如此极端的家族并不多见，大多数家族认为士、农、工、商各有本业，都是衣食之所出；况且自古以来，"用贫求富，农不如工，工不如商"，因此对四业普遍都持认同的态度。有些家族还将正业扩大到士、吏、农、工、商、贾、医、卜等八事。

2. 家法族规中的日常规范

在古代，无论是家庭还是家族的日常生活中，都有一整套严格按照礼法制定的生活规范，所谓"居处有法，动作有礼"。

尽管不同的家庭、不同的家族在生活方式、习惯上各有特点，但是，严格遵守根据传统伦理道德而形成的礼法，则是整个古代社会家风的基本价值取向和主要特征。而严格按照礼法行事，是实现家庭、家族内部整合，保证人际和谐与家庭生活日常运作、维护良好家风的重要机制。

古人对于家风是极为看重的。家风好坏关系家族名声，无论家族地位如何高贵，一旦被人视为家风不佳，家族的社会声望就会严重受损，因此社会上有“事业事小，门户事大”的说法。

既然家风如此重要，因此维护家风便成为家族的大事，于是各地家族便根据礼法在家法族规中制定许多详细的规定，以规范族人的行为。

古代是重孝的社会，因此子女对父母的礼在家法族规中规定得非常细致，甚至可以说举手投足都要受到礼法的约束。

按照规定，子女必须无条件地顺从父母。父母吩咐办的事要迅速去办，办完了要向父母报告；如果父母吩咐办的事有不可行之处，要向父母说明情况，等父母同意后再不办；如果父母坚持要办，子女要曲从父母，照样去办。

关于子女要无条件顺从父母，还有一句俗话：“君要臣死，臣不得不死；父要子亡，子不得不亡。”可见子女在生死大事上也还要顺从父母。

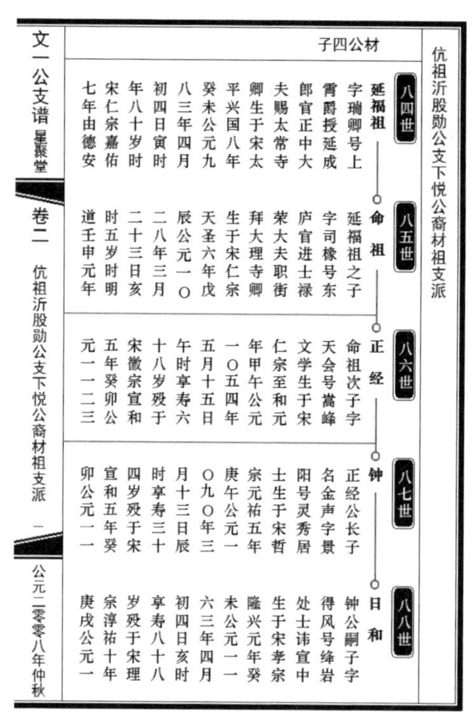
伉祖沂股勋公支下悦公裔材祖支派

子四公材

八四世 延福祖
字瑞卿号上霄爵授延成郎官正中大夫赐太常寺卿生于宋太平兴国八年癸未公元九八三年四月初四日寅时年八十岁时宋仁宗嘉佑七年由德安

八五世 命祖
延福祖之子字司椽号东庐官进士禄荣大夫职街拜大理寺卿生于宋仁宗天圣六年戊辰公元一〇二八年三月二十三日亥时五岁时明道壬申元年

八六世 正经
命祖次子字天会号嵩峰文学生于宋仁宗至和元年甲午公元一〇五四年五月十五日午时享寿六十八岁殁于宋徽宗宣和五年癸卯公元一一二三

八七世 钟
正经公长子名金声字景阳号灵秀居士生于宋哲宗元祐五年庚午公元一〇九〇年三月十三日辰时享寿三十四岁殁于宋宣和五年癸卯公元一一

八八世 日和
钟公嗣子字得风号绛岩处士讳宣中生于宋孝宗隆兴元年癸未公元一一六三年四月初四日亥时享寿八十八岁殁于宋理宗淳祐十年庚戌公元一

文一公支谱 星聚堂
卷二 伉祖沂股勋公支下悦公裔材祖支派 一
公元二零零八年仲秋

家谱体例

当然，在家谱的家法族规中，一般不会对子女提这样极端的要求，但父母教训子女则是被视为天经地义的。

在父母与子女关系中，孝敬父母是子女的基本义务，子女要在衣食住行等方面为父母提供良好的条件，这都有一些行为规范。子女应该让父母的卧具冬温夏凊，也就是说，夏天要让父母的卧具清凉，冬天要使卧具温暖。

东汉时的黄香9岁时就在夏天用扇子把父母的床、枕扇凉，冬天用自己的热身子给父母暖卧席，被民间列为二十四孝之一。

饮食方面，子女要让父母吃好，而且不仅要满足父母的口味，还要注意满足他们的心理需要，即所谓养老。此外，子女在外面得到好食物一定要送给父母食用。

三国时的陆绩6岁时随父亲拜访袁术，袁术给他橘子吃。陆绩见这些橘子与普通橘子不同，就悄悄在怀里放了两只。不料告辞时橘子掉了出来，袁术开玩笑说："怎么你来当客人，还偷主人家的橘子啊？"陆绩跪答："家母喜欢吃橘子，我看这橘子好，就装了两只，准备带回去给她老人家吃。"袁术见一个6岁的孩子已经如此有孝心，惊叹不已。这件事在当时被传为佳话，后人也将其列入二十四孝之中。

在住的方面，子女不能住内室西南角；在座席上，子女不能坐中席，因为这都是尊长的位置。

子女对父母孝敬，当然父母对子女也要关心，家法族规中对此也有明确规定，一般要求父母对子女严与爱相结合，要求"父子之严，不可以狎"，"骨肉之爱，不可以简"。也就是说，父亲对子女的爱，要藏在心里，不能显露在外表，其结果"严父"便成为父亲的标准形象。

强调尊卑关系是家法族规的重要内容之一，确立并维护尊卑关系可以建立家族内部日常生活的秩序，这对保障家族稳定发展有着重要的意义，因此，家法族规中有许多确立和维护家族内部尊卑关系的规定。

强调日常生活中的男女有别是家法族规又一焦点。许多家法族规都规定，男女7岁不同席，有的还规定女孩8岁后不准到外婆家，媳妇只有娘家双亲健在才允许探亲，如双亲亡故则不许走动；娘家来的男子，只有父亲及亲兄弟可以相见，其余人则不能随意相见；女子无故不能出中门，男子无故不得进中门，如果有事必须进出，则要相互回避。

此外，男女之间不能互相授受，只有举行祭礼、丧礼等特殊情况下才允许互相接递器物，但要放在地上或筐内，让对方来取。平日走路，男女也要分开，男走右侧，女走左侧。男女的枕、席、衣箱、晾衣竿、挂衣架、浴室、厕所、水井、住处都要分开。甚至是死，也要男女分开，男子不能死在女人的手臂里，女人不能死在男子的手臂里。

3. 家法族规中的婚姻与立继规范

在家法族规中，婚姻也是人们关注的焦点。在宗族社会中，婚姻并不仅仅是男女双方的事，由于婚姻事关家族血脉的延续，事关百世宗祧的传承，因此婚姻成为家族的大事。

根据家法族规的规定，定亲须遵循一定的程序，即男女双方议亲，家长先要向房长、族长禀报，房长、族长同意以后，还要再祭告祖先，所谓“男子订婚，女子许字，必谋于尊长，既决则告庙”。只有经过这样的程序，定亲才正式生效。

结婚同样是家族行为。有的家族规定结婚必须经族长同意，即使是童养媳也不例外。婚礼要在族长主持下进行。婚后三日，宗祠行礼是必不可少的。在古代，只有经过家族认可的婚姻，新娘才能被列入家谱。

婚姻要得到家族的认可，首先必须符合家族对婚姻的规定。

宋代以前，许多家族强调“嫁女必须胜我家者，娶妇必须不若我家者”，目的是确保新娘能够真心敬重公婆和丈夫。

但宋代以后，很多家族都要求嫁女娶妇要门当户对，要求选择门第清白、温良有家教的人家互为婚姻。有的家族规定订婚时不得向婿家索要聘礼，不得因贪图对方钱财而缔结婚约。如果发现族人因贪图钱财或美色而与娼优隶卒等下贱之家联姻或将女儿卖给他人为妾，家族都要进行干涉；还未嫁娶的要立即中止婚约，已经嫁娶的则将其家驱逐，以免败坏家族声誉。

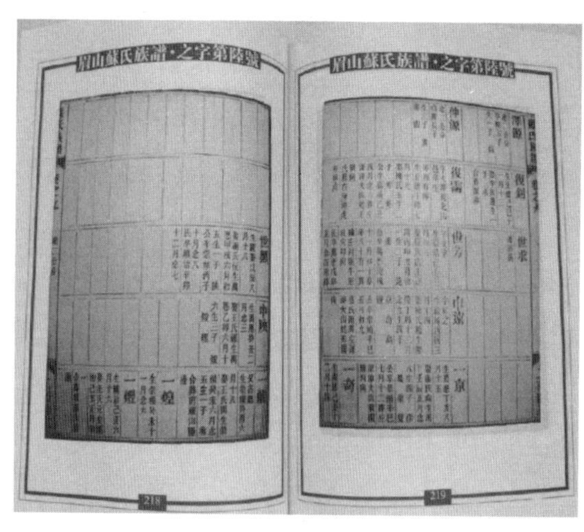

眉山苏氏族谱

对于家族来说，婚姻最重要的目的是家族的血脉传承，因此，许多家族便以“重后嗣”为名，在家法族规中制定了族人当婚后无子时纳妾的规则。

《醴邑、上湘、中湘乐氏四修支谱》中规定：族人三十无子就应该纳妾，如果妻子因为妒忌伙同妻党阻挠纳妾，家族将出面要求择妻另娶。

当然，也有的家族对纳妾比较慎重，如《毗陵徐氏家谱》规定：只有四十无子，而且没有侄儿可做继子的族人，才可以纳妾。

有的家族则明确反对已有子嗣的族人纳妾，认为仅为满足一己私欲而纳妾，不仅浪费钱财，而且会产生许多负面影响，如妻妾争宠、嫡庶之争等；更为严重的是，老夫少妾还容易导致不守妇德的事件发生，令家族蒙羞。

尽管娶妻纳妾，但婚后无子的情况依然存在。为了保持血脉的传承，立继便成为此时唯一的选择，为了避免在立继过程中出现家族内部的矛盾和外族乱宗的危险，许多家族在立继问题上制订了详细的规定。

许多家族在立继时依然要求保持家族血缘系统的纯洁性，反对收养异姓为子，更反对立异姓继后，即使是甥舅之亲也不行。

《会稽顾氏宗谱》宣称："异姓不可以相承，犹马之不可继牛，桃之不可接李。今人不明此理，而以女婿外甥及他人之子为后，自甘绝于祖宗，罪莫甚焉。"

西晋太宰贾充爵封鲁公，死后无嗣，其妻郭氏立外孙韩谧为孙，继承爵位。郎中令韩咸等认为这样做不合礼法，劝郭氏在宗族中择立后人，不能以异姓为后。郭氏不听，韩咸就上书朝廷，要求改正。郭氏也上书，称是遵照贾充遗命办的。最后晋武帝表态说，贾充是开国元勋，既然愿意立外孙为嗣，且外孙也可算是骨肉至亲，就允许吧，但别人不能以他为例，立异姓为后。

这一事件表明当时不仅舆论上不允许立异姓为后，政府对收养异姓事实上也是持反对态度的。

既然不允许立外姓人为继子，便只能在族人中选立继子。

立继分为"应继"和"爱继"两种。应继就是根据继承程序，按血缘关系的亲疏顺序从族人中挑选继子；爱继则是立继者不考虑血缘亲疏顺序而从族人中挑选自己钟爱的子侄立为继子。

各种家法族规都对立继制定出一些具体的规定，如有的家族规定独子不得出继、长子不得出继，有的家族则规定 50 岁以上未娶者不得立嗣，有的家族规定以应继为主、爱继为辅等。

一旦被立为富裕家庭的继子，就意味着能够获得大笔的财产，因此尽管继子是本族成员，也还是会使其他族人眼红。于是有的家族就规定富有的家庭立继，需拿出部分家产作为家族的公产，实际上也就是让家族的每一个人都可以从立继中分到点好处。

在实行爱继时，有的家族认为应该对血缘关系相对较近的应继者的利益有所照顾，让应继者也分到部分遗产，以免这些血缘关系相对较近的族人因感到不平而惹出事端。

4. 家法族规中的惩戒措施

许多家族都十分重视对族人进行家法族规的宣传，往往要求子女从小就要学习各种礼法，在各种特定的时期如举行象征成年的冠礼或婚礼时再进行相应的教育，日常朔望拜祠堂也进行训诲子弟的仪式。

有的家族在新媳妇进门时也要对她进行家法族规的教育，如浙江浦江义门郑氏就规定新媳妇进门先要接受半年家规教育。

有的家族考虑到族人中有许多是没有多少文化的，特地将家法族规写得合辙押韵，言简意赅；有的还加入当时流行的谚语和俗语，目的是使族中识字不多的人易于理解和背诵，即使不识字的人也能听得懂、记得住。

然而无论对家法族规的学习组织得如何完备，无论家法族规制订得如何通俗易懂，族人触犯家法族规的现象总是难以避免。因此，在进行教化劝谕的同时，制订相应的惩罚条例，对触犯家法族规者实行多种形式的制裁便成为家法族规的又一重要任务。

浙江浦江义门郑氏在《郑氏规范》中规定："子孙赌博、无赖及一应违于礼法之事，家长度其不可容，会众罚拜以愧之，但长一年者，受三十拜。又不悛，则会众痛箠之。又不悛，则陈于官而放绝之。仍告于祠堂，于宗图上削其名。三年能改者，复之。"

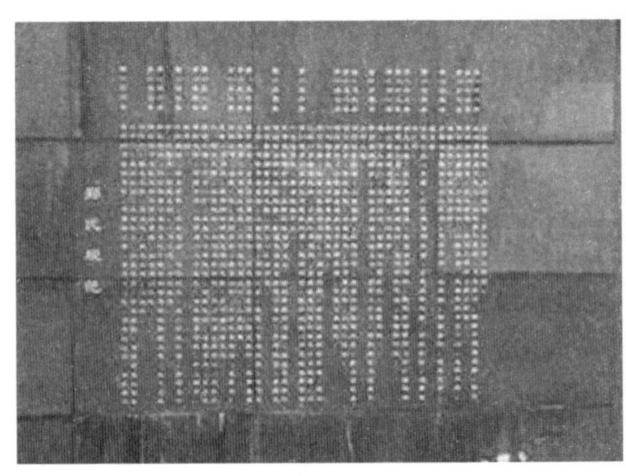

《郑氏规范》

从《郑氏规范》中可以看到，家法族规所规定的对族人的惩罚是有多种方式的，可以根据不同的情况执行不同的惩罚。事实上，不同的家族所采用的惩罚方式各不相同，而受罚的行为也有各自的差异，同样的罪名在不同的家族所受的惩罚也有可能不相同。不过，有一点是相同的，家法族规惩罚的重点主要是那些对家庭、宗族产生严重危害的行为，具体地说，诸如不孝不悌、破坏祖坟、奸淫乱伦、偷盗抢劫、不务正业等行为都将受到家法族规的严罚。

家谱是家法族规重点保护的对象，几乎所有的家法族规都制订有保护家谱的规定，一旦违反这些规定，就会受到家法族规的严罚。

当时，宗族每年都要举行会谱，也就是让领谱人将家谱带到宗祠验看，如有保护不周，便会受到处罚。

如《沅江李氏族谱》规定：族人如私自在家谱内添加文字，就要追谱改回，并罚钱两串四百文。在每五年查看时，家谱如发现有虫伤、鼠咬、霉烂及借出毁坏者，罚钱两串四百文。如果胆敢将家谱典当变卖，则将“群起而攻”，罚他们永远不得入祠。

祖坟因为是祖宗的“藏形之所”，又会对后世子孙的兴旺昌盛产生重大影响，因此也受到家法族规的重视。有的家族还专门列有《坟规》，对胆敢冒犯祖坟的人所给予的惩罚往往是最为严厉的。如《甬上卢氏敬睦堂宗谱》规定，凡在始祖以下坟茔墓地盗葬的族人，一律开除出宗族。《永兴张氏族谱》则规定，如有人在祖坟附近挖煤，“打死勿论”。

此外，大到奸淫乱伦、偷盗抢劫，小到酒后失言，只要是违反了家法族规，都会受到相应的惩处。

不过，尽管人们在家法族规中制订了许多严厉的惩罚措施，但同时也强调传统的中庸之道，要求族人相互之间要忍让。

于成龙在《治家规范》中就指出：“小不忍则乱大谋，忍得一分，受用一分。父子不忍，则乖天伦；兄弟不忍，则成吴越；夫妻不忍，则鱼水反目。”

强调忍，就是要求讲忠恕之道，在这个意义上，家法族规也还是有弹性的。唐代张公艺九世同堂，皇帝到他家时问他如何能够做到九世同堂而家庭和睦。张公艺一言不发，挥笔写下一百多个忍字，看得皇帝感叹不已。

祖功宗德流芳远：宗族家风教化

祖先崇拜、慎终追远的观念是祭祖与宗族活动的精神核心，将族人凝聚在一起，组成团体；同样，宗族团体形成后，又自觉地以此作为教育族人的思想准则，衍化成宗法伦理与宗族文化，影响族人的生活，稳固宗族内部的联系。

1. 孝悌与伦理

古代从皇家到民间的各种类型宗族，都重视对其族人进行人生观和世界观的教育。不但有族中尊长对子弟们的日常说教，又根据各个时代的社会需要和宗族教育的实践状况，编纂专门的书籍和读物，使宗族教育更系统、完整，给族人思想和行动以更大的约束力。

王族皇家最先重视撰写著作教育族人。我国最早的一部历史文件汇编《尚书》，追述和记录商、周王朝统治者的演讲、谈话、命令和宣言等内容，其中的一些训诫之词，如周公对其兄弟们进行教诫勉励的“诰”词，也是一种家族教育之作。

周公在劝诫康叔戒酒的《酒诰》中说“聪听祖考之彝训”，就是要晚辈认真听从父祖的日常教诲。

北魏肃宗时，宗室任城王元澄曾进呈《皇诰宗训》，希望当政的胡太后看了能有所警戒，少干预政治。

后来北魏分成西魏与东魏，西魏文帝曾以家人之礼召见皇族诸王，将御书的《宗诫十条》赐给各王。

清王朝也非常重视皇族子弟教育，雍正帝和他的兄弟们追记父皇康熙帝生前的教诲，编辑成《庭训格言》一书，作为清朝皇室的家法。

与皇家一样，官民宗族也制定宗规家训，加强对族人的教育与约束。

家族教育专著的大批出现，是从魏晋南北朝时开始的。历代的士族宗族重视礼教治家，讲求教子方式方法，以保持门第、家风的长久不衰。他们用心于家诫、家训著作的写作，如：

魏晋时王肃著《家诫》，杜恕撰《家世诫》，嵇康也著《家诫》，刘宋王朝颜延之作《庭诰》，洋洋万言。

北齐人颜之推以“务先王之道，绍家世之业”为目的，写作《颜氏家训》一书，成为古代家庭与宗族教育的范本。

唐代柳玭纂《柳氏家训》，宋朝司马光编辑《家范》，陆游著《放翁家训》，袁采撰《袁氏世范》，元人郑太和著《郑氏规范》。

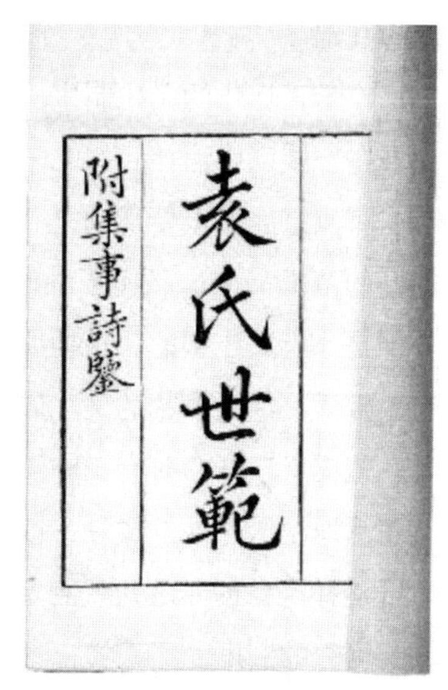

《袁氏世范》书影

明清时期撰著更多，如杨继盛的《椒山遗嘱》，庞尚鹏的《庞氏家训》，姚舜牧的《药言》，蒋伊的《蒋氏家训》，汪辉祖的《双节堂庸训》，张英的《聪训斋语》《恒产琐言》，陈宏谋辑《五种遗规》等。曾国藩的《曾文正公家书》以书信教育子弟具有系统性和目的性，也被人们视为全面的家训著作。

宋以后由于宗族组织的民众化及祠堂的发展，家训著作的写作越来越通俗化，比以前更易读易懂。

不但官僚、文士重视家训著作，而且平民宗族也非常重视，他们仿效名人的家训著作，制定本族的各种宗规族诫，收录在族谱内或者置于祠堂之中，让族人阅读遵行。这类著作不但有说教的内容，而且比专门的家训著作更为简明扼要，并带有宗族私法的性质。

宗族对族人的教育与规范，涉及人们生活的方方面面，最主要的则集中在忠孝、勤业、做人诸方面。

2. 族产与义田

古人强调和睦族人，一方面要树立孝悌精神；另一方面，也是更为重要的物质方面，即要有宗族活动的公共经济，形成一种较为固定的族人间的互助形式，这样睦族才不会流于心愿口说。同时，宗族的各种活动也需要有宗族的公有财产作为基础。

作为正规化的义庄制宗族公有经济，还包括族田、祭田、学田等形式的族产，出现在士族宗族消亡后的北宋时期。

官僚宗族的重要活动之一就是建设义庄，而最早设立的义庄则是宋代范仲淹创办的范氏义庄。义庄帮助族人的方式及其本身的管理办法，又分为两种类型。一种是范氏义庄型的，负担所有族人最基本的生活；另一种是主要负责周济贫困族人生活。绝大多数的义庄属后一类型。

范氏义庄开办时有 1000 多亩土地，后陆续增殖产业，到清代已多达 5300 亩。义庄土地租给外姓人耕种，以地租收入供给族人生活。

范仲淹在创办之初就制定了义庄管理和分配章程，经后人不断增定条例，形成了完善的制度。

范氏义庄给所有在苏州原籍的族人提供生活补贴，不分贫富，也不论其本身有无收入，一概发放，只有在外地做官的人不能领取。

发放的钱物和项目有：口粮（按月发）、衣料（按年给）、婚嫁费、丧葬费、科举费。另外，还有房屋项目（义庄备有义宅借给族人居住）及借贷项目。各项支给数额按正常年景预算，如遇灾荒年成，收入减少，义庄则动用存粮发放口粮，其他供应则不能实现。

按正常年景发放，范氏族人的衣食住及婚丧用度无须烦神，基本生活有了保障。

范仲淹像

范氏义庄以大量田地为财产基础建立，田地由范氏子孙有能力者捐助，所有权移交给义庄，也就是不再归任何特定人所有。这样，义庄有了财产基础。

范氏义庄还有义庄管理条例和专门的管理人，独立运作，具备了财团法人的基本特征。

从设立目的看，义庄的受益者是范氏族人，一千多年来，只要是居住在本乡的本族人都可以从义庄受益。义庄的救济面虽然受家族的限制，但是受益者的数量还是比较广的。而且，古代的家族范畴也远远大于现代社会的小型家庭。所以，义庄是慈善性的，即使这种慈善的范围比较有限。

以慈善为目的，建立在独立财产基础上，以财产运作来支持慈善，又具有相当的独立性，范氏义庄的这些特点表明它可以被看作一个初具雏形的基金会。

范氏义庄有着比较严密的运作机制，有完备的内部规范管理的措施。

义庄设有管理人，负责经营管理。管理人有权处理义庄事务，不受他人干扰。但是，管理人以工作好坏决定领取报酬的数额。在领取报酬前，要有族人证明他工作有效。族人有权告发管理人的不公正行为，由公众作判断。由此可见，义庄有一个独立的决策机制和与之相配合的监督机制。

在财产管理方面，义庄也有一定的制度，例如，义庄以田租为财政来源，为了公正，不许族人租种义庄的田地，义庄也不买族人自有的田地。

范氏义庄还对受益人即族人有一些监督措施，对于违反义庄规矩的人，有不同的处罚措施，比如罚款、取消获得救济资格、送官等。

范氏义庄

宋代义庄出现以后，宗族的公有经济常见的有三类形式，除了义庄外，还有祭田与学田。

祭田，又称祀田、烝尝田。主要用于祭祀祖先的活动，有多余的收入，分配给族人。相当数量的宗族拥有祭田，但数量不等，少则一二亩，多则数百亩。祭田的数量一般要比义庄田地数量少，但它的设置要比义庄普遍，所以社会上祭田的数量相当可观。祭田的来源，有的是个人捐助，还有不少是众人共同捐助的。南宋大理学家朱熹在《家礼》一书中提出，建立祠堂应备有祭田，应由被供奉祖先的子孙从现有土地中抽出二十分之一，捐赠为祭田。后世祭田的设置受朱熹这种设想的影响很大。

学田，又称书田，是宗族学塾所有的田，多系宗族特设的产业。有义庄的宗族常将族学附设于义庄。学田的收入，用作聘请教师和学生的生活、考试等费用。

祭田、书田、义庄田，统称为义田或族田，三者用途各有侧重，都是宗族的公有财产。这样，有了族田作为经济基础，宗族便会长久不衰。

3. 族学与宗族教育

在封建社会，公共教育不发达，族学特别是其中的蒙学，对普及教育，尤其是对贫穷族人的文化教育起到了至关重要的作用。族学的兴办为下层社会成员科举入仕进入上层社会提供了可能性，是造成社会流动、活化社会结构的因素之一。

以义庄田赈济维持族人的生活，是侧重对族人的赡养；族学的设立，则是偏重对族人的教育。

宗族的教育，除了宗规家训的伦理道德教化外，还有文化知识的教育。

不少宗族认识到，要想使自身光大持久，提高本族的社会地位，族人的文化素养是非常重要的事情，所以宗族要设立学田，或从族田中划出部分固定收入，支持族人子弟到村学就学，或者创办宗族自身的学校进行教育。

古代教育中，学校教育并不发达和普及，家族的教育占有重要的位置，而家教常落实在宗族教育上。

先秦时期的官学与族学是合而为一的，天子设立王学，诸侯建立黉宫，让王族、公族及其他姓的贵族子弟入学学习。这时的官学虽然带有家族学校的性质，主要还属贵族学校，学生并不是完全来自一个家族。

私学的发展与宗法分封制的瓦解，打破了贵族垄断学校教育的局面，官学也逐步摆脱家族的性质。秦汉以后，私人学校与带有平民性质的宗族教育开始结合在一起。

《四民月令》上记载东汉时地主家族庄园中办学校的情况：正月，命族中15~20岁的“成童”子弟入学攻读《五经》；开春冰释时节，命15岁以下“幼童”子弟入学学习《苍颉篇》《急就章》等课本；八月暑退时节，幼童再入学；十月农事完毕后，成童再入学，学习内容同以前的都一样；十一月封冻之时，幼童入学除了学以上课本外，还要初步学习《孝经》《论语》等儒家经典。

这种族学是季节性和临时性的，或在冬闲时，或在农忙后。

又如东汉陈留人仇览热心于宗族教育之事，每年农忙后，组织本族少年子弟到本地的学校中学习，相聚在一起过集体生活，游手厌学的，罚以田桑劳役。

魏晋南北朝时期，天下战乱，官学废弛，私学难兴，家族教育却发达起来，文化教育垄断于士族宗族或文化世家手中。不过专门的学校形式的宗族教育尚不多见，因为缺乏固定的宗族公共经济来维持办学的经费。

两宋以来，由于族田、义庄出现，以其中部分收入或划出专门的学田用于族人的教育，使得宗族义学有了必要的经济基础，宗族的教育作用越来越突出了。

宗族学校称为义学、义塾、家塾，它与一般私塾不同之处是入学者一般是本族子弟，由宗族提供助学金费用，外姓来学附读者，一般要有特殊原因。塾师有的是由本族中文化高与品行好的人充任，有的则是从外姓中聘请。

族学学生一般从7岁开始入学，大体和普通学塾一样，按“小学”与“大学”阶段的学习分成两级，15岁以前的“小学”阶段以识字读书的启蒙教育为主，学习如《三字经》《百家姓》《千字文》《神童诗》以及朱熹的《小学》《朱柏庐治家格言》等蒙幼读物与教材；以后再初步学习四书五经的儒家经典，教给儿童掌握日常知识与基本读书能力，树立起儒家伦理道德与纲常名教观念。

学中子弟成绩优异者，到了十五六岁后就可以参加考秀才的进学考试；同时也开始族学中第二级“大学”阶段的学习，再深入研读儒家经典，考取举人、进

古代义塾

士，取得功名，这是族学兴办的重要目的之一。但能考取的毕竟是少数，大部分人还要转向务农或从事其他生业，所以族学以第一级小学的启蒙教育为主。

宗族义学办学大体有两种经济来源。

一种是固定的学田收入或者是靠义庄田中的部分固定收入维持。

如元朝末年建松江华亭邵氏义塾，有胥浦、风泾、仙山三乡田地 200 多亩作为学田（《大明一统志·松江府》）。

又如浙江鄞县一些义学多是靠义庄的收入维持，屠氏的乔荫堂义庄附设义塾两所，杨氏义庄建棠荫义塾，吴氏义庄有槐里义塾，徐氏固本义庄的家塾叫敦本义学、崇本书院，蔡氏树德堂义庄也设敦本义塾，朱氏义庄设真吾义塾。

另外一种，助学的经费是不固定的，来自族中官宦或富有人家的捐助。

宗族之所以乐于拿出田产资财来兴办学校，是因为文化教育与宗族的兴旺关系密切。中古时代门阀士族的兴起与其文化渊源和儒教门风是分不开的。宋元以后，没有了士族，宗族组织的长久发达又是以宗族教育为根基。一些宗族源远流长，号称“望族”，世泽绵延所依靠的主要不是族人显赫的武功或者辉煌的仕宦业绩，而是科举功名的发达。所以，宗族视族人文化素养的提高与科举功名的发达为自身兴旺的根本。

《毗陵庄氏族谱》所载《鹤坡公家训》说："待师之礼尤宜忠敬，忠敬积于中，礼币隆于外，然后可望其子成立矣。"强调族人应尊师，不但要重礼聘请，而且要待以忠敬之心。

《慈溪师桥沈氏宗谱》所载《设教约说》申明族人要重视子弟的文化教育："约我族人子孙，七岁则入塾以教之，切莫悭修护短，有失设教之礼，而贻面墙之讥，是不爱子也。古云有子不教子孙愚，又曰人不通古今，牛马而襟裾，是教为王道之本也，族人其勉之！"

族学管理较为严格，宗族制定了有关规定，如重师范、选才俊、慎司事、严考课、藏书籍、习威仪、戒庞杂、别贫富、禁外务、惩腐败等。

族田的助学，主要用于延请教师，解决学生的生活困难，奖励优秀学生和赞助学生参加科举考试。

清代奉行以宗族制度推行孝治的政策，族学便成为宗族制度的内容之一。

雍正皇帝解释康熙帝"上谕十六条"的《圣谕广训》时指出："立家庙以荐蒸尝，设家塾以课子弟，置义田以赡贫乏，修宗谱以联疏远。"把设家塾作为与立宗祠、置义田、修宗谱平列的笃宗族手段，如此重视族学，前所未有。

4. 宗族戒规

宗族对于族人不但通过学校进行教化，还有惩罚管教的手段，即规定族人必须遵守不得违犯的戒条及相应的家法惩治措施。这两者可说是管理族人的文武之道，一弛一张。

宗族的戒规与家法到宋元以后的祠堂宗族制下更为规范和系统，族权的意志主要通过它表现出来。

宗族的戒规涉及族人生活的方方面面，主要包括：

（1）不得侵犯祠堂、宗族及个人财产的戒条。

范氏义庄建立后所定的《义庄规矩》就有保护义庄财产的许多规定，事条有：不许偷砍祖坟及附近的竹木柴薪，不得到坟山放羊，禁止侵犯范仲淹创立的天平功德寺产业，不准以他人名义租种义庄田地，不得占据或会聚义仓，不得以义宅屋舍私相兑货质当。有犯者，视情节轻重处以罚米直至送官究治的惩罚。

清代江阴袁氏严禁盗卖宗祠田产，规定“族人如有盗卖祠田，一经察出，除勒令备价赎还外，公同家法治处”（《澄江袁氏宗谱·祠规》）。

还有一些宗族规定了惩处盗窃族人田土生业、物产的办法。

（2）对族人职业的戒条。

职业在古代社会有着等级差别，关乎宗族的社会地位，因而宗族禁止从事被社会歧视的行当，如娼妓优伶、胥吏衙役、奴仆走卒、僧道巫觋，人们认为这是贱民的行业。

江阴袁氏不许族人做奴仆；益阳熊氏禁止族人做巫师、胥吏；南皮侯氏宗族不许族人为书吏，违犯者逐出宗祠，不承认他的族人资格。

（3）对族人生活方式的戒律。

族人的生活方式、文化娱乐不能自行其是，也要受宗族的管束。

武进修善里胡氏宗族的《家诫》戒规详细：

勿阅淫邪小说，勿唱曲吹弹，勿笼禽鸟、养蟋蟀、放风鸢，勿学拳棒，勿许妇女平居涂脂敷粉、穿绫曳绢，勿掷色斗牌，勿吃洋烟，勿食牛犬田鸡，勿衣服好丽、器皿求工，勿信师巫邪术，勿容三姑六婆时常出入，勿抛弃五谷。

戒条有的合理，而多数则是限制人的个性发展和生活方式多样化。

（4）对族人社交的戒条。

宗规家训中多有“慎交游”的教导，告诫子弟要交益友、远损友，严禁结交“匪类”，参加秘密社团。

如《平江叶氏族谱》所载《宗约》规定：“不可左道惑人，结盟会匪。”武进胡氏宗族有“勿交匪类”的家诫（《毗陵修善里胡氏宗谱》）。同县吴氏宗规也有“戒窝藏来历不明者，察出必究”（《毗陵薛墅吴氏族谱》）的戒规。

（5）不得擅自告官的戒条。

祠堂将族众纠纷的解决控制在祠堂范围内，要由族长合众去解决，不许擅自告官。

武进王氏规定：族人争执，若非经祠堂处断而先行告官，要在神位前罚跪，并治办一桌酒席赔礼（《晋陵王氏宗谱·凡例》）。

只有宗族解决不了的大案，才许族人告官。祠堂要求族人先受宗规约束，然后才是朝廷法律。宗族的戒条还有很多，如关于族人婚丧的戒条等。

5. 宗族家法

为保障戒条的实施，对违犯纲常伦理的族人施行处罚，宗族以族规的形式定出相应的惩治办法，这种宗族家法主要是仿照国家的刑法而制订的。

其形式多种多样，大致可分为以下几类：

（1）罚银钱、酒席。

此属经济制裁，内容是交纳银钱若干，或者处罚犯事者在祠堂摆酒席赔礼认错。这是较轻也较常见的处罚。

（2）体罚。

罚跪、打板子是祠堂宗族制下常用的处分，很多宗规家法中都有这样的条文。如《霍渭厓家训》中规定：族人“轻罪初犯，责十板，再犯二十,三犯三十”。

（3）记过。

记下过失，作为警告，使族众知晓，是一种精神惩治。

（4）捆绑。

对犯事情节严重的人，绑在祠堂门前示众。这是肉体与精神的双重处分，是仿效官府枷号示众之刑。

（5）开除出宗。

将族人开除族籍是严厉的惩罚方式之一。除籍方式最早是在皇族与贵戚宗族中实行，后来民间宗族效法这种做法，也将不肖悖逆族人开除出宗。有罪的皇族与贵戚宗族成员被开除宗籍，免为庶人，他就不能再享有各种特权，不能援引“议亲”的条例减免刑罚；平民中被开除出族的人，他就失去受宗族保护和帮助的权利，而这种帮助和保护在聚族而居的村社生活中是非常重要的。

（6）贬改姓名。

这种处罚只在皇族家法中实行，与开除宗籍的措施相联系。对那些叛逆的皇族成员，除了将其清除出皇族外，甚至不能让他及子孙与皇族同姓。

齐武帝时，巴东王萧子响谋乱赐死，大臣上奏开除其皇族属籍，改姓为蛸氏。

蛸与萧同音，是一种昆虫。

雍正像

武则天专权时，李唐皇族成员韩王李元嘉、鲁王李灵夔等密谋起兵反抗，被武则天发觉，逼令自杀，改其姓为虺，是一种毒蛇的名字。

除了改姓外，有时还要改名。如清朝雍正帝为了惩罚曾与其争夺帝位的八弟、九弟，将他们改名为“阿其那”和“塞思黑”，大约是猪狗一类的贱名。

（7）送官究治。

在开除出宗的同时，以祠堂名义将犯事者送交官府立案惩办，官府常尊重宗族的意见，从严治罪。

（8）处死。

这是最严酷的惩罚，只在宗法制严密的时期或地区实行，具体手段包括打死、活埋、沉潭等。

这种酷刑，多是依约定俗成的法则执行。不过宗族的这种权力往往为官府所不允许，因为它侵夺了国家的司法权。

参考文献

[1] 陈元綵 等 . 古人的日常生活（全五册）. 北京：北京理工大学出版社，2022.

[2] 赵悦辉，李梦媛，崔敏 . 唐宋清日常生活图鉴 . 桂林：漓江出版社，2022.

[3] 侯印国 . 过日子：中国古人日常生活彩绘图志 . 北京：台海出版社，2022.

[4] 冯尔康 . 古人日常生活与社会风俗 . 北京：工人出版社，2021.

[5] 王宏超 . 古人的生活世界 . 北京：中华书局，2020.

[6] 李世化 . 饮食文化十三讲 . 北京：当代世界出版社，2019.

[7] 许嘉璐 . 中国古代衣食住行 . 北京：北京出版社，2016.

[8] 李楠 . 中华茶道全书 . 沈阳：辽海出版社，2016.

[9] 王辉 . 中国古代饮食 . 北京：中国商业出版社，2015.

[10] 王辉 . 中国古代民俗 . 北京：中国商业出版社，2015.

[11] 张志君 . 跟古代名人学家风家教 . 北京：商务印书馆国际有限公司，2015.

[12] 王辉 . 中国古代娱乐 . 北京：中国商业出版社，2015.

[13] 王俊 . 中国古代家具 . 北京：中国商业出版社，2015.

[14] 王铎，刘郁馥 . 话中国——中国古代建筑 . 合肥：安徽师范大学出版社，2012.

[15] 雅瑟，陈艳军 . 中华民俗知识全知道 . 北京：企业管理出版社，2010.

[16] 刘建美 . 衣食住行与风俗 . 太原：山西人民出版社，2007.

[17] 邢春如，李穆南等 . 民居民俗 . 沈阳：辽海出版社，2007.

[18] 邢春如，李穆南等 . 游艺文化 . 沈阳：辽海出版社，2007.

[19] 庄裕光，胡石 . 中国古代建筑装饰装修 . 南京：江苏美术出版社，2007.

[20] 张征雁，王仁湘 . 昨日盛宴：中国古代饮食文化 . 成都：四川人民出版社，2004.